高等院校规划教材

PUTONG GAODENG YUANXIAO JISUANJI JICHU JIAOYU XILIE JIAOCAI

普通高等院校计算机基础教育系列教材

总主编 曾 一 邹显春

Visual FoxPro 程序设计教程（第二版）

主 编 邹显春 李盛瑜 张小莉

副主编 甘利杰 周 雄

编 者（按姓氏笔画排序）

丁明勇 孔令信 马亚军 甘利杰 代秀娟

李盛瑜 祁媛媛 张小莉 陈 伟 邹显春

周建丽 周 雄 贺清碧

Visual FoxPro

CHENGXU SHEJI JIAOCHENG

重庆大学出版社

内容提要

本书是一本以 Visual FoxPro(简称 VFP)程序设计知识体系为线索、以面向对象程序设计为切入点、以实例体现 VFP 应用特点和数据库系统开发技巧的实用教材。其中前 3 章为 VFP 面向对象编程基础,随后各章是以学生成绩管理系统为例,主要体现一个信息管理系统的开发过程。

本书内容全面,实例丰富,既具有很强的实用性,又具备计算机等级考试适应性。不仅适合作为高等学校相关专业教材使用,也可作为初学者学习利用 VFP 工具开发信息系统的参考书。

图书在版编目(CIP)数据

Visual FoxPro 程序设计教程/邹显春,李盛瑜,张小莉主编.—2 版.—重庆:重庆大学出版社,2014.8(2022.8 重印)
普通高等院校计算机基础教育系列教材
ISBN 978-7-5624-8313-7

Ⅰ.①V… Ⅱ.①邹…②李…③张… Ⅲ.①关系数据库系统—程序设计—高等学校—教材 Ⅳ.①TP311.138

中国版本图书馆 CIP 数据核字(2014)第 139006 号

高等院校规划教材
普通高等院校计算机基础教育系列教材
Visual FoxPro 程序设计教程
(第二版)

总主编 曾 一 邹显春
主 编 邹显春 李盛瑜 张小莉
副主编 甘利杰 周 雄
策划编辑:王 勇 王海琼
责任编辑:王海琼 版式设计:王海琼
责任校对:秦巴达 责任印制:赵 晟

*

重庆大学出版社出版发行
出版人:饶帮华
社址:重庆市沙坪坝区大学城西路 21 号
邮编:401331
电话:(023)88617190 88617185(中小学)
传真:(023)88617186 88617166
网址:http://www.cqup.com.cn
邮箱:fxk@cqup.com.cn (营销中心)
全国新华书店经销
POD:重庆新生代彩印技术有限公司

*

开本:787mm×1092mm 1/16 印张:15.25 字数:381千
2014 年 8 月第 2 版 2022 年 8 月第 17 次印刷
印数:68 001—69 000
ISBN 978-7-5624-8313-7 定价:39.00 元

编审委员会

序言

以云计算、物联网、下一代互联网、下一代移动通信技术为代表的新一轮信息技术革命,正在成为全球社会经济发展共同关注的重点,信息技术的创新不断催生出新技术、新产品和新应用,由信息技术引发的新兴产业形态群体正逐渐形成并逐步壮大,这将给各行各业带来更广阔的发展空间,无论是现代社会的经济运行方式、企业经营管理,或是政府运转、社会建设和管理,或是高等学校的管理模式、教学模式都将面临时代革命的挑战。

高等学校作为人才培养的重要基地,理应顺应新技术革命的要求,着力改变传统的思维模式,更新教育观念、教学内容、教学手段和教学方法,着力构建学生的个性学习、终身学习能力,培养学生"面向应用、面向职业需求"的信息化素养和技能,以增强大学生就业的竞争能力和信息化时代的生存能力。特别是21世纪计算机技术已经由专业技术发展成为通用技术,深入到社会生活的方方面面。高校计算机基础教育在很大程度上决定着学生在现代信息社会里对计算机的认知能力和应用信息化技术解决自身领域问题的能力,也直接影响学生在职业生涯中依托信息技术的协同创新能力和基于网络的学习能力。

中国高校的计算机基础教育经历了将近30年的不断发展,已从初级阶段逐步走向成熟,形成了具有鲜明中国特色的计算机基础教育的专业化教学研究队伍和日趋完善的计算机基础教育课程体系。随着新技术的迅猛发展以及国家中长期教育改革和发展规划纲要(2010—2020年)的颁布与实施,"多元化、模块化、融合化、网络化"已成为计算机基础教学的发展趋势。这就决定了高校计算机基础教育务必顺应时代的发展要求,更新教学理念,完善课程内容,借助信息技术手段加强实践教学,培养学生自主学习能力,强化学习过程、拓展考核方式,以确保高校计算机基础教学能够有效地提升学生信息素养、促进学生专业发展、培养学生实践能力。

回顾重庆市高校计算机基础教学改革之路,我市各高校按照教育部教学指导委员会的要求,结合各高校实际,在计算机基础教育的课程体系、教学手段、教学方法等方面的改革进行了有益的探索和实践,对提高计算机基础课程教学质量、提升人才培养质量发挥了重要的作用。

为顺应重庆市计算机基础课程教学改革的需要,重庆大学出版社自1996年以来一直致力于重庆市高校计算机基础教育课程教材建设,于1996年、2000年、2006年先后3次组织重庆市各高校长期在一线从事计算机基础课教学的教师编写了计算机基础教育课程系列教材,为有效推动重庆市计算机基础课程教学改革提供了有力的保障。

为适应社会信息化进程对深化重庆市高校计算机基础教育课程教学改革的挑战,构建面向专业需求、面向学生自主创新应用为核心的多元课程体系,更好地为不同层次、不同类型高校的计算机基础教育课程新一轮教学改革保驾护航，我们将确保重庆市计算机基础教育课程教材建设的可持续性、先进性、针对性、系统性、实用性。为此，从 2011 年开始，重庆大学出版社与重庆计算机学会计算机基础教育专业委员会合作，以深化重庆市高校计算机基础教育课程教学改革为依据，以满足多元需求为出发点，组织编写出版“重庆市高等院校计算机基础教育系列教材”。

为完成这套教材的编写任务，重庆计算机学会计算机基础教育专业委员会成立了编审委员会。编审委员会在重庆市各高校中精心挑选了一批长期从事计算机基础课教学的一线优秀教师组成编写队伍，他们在长期的计算机基础课程教学改革实践中锤炼了较强的教学研究能力、积累了丰富的教学经验，对教学改革实践也有很深的体会。我们深信编者将借助丰富的教材编写经验，把多年来计算机基础课程教学改革的精髓融汇到教材之中，为读者奉献一套“体系新颖、内容前瞻、突出实用、面向需求”的教材，期待系列教材能够成为践行先进教学理念的生动范例。

我们深信，这套教材的出版，将有效地深化重庆市高校计算机基础教育课程教学改革与实践，在教学观念、教学方法上，逐步形成具有重庆高校特色的计算机基础教学改革模式。

期待重庆市高校新一轮计算机基础教学改革的春风迸发出更多更新的成果。

编审委员会

2012 年 3 月于重庆

前言

随着信息技术的快速发展和广泛应用，信息系统已存在于社会生活的各个领域，因此，无论你身处何地、从事何种职业，你所面临的学习、工作、生活环境都是充满了信息化的时代气息，信息的共享、准确、时效、适用、可存储、可传输、可再生等特性给人类的思维、认知、工作、生活方式带来了深刻的变化，因此，信息资源已成为信息时代重要和宝贵的资源之一。建立和运用行之有效的信息系统是推动社会发展和提高社会效率的重要条件。因此，学习和掌握信息系统开发的基本思想以及信息系统的核心技术——数据库技术已成为信息化社会对每个公民素质的基本要求。Visual FoxPro（简称为 VFP）作为在微型计算机上最流行的一种小型数据库管理系统，以其强大的功能、友好的界面、丰富完善的工具、可靠高效、简单易学、便于开发等特点深受数据库用户青睐，同时也是各高校非计算机专业学生，特别是管理和财经类专业学生学习和掌握信息系统的规划、开发与管理的主要语言工具之一。

本书作者积累了多年 VFP 程序设计教学经验；深入分析了学习者对课程学习的瓶颈；在教学实践中不断探索多种教学方法帮助读者解决学习中的困惑。并在此基础上，虚心接受同行专家及众多同类教材的启发，充分研究读者的认知规律，以面向应用、面向职业需求为导向，以面向对象程序设计为切入点，撰写了《Visual FoxPro 程序设计教程》一书。该书的每一节均以应用实例为先导，以应用实例中涉及的知识为线索，循序渐进地通过应用实例把《Visual FoxPro 程序设计教程》所涉及的知识体系贯穿整个教材中，让读者在应用实例中学习、理解 VFP 的面向对象程序设计思想以及信息系统的开发过程。而每个应用实例通常由任务描述、问题分析、实例操作步骤（或操作提示）三部分构成，其中任务描述是明确读者应该完成的任务是什么；问题分析是给出应用实例实现的基本思想或方法；实现步骤主要体现任务完成的过程和实现方法（包括代码实现），力求体现知识的连续性和逻辑性。深信读者能够在轻松、愉快的学习状态下，在实例学习中构建 VFP 的知识体系，在应用中探索面向对象程序设计的奥秘。

本书共 8 章，其中第 1—3 章主要讨论 VFP 面向对象程序设计基础知识以及 VFP 的程序设计语言基础；第 4—7 章是以学生成绩管理系统为例，主要体现一个信息管理系统的形成过程；第 8 章主要从系统开发的角度，讨论学生成绩管理系统的开发过程。第 1 章由西南大学的邹显春、重庆工商大学的李盛瑜编写；第 2 章由重庆工商大学的李盛瑜、重庆工商大学派斯学院马亚军编写；第 3 章由重庆工商大学的张小莉、代秀娟编写；第 4 章由重庆工商大学的丁明勇、重庆工商大学派斯学院甘利杰编写；第 5 章由重庆工商大学的张小莉、陈伟编写；第 6 章由重庆工商大学丁明勇、祁媛媛编写；第 7 章由重庆工商大学派斯学院孔令信、重庆工商大学融智学院周雄编写;第 8 章由重庆交通大学贺清碧、周建丽编写。全书由邹显春、张小莉、李盛瑜统稿。

在教材形成和撰写过程中,得到了重庆兄弟院校同仁的关心和支持,也得到了重庆大学出版社的鼎力帮助和支持;本书的出版,得宜于重庆市教学改革项目和西南大学教学改革项目的支持,在此表示衷心的感谢。

本书的电子课件可在重庆大学出版社的资源网站(www.cqup.con.cn,用户名和密码:(cqup)下载。

由于作者水平有限,编写时间仓促,书中难免有不足之处,请读者不吝赐教。

编　者

2014 年 5 月于西南大学

目录

1 Visual FoxPro 的语言基础 ········ 1
1.1 面向对象程序设计界面 ········ 1
1.1.1 表单设计实例 ········ 1
1.1.2 VFP 的启动与退出方法 ········ 5
1.1.3 VFP 中默认路径的设置 ········ 6
1.1.4 VFP 的用户界面 ········ 6
1.1.5 VFP 操作方式 ········ 6
1.2 类和对象 ········ 7
1.2.1 表单设计实例 ········ 7
1.2.2 初步探讨对象的属性、事件和方法 ········ 9
1.2.3 表单中的基本控件 ········ 11
1.3 数据类型、常量、变量 ········ 13
1.3.1 表单设计实例 ········ 13
1.3.2 数据类型 ········ 15
1.3.3 常量 ········ 16
1.3.4 变量 ········ 17
1.4 运算符与表达式 ········ 18
1.4.1 表单设计实例 ········ 18
1.4.2 算术运算表达式 ········ 19
1.4.3 表单设计实例 ········ 20
1.4.4 字符运算表达式 ········ 22
1.4.5 表单设计实例 ········ 22
1.4.6 日期及日期时间表达式 ········ 24
1.4.7 表单设计实例 ········ 25
1.4.8 关系表达式 ········ 26
1.4.9 表单设计实例 ········ 27
1.4.10 逻辑表达式 ········ 28
1.5 常用函数 ········ 29
1.5.1 表单设计实例 ········ 29
1.5.2 数值处理函数 ········ 31

1.5.3 表单设计实例 …… 32
1.5.4 字符串处理函数 …… 32
1.5.5 表单设计实例 …… 34
1.5.6 日期和时间函数 …… 34
1.5.7 表单设计实例 …… 35
1.5.8 数据类型转换函数 …… 36
1.5.9 表单设计实例 …… 37
1.5.10 其他函数 …… 38

2 算法与程序 …… 41
2.1 程序的算法 …… 41
2.1.1 表单设计实例 …… 41
2.1.2 算法的特点 …… 42
2.1.3 程序的 3 种基本结构 …… 42
2.2 顺序结构与分支结构 …… 43
2.2.1 表单设计实例 …… 43
2.2.2 顺序结构 …… 49
2.2.3 分支结构 …… 49
2.3 循环结构 …… 51
2.3.1 表单设计实例 …… 51
2.3.2 单重循环 …… 57
2.3.3 表单设计实例 …… 58
2.3.4 多重循环 …… 59
2.3.5 表单设计实例 …… 59
2.3.6 LOOP 和 EXIT 语句 …… 61

3 表单与控件设计 …… 62
3.1 面向对象基本概念 …… 62
3.1.1 表单设计实例 …… 62
3.1.2 VFP 的基类 …… 63
3.1.3 对象的属性、事件和方法 …… 64
3.1.4 面向对象的编程模型 …… 67
3.1.5 在容器分层结构中引用对象 …… 68
3.2 常用控件的使用 …… 69
3.2.1 表单设计实例 …… 69
3.2.2 组合框和计时器的使用 …… 73
3.2.3 表单设计实例 …… 74
3.2.4 编辑框、列表框的使用 …… 78

3.2.5 表单设计实例 …… 81
3.2.6 命令按钮组、选项按钮组和复选框的使用 …… 83
3.3 数组在程序中的应用 …… 85
3.3.1 表单设计实例 …… 85
3.3.2 数组的使用 …… 87

4 数据库基础知识 …… 89
4.1 学生成绩管理系统概述 …… 89
4.1.1 学生成绩管理系统的功能 …… 89
4.1.2 学生成绩管理系统的数据信息及表示 …… 91
4.2 建立数据库 …… 94
4.2.1 建立学生成绩管理数据库 …… 94
4.2.2 数据库的基本操作 …… 94
4.3 数据表的创建 …… 96
4.3.1 建立学生成绩管理数据库的数据表 …… 96
4.3.2 创建数据表的方法 …… 98
4.3.3 数据类型 …… 99
4.3.4 字段的基本要素 …… 100
4.3.5 数据表的基本操作 …… 101
4.3.6 数据库表的约束机制 …… 102
4.3.7 用 SQL 命令建立、修改课程表 …… 108
4.3.8 SQL 语言简介 …… 109
4.4 多工作区操作 …… 111
4.4.1 建立学生成绩管理系统的表间关系 …… 111
4.4.2 建立索引 …… 114
4.4.3 工作区的概念 …… 117
4.4.4 建立数据表之间的永久关系 …… 117
4.4.5 设置参照完整性 …… 118
4.4.6 数据表间的关联 …… 118

5 数据表的基本操作 …… 120
5.1 基于数据表的表单设计 …… 120
5.1.1 建立系统登录表单 …… 120
5.1.2 表单设计方法与步骤 …… 123
5.2 记录指针的定位 …… 125
5.2.1 建立浏览学生信息表单 …… 125
5.2.2 记录指针的绝对移动 …… 127
5.2.3 记录指针的相对移动 …… 128

5.2.4 数据表相关的测试函数 …………………………………………………… 128
5.3 记录的维护 ……………………………………………………………………… 129
5.3.1 建立学生信息录入表单 …………………………………………………… 129
5.3.2 追加记录 ……………………………………………………………………… 130
5.3.3 表格控件 ……………………………………………………………………… 130
5.3.4 建立学生信息删除表单 …………………………………………………… 132
5.3.5 记录的删除与恢复 …………………………………………………………… 135
5.3.6 建立用户密码修改表单 …………………………………………………… 136
5.3.7 记录的修改 …………………………………………………………………… 137
5.3.8 数组与表中记录间的数据交换 …………………………………………… 137

6 查询与统计 ………………………………………………………………………… 139
6.1 数据表的查询、统计命令 ……………………………………………………… 139
6.1.1 建立学生信息查询表单 …………………………………………………… 139
6.1.2 顺序查询 ……………………………………………………………………… 141
6.1.3 索引查询 ……………………………………………………………………… 141
6.1.4 建立统计学生成绩情况表单 ……………………………………………… 142
6.1.5 数据统计 ……………………………………………………………………… 143
6.2 扫描循环 ………………………………………………………………………… 144
6.2.1 扫描循环实例 ………………………………………………………………… 144
6.2.2 扫描循环 ……………………………………………………………………… 145
6.3 利用查询设计器创建查询 ……………………………………………………… 145
6.3.1 利用查询设计器建立学生成绩查询 ……………………………………… 145
6.3.2 查询设计器的使用 …………………………………………………………… 149
6.4 创建视图 ………………………………………………………………………… 150
6.4.1 利用视图设计器创建学生成绩视图 ……………………………………… 150
6.4.2 利用视图向导创建不及格学生视图 ……………………………………… 150
6.4.3 视图的概念和作用 …………………………………………………………… 153
6.5 使用 SQL 语句查询表数据 ……………………………………………………… 154
6.5.1 简单查询实例 ………………………………………………………………… 154
6.5.2 简单查询语句 ………………………………………………………………… 157
6.5.3 排序查询实例 ………………………………………………………………… 158
6.5.4 排序查询 ……………………………………………………………………… 159
6.5.5 带计算函数的查询实例 …………………………………………………… 159
6.5.6 带计算函数的查询 …………………………………………………………… 160
6.5.7 分组查询实例 ………………………………………………………………… 161
6.5.8 分组查询 ……………………………………………………………………… 162
6.5.9 用别名输出列标题(字段名) ……………………………………………… 162

6.5.10 多表联接查询实例 …… 162
6.5.11 多表联接查询实例 …… 166

7 报表与菜单设计 …… 168
7.1 报表的创建 …… 168
7.1.1 建立学生信息快速报表 …… 168
7.1.2 创建报表 …… 170
7.1.3 利用报表向导创建课程信息报表 …… 171
7.1.4 利用报表向导建立报表 …… 174
7.1.5 利用报表设计器建立学生成绩报表 …… 175
7.1.6 利用报表设计器建立报表 …… 176
7.2 设置报表 …… 178
7.2.1 利用报表设计器修改学生成绩报表 …… 178
7.2.2 利用报表设计器修改报表 …… 185
7.2.3 报表的页面设置 …… 186
7.3 创建下拉菜单系统 …… 189
7.3.1 创建学生成绩管理系统菜单 …… 189
7.3.2 菜单的表现形式 …… 194
7.3.3 规划菜单系统 …… 195
7.3.4 创建菜单系统的步骤 …… 196
7.3.5 菜单设计器的使用 …… 196
7.3.6 在顶层表单中使用菜单 …… 199
7.4 创建快捷菜单 …… 200
7.4.1 创建快捷菜单实例 …… 200
7.4.2 创建并使用快捷菜单 …… 201

8 学生成绩管理系统开发实例 …… 202
8.1 系统开发实例分析 …… 202
8.1.1 系统需求分析 …… 202
8.1.2 数据库设计 …… 203
8.2 系统详细设计 …… 205
8.2.1 创建项目 …… 205
8.2.2 数据库、数据表及表间关系 …… 209
8.2.3 界面设计 …… 209
8.2.4 主菜单设计 …… 210
8.2.5 表单设计 …… 211
8.2.6 报表设计 …… 211

8.3　用项目管理器连编成应用程序 …… 211
8.3.1　设置文件的“排除”与“包含” …… 211
8.3.2　设置主程序 …… 212
8.3.3　连编项目 …… 213
8.3.4　连编应用程序 …… 214
8.3.5　连编其他选项 …… 215
8.3.6　运行应用程序 …… 216
8.4　应用程序的发布 …… 216
8.4.1　发布树 …… 216
8.4.2　应用程序发布和安装 …… 216

附　录 …… 222
附录1　Visual FoxPro 常用函数 …… 222
附录2　Visual FoxPro 常用类与对象 …… 224
附录3　Visual FoxPro 常用方法 …… 226
附录4　Visual FoxPro 常用事件 …… 226
附录5　Visual FoxPro 常用属性 …… 227

1　Visual FoxPro 的语言基础

1.1　面向对象程序设计界面

1.1.1　表单设计实例

【例 1.1】　设计如图 1.1 所示的表单,表单文件名为 ex1-1. scx,在文本框 Text1 中输入华氏温度,单击“计算”按钮可以求出对应的摄氏温度,并在文本框 Text2 中显示。其计算公式为:

$cels=\frac{5(fas-32)}{9}$,其中 cels 表示摄氏温度,fas 表示华氏温度。

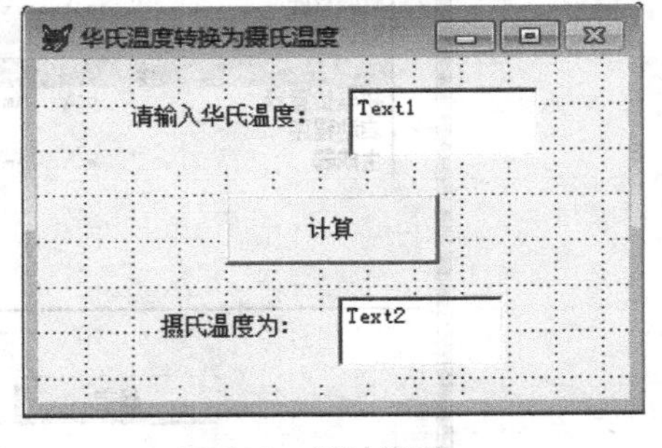

图 1.1　设计界面

分析:

①根据计算公式,输入华氏温度即可计算出对应的摄氏温度。

②在 VFP 中,需将公式 $cels=\frac{5(fas-32)}{9}$转换成 VFP 的表达式 cels=5*(fas-32)/9,其中 fas 表示输入的华氏温度,cels 表示对应的摄氏温度。输入华氏温度的控件一般采用文本框,输出摄氏温度的控件一般采用文本框或标签,这里也使用文本框。

③操作该实例前首先要设置默认路径。即在 E 盘建立“第 1 章实例”文件夹,启动 VFP,将该文件夹设置为默认路径。其操作方法如下:

➢　在 E 盘建立“第 1 章实例”文件夹。

➢　单击 Windows 环境下的“开始”→“程序”→“Microsoft Visual FoxPro 6.0”命令,启动 Visual FoxPro,进入其主界面。

➢　设置默认路径为:e:\第 1 章实例。选择“工具”→“选项”命令,打开“选项”对话框;选择“文件位置”选项卡,双击“默认目录”,弹出“更改文件位置”对话框,按如图 1.2 所示设置好默认目录。单击“确定”按钮,如图 1.3 所示,再单击“选项”对话框中的“设置为默认值”按钮，再单击“确定”按钮。

图 1.2 “更改文件位置”对话框

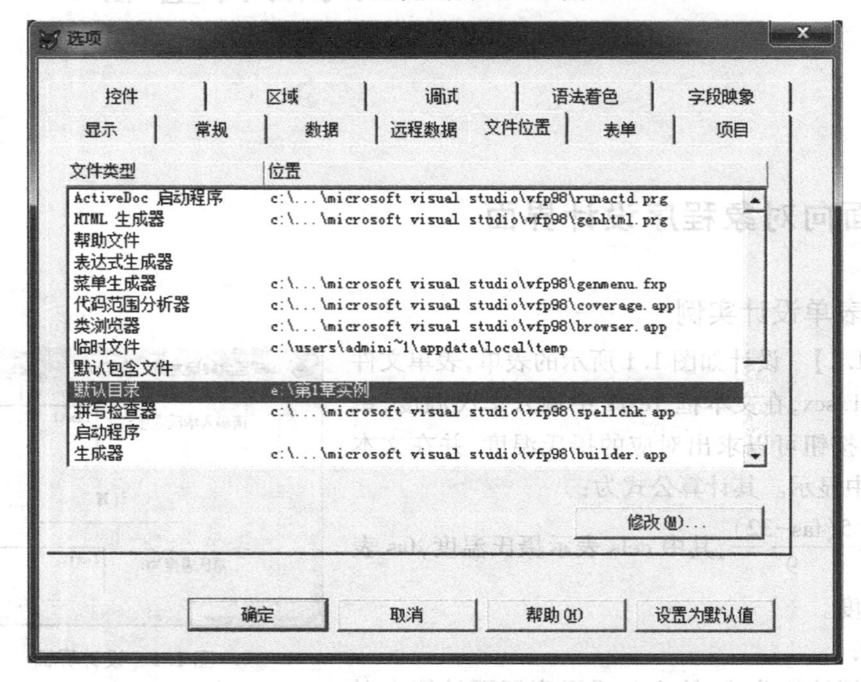

图 1.3 “选项”对话框

实例操作步骤：

①启动 VFP，选择“文件”→“新建”命令，弹出“新建”对话框，选择“表单”，如图 1.4 所示。

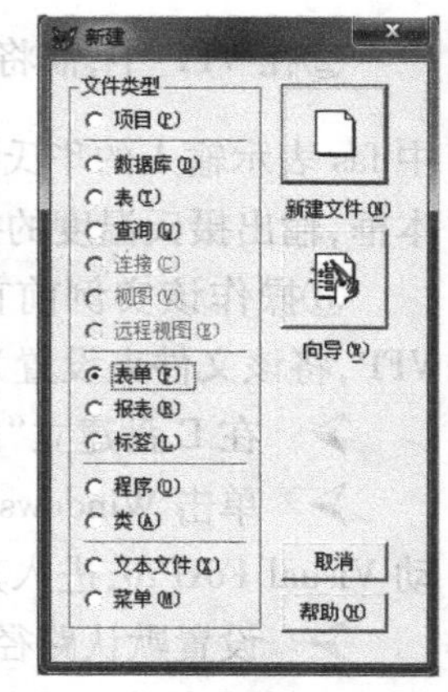

图 1.4 “新建”对话框

②单击“新建文件”按钮，即可进入表单设计器窗口，如图1.5 所示。**如果“表单控件”工具栏没有出现，可以单击“表单设计器”工具栏中的表单控件工具栏按钮，或选择“显示”→“表单控件工具栏”选项。如果属性窗口没有出现，可以单击“表单设计器”工具栏中的属性窗口按钮，或右键单击表单界面，在弹出的快捷菜单中选择“属性”命令，或选择“显示”→“属性”选项。**

③单击“表单控件”工具栏中的标签按钮，光标变成“十”。将光标移到表单窗口中，在需要添加标签的位置拖动鼠标，可以添加适当大小的标签 Label1，如图 1.6 所示。

④在“属性”窗口可以为标签 Label1 设置属性。根据题意，将标

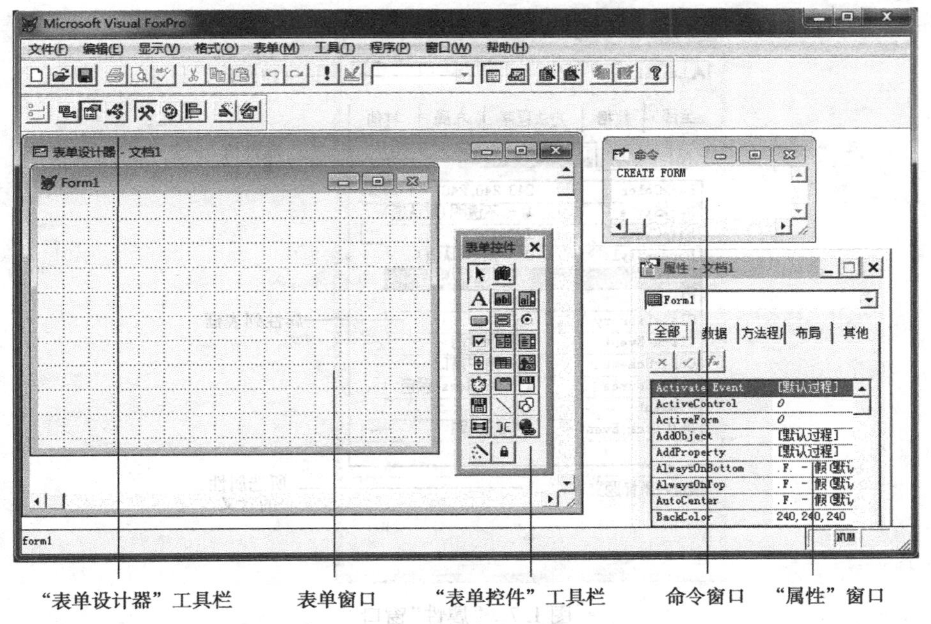

图 1.5　表单设计界面

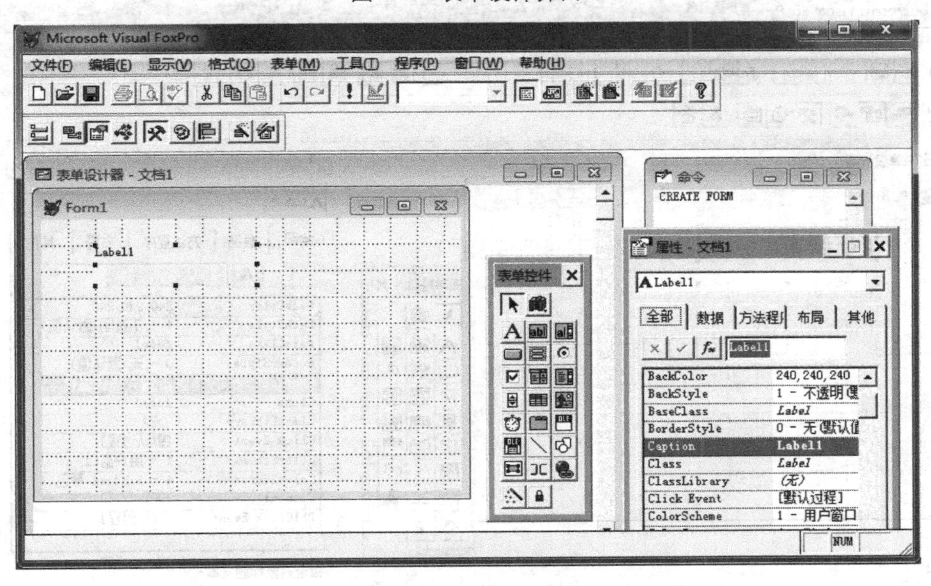

图 1.6　制作标签 Label1

签 Label1 中显示的文本“Label1”改为“请输入华氏温度:”,更改控件显示文本的属性是 Caption。因此,在属性窗口中找到并单击 Caption,在属性列表上方的文本框中输入“请输入华氏温度:”,按回车键后,如图 1.7 所示,同时表单中的“Label1”就变成了“请输入华氏温度:”,如图 1.8 所示。

⑤单击“表单控件”工具栏中的文本框按钮和命令按钮,用同样的方法可以添加文本框 Text1 和命令按钮 Command1。添加完本题所需的控件后,依次修改其他各控件的属性,属性名和属性值如表 1.1 所示。调整表单窗口大小后,表单如图 1.1 所示。表单中

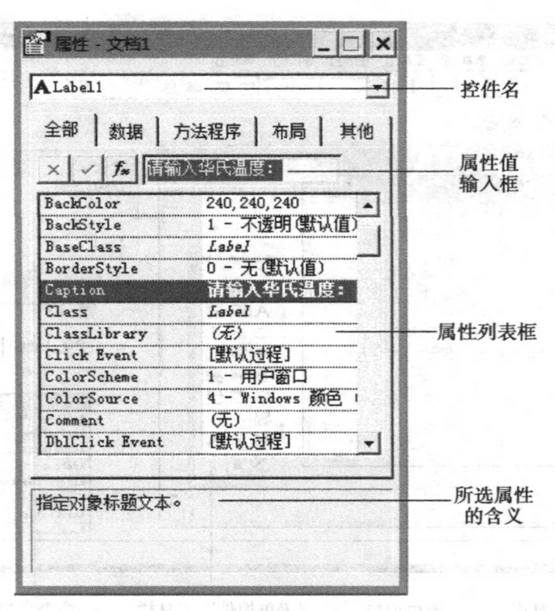

图 1.7 “属性”窗口

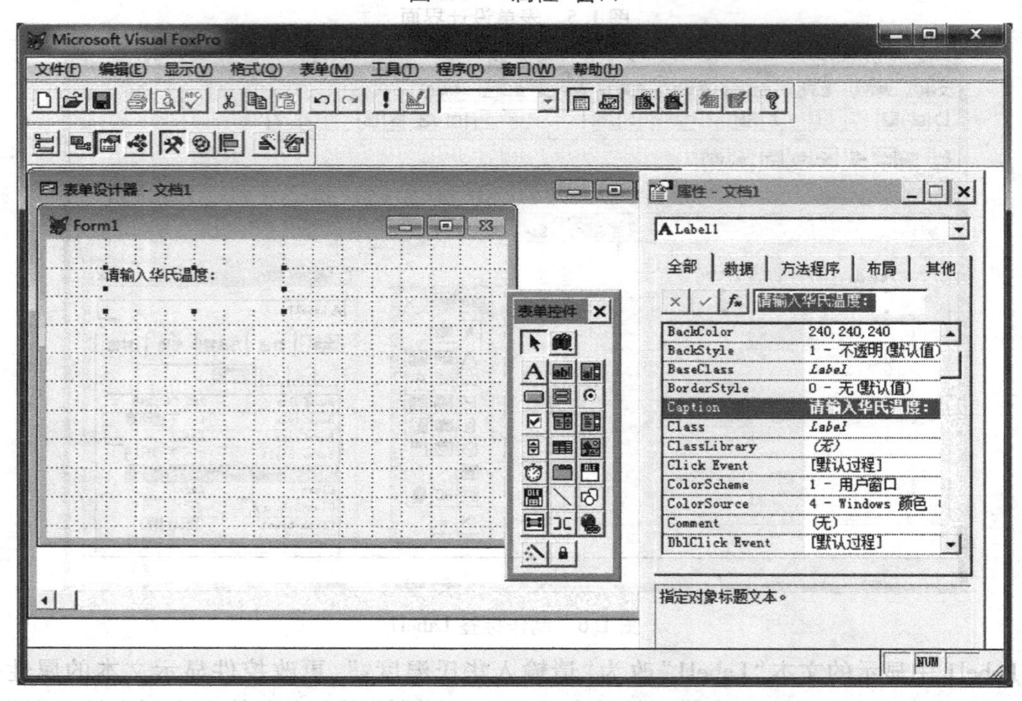

图 1.8 标签 Label1 的 Caption 属性修改后的效果图

各控件的移动、改变大小与 Office 软件中图片的操作方法类似。添加各控件时，注意属性窗口中各控件的控件名。

表 1.1　控件的属性设置

对　象	属性名	属性值	对　象	属性名	属性值
Label2	Caption	摄氏温度为：	Text1	Value	0
Command1	Caption	计算	Form1	Caption	华氏温度转换为摄氏温度

⑥双击“计算”命令按钮，编写该控件“Click”事件的程序代码，如图 1.9 所示。

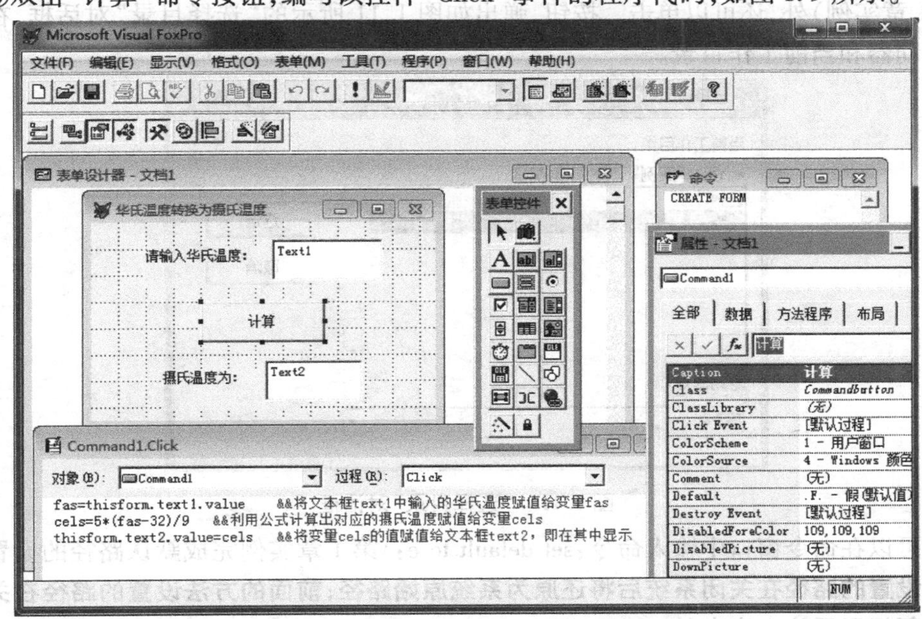

图 1.9　命令按钮 Command1 的“Click”事件的代码

⑦单击“常用”工具栏上的“保存”按钮保存表单，文件名为 ex1-1.scx，选择菜单“程序”→“运行”或单击“常用”工具栏上的运行按钮!，表单运行后，在文本框 Text1 中输入任意华氏温度，单击“计算”按钮，则在文本框 Text2 中显示对应的摄氏温度，界面如图 1.10 所示。

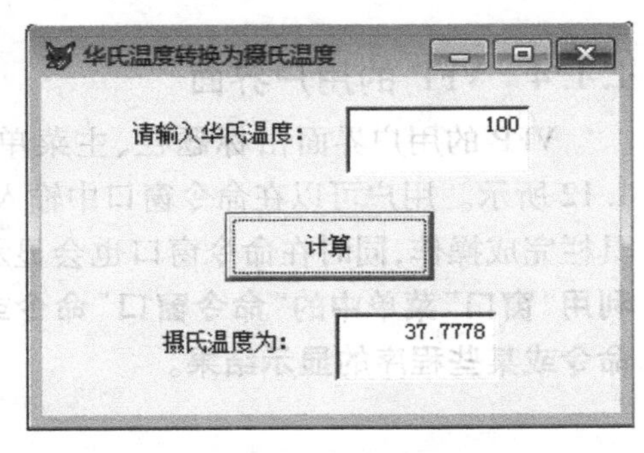

图 1.10　表单运行界面

1.1.2　VFP 的启动与退出方法

单击 Windows 环境下的“开始”→“程序”→“Microsoft Visual FoxPro 6.0”命令，系统即启动 Microsoft Visual FoxPro 6.0。而 VFP 系统的退出则可以采用多种方式，其中常用的有如下几种：

◇　在 VFP 主窗口，单击“文件”→“退出”菜单项，即可退出系统。
◇　单击 VFP 主窗口的关闭按钮，即可退出系统。
◇　在“命令”窗口中输入 QUIT 命令并按回车键，即可退出系统。

◇ 单击主窗口左上方的控制图标,在下拉菜单中选择“关闭”,或者按“Alt+F4”快捷键,即可退出系统。

1.1.3 VFP 中默认路径的设置

设置路径的目的是让用户在 VFP 中创建的文件(如程序文件)放在指定路径的文件夹(如 e:\第 1 章实例)中。

在如图 1.2 所示的“更改文件位置”对话框中,除了可以在文本框中直接输入路径(如 e:\第 1 章实例)外,还可以单击□按钮,弹出如图 1.11 所示的“选择目录”对话框,在其中选择驱动器和当前工作目录。

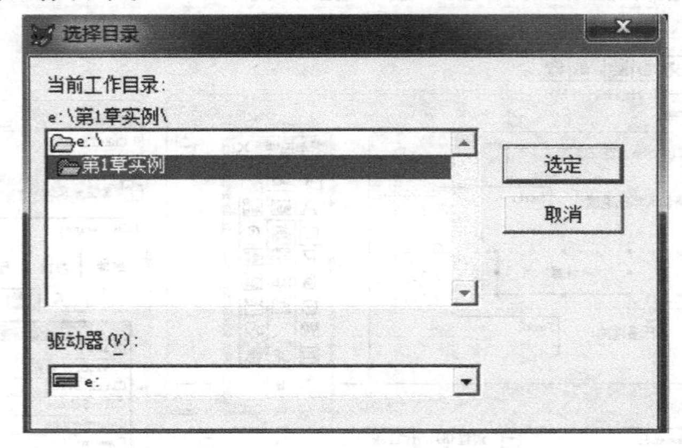

图 1.11 “选择目录”对话框

也可以在命令窗口中输入命令:set default to e:\第 1 章实例完成默认路径的设置。**这个方法设置的路径在关闭系统后将还原为系统原始路径;前面的方法设置的路径在关闭系统再重新打开后均一直有效。**

1.1.4 VFP 的用户界面

VFP 的用户界面由标题栏、主菜单、工具栏、状态栏、工作区与命令窗口组成,如图 1.12 所示。用户可以在命令窗口中输入命令,按回车键执行该命令,也可以通过菜单或工具栏完成操作,同时在命令窗口也会显示与该操作相关的命令。**命令窗口关闭以后,可以利用“窗口”菜单中的“命令窗口”命令或按快捷键“Ctrl+F2”将其打开。工作区用于显示命令或某些程序的显示结果。**

1.1.5 VFP 操作方式

VFP 是面向最终用户,同时又面向数据库应用开发人员的数据库管理系统。它为用户提供了以下 3 种工作方式:

- 菜单方式 菜单方式是指利用系统提供的菜单、工具按钮、对话框等进行交互操作。其突出的优点是操作简单、直观,不需记忆命令的格式与功能,易学易用,是初学者常用的一种工作方式。但其不足之处是操作步骤较为烦琐。

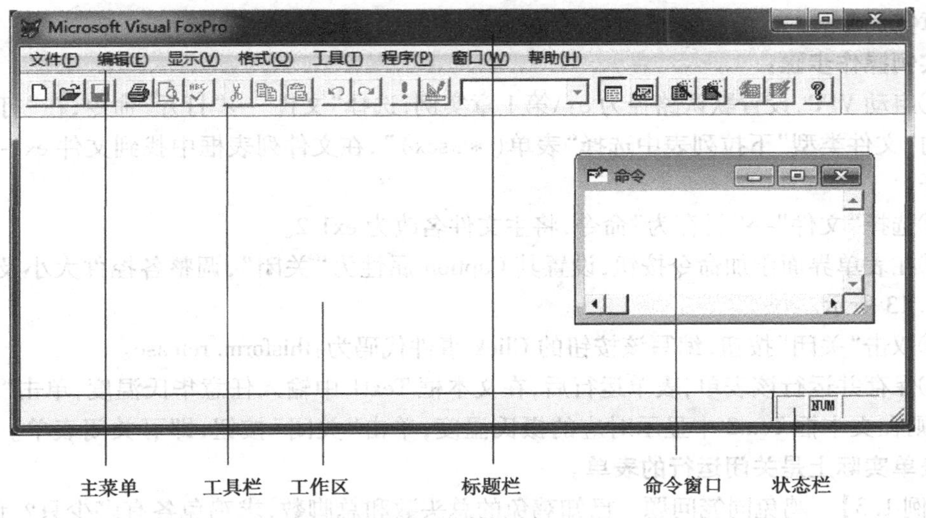

图 1.12　系统主窗口

• 命令方式　命令操作方式是指在命令窗口中键入所需的命令，即可在屏幕上显示执行的结果。VFP 提供命令方式的主要目的是：一方面对数据库的操作使用命令比使用菜单或工具栏要快捷而灵活，另一方面熟悉命令操作是程序开发的基础。因此，命令操作方式为用户提供了一个直接操作的手段，这种方法的优点是能够直接使用系统提供的各种命令和函数，可有效地操纵数据库。

• 程序执行方式　程序执行是指将命令编写成一个程序，通过运行这个程序达到操作数据库的目的，处理一些实际应用系统中的问题。程序执行方式的突出特点是效率高，而且编制好的程序可以反复执行。对于一些复杂的数据处理与管理问题通常采用程序执行方式运行。在 VFP 中，开发人员可以将结构化程序设计方法和面向对象程序设计方法相结合并根据具体问题的要求，编制出相应的应用程序。

除上述方法外，VFP 还提供了真正的面向对象程序设计工具，使用它的各种向导、设计器和生成器可以更简便、快捷、灵活地进行应用程序开发。

1.2　类和对象

1.2.1　表单设计实例

【例 1.2】　打开表单 ex1-1. scx，表单另存为 ex1-2. scx，修改表单界面，添加“关闭”按钮，如图 1.13 所示，单击“关闭”按钮，可以关闭表单。

分析：

①本例中增加了一命令按钮，功能是单击该按钮可以关闭表单，关闭表单可以调用表单的 Release 方法完成。

②操作该实例前同样要设置默认路径为 e:\

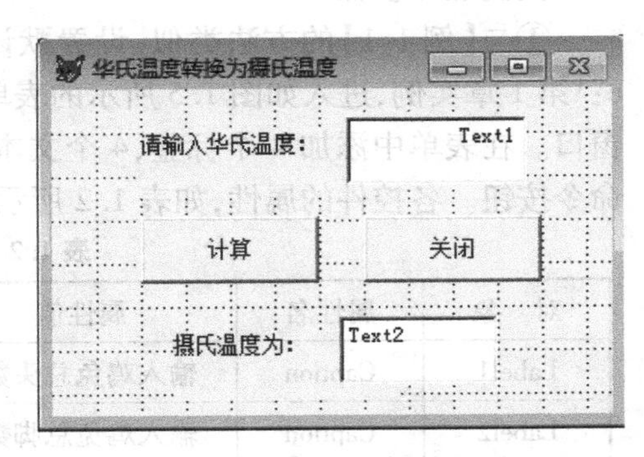

图 1.13　表单设计界面

第 1 章实例。

实例操作步骤：

①启动 VFP，设置默认路径为 e:\第 1 章实例，选择"文件"→"打开"命令，在"打开"对话框的"文件类型"下拉列表中选择"表单(*. scx)"，在文件列表框中找到文件 ex1-1. scx，并打开。

②选择"文件"→"另存为"命令，将主文件名改为 ex1-2。

③在表单界面添加命令按钮，设置其 Caption 属性为"关闭"，调整各控件大小及位置，如图 1. 13 所示。

④双击"关闭"按钮，编写该按钮的 Click 事件代码为：thisform. release。

⑤保存并运行该表单，表单运行后，在文本框 Text1 中输入任意华氏温度，单击"计算"按钮，则在文本框 Text2 中显示对应的摄氏温度；单击"关闭"按钮，即可关闭表单。**注意，关闭表单实际上是关闭运行的表单。**

【例 1. 3】 鸡兔同笼问题。已知鸡兔的总头数和总脚数，求鸡兔各有多少只？设计表单完成，表单文件名为 ex1-3. scx。**"鸡兔问题"，它起源于我国古代的一本数学书《孙子算经》："今有雉、兔同笼，上有三十五头，下有九十四足。问雉、兔各几何？该书给出了解法，最后的答案是：雉二十三，兔一十二"，这里的"雉"俗称"野鸡"，这类题目在我国通常称为"鸡兔问题"。**

分析：

①本问题中，鸡兔的数目与鸡兔总头数、脚数的关系可以转化为一个二元一次方程，假设鸡兔的总头数为 H，总脚数为 F，鸡有 X 只，兔有 Y 只，则

$$\begin{cases}2X + 4Y = F \\ X + Y = H\end{cases}$$

根据该一元二次方程，得到 $X=(4H-F)/2, Y=(F-2H)/2$

②根据本问题，可以设计如图 1. 14 所示表单，表单运行后，在文本框 Text1、Text2 中分别输入鸡兔的总头数和总脚数，单击"计算"按钮，可以在文本框 Text3、Text4 中分别显示鸡兔的数目。

③操作该实例前设置默认路径为 e:\第 1 章实例。

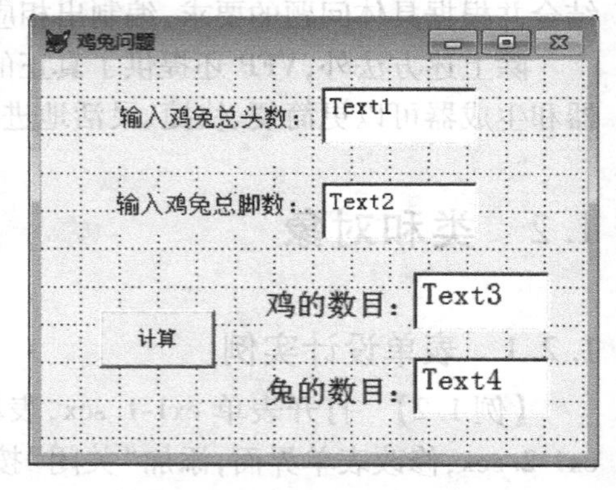

图 1. 14 表单设计界面

实例操作步骤：

①与【例 1. 1】的方法类似，设置默认路径为 e:\第 1 章实例，进入如图 1. 5 所示的表单设计器窗口。在表单中添加 4 个标签，4 个文本框，1 个命令按钮。各控件的属性，如表 1. 2 所示。

表 1. 2 控件的属性设置

对 象	属性名	属性值	对 象	属性名	属性值
Label1	Caption	输入鸡兔总头数：	Text1	Value	0
Label2	Caption	输入鸡兔总脚数：	Text2		

续表

对　象	属性名	属性值	对　象	属性名	属性值
Label3	Caption	鸡的数目：	Command1	Caption	计算
Label4	Caption	兔的数目：	Form1	Caption	鸡兔问题
Label1	Fontsize	11	Label3	Fontsize	14
Label2			Label4		
Text1			Text3		
Text2			Text4		

②双击“计算”按钮，编写该按钮的 Click 事件代码为：

```
H=thisform. text1. value
F=thisform. text2. value
X=(4*H-F)/2              &&X 为鸡的数目
Y=(F-2*H)/2              &&Y 为兔的数目
Thisform. text3. value=X
Thisform. text4. value=Y
```

③保存表单，文件名为：ex1-3. scx。选择菜单“程序”→“运行”或单击“运行”按钮 ! ，该表单的运行界面如图 1. 15 所示。

1. 2. 2　初步探讨对象的属性、事件和方法

1. 对象(Object)

对象是 Object Oriented Programming(OOP)面向对象的程序设计中最基本的概念。从可视化编程的角度来看，对象是一个具有属性、能处理相应事件、具有特定方法程序、以数据为中心的统一体。简单地说，对象是一种将数据和操作过程结合在一起的程序实体。因此，对象是构成程序的基本单位和运行实体，本例中所涉及的表单、标签、文本框、命令按钮等都是对象。我们把在应用程序中有意义的，与所要解决问题相关的任何事物称作对象，它既可以是具体的物质实体，也可以是抽象的概念，如一部电话、一次比赛等都可以作为一个对象。

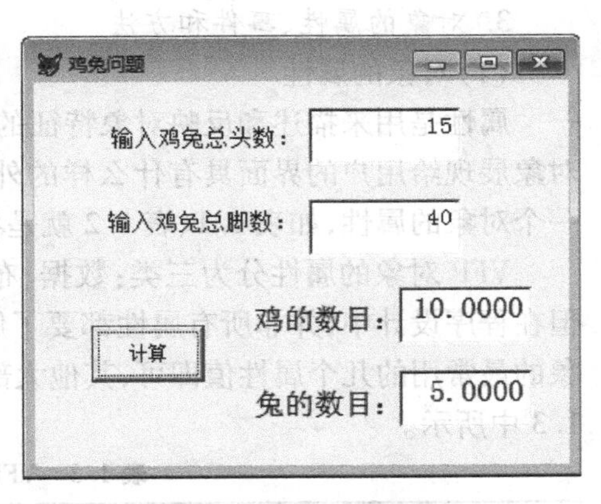

图 1. 15　表单运行界面

每个对象都有一定的静态特征，即对象的属性，如电话的形状、大小、颜色等就是其属性。每个对象都可以对一些动作进行识别和响应，如电话可以识别拿起、放下听筒等动作，称为对象的事件；每个对象也有自己的行为或动作，如电话拨号，称为对象的方法程序。

在以上实例中，表单、文本框、标签、命令按钮等对象也都有自己的属性，命令按钮“计

算”“关闭”能识别单击事件(即 Click 事件)并执行相应的事件代码。

2. 类(Class)

类是一组具有相同特性的对象的抽象,是将某些对象相同的特征(属性和方法等)抽取出来,形成的一个关于这些对象集合的抽象模型。例如,大学生张平、中学生刘晟、小学生王鹏等是不同的对象,他们都是属于学生这一类;如以上实例中的“计算”和“关闭”等按钮对象,这些按钮都是由命令按钮(CommandButton)类创建的。

类与对象关系密切,但它们是不同的。类是抽象的,对象是具体的,有类才能产生对象,对象是类实例化的结果。对象是类的一个实例,具有所属类所定义的全部属性和方法。在 VFP 中,任何对象都是由类实例化得到,如以上实例中的文本框控件 Text1、Text2、Text3、Text4 等都是由文本框类实例化得到。类定义了对象的基本属性、事件和方法,从而决定对象的属性和行为。因此类具有以下主要特征:

(1)封装性——隐藏不必要的复杂性

封装就是指将对象的方法程序和属性代码包装在一起。例如,用于确定命令按钮外观、位置等的属性和鼠标单击该命令按钮时所执行的代码是封装在一起的。封装的好处是能够忽略对象的内部细节,使用户集中精力来使用对象的外在特性。

(2)继承性——充分利用现有类的功能

如果一个类是从其他已有的类中派生出来的,则称为子类或派生类。子类保持了父类中的行为和属性,但增加了新的功能。体现了面向对象设计方法的共享机制。类的继承性使得在一个类上所做的改动反映到它的所有子类中。有了类的继承,用户在编写程序时,可以把具有普遍意义的类通过继承引用到程序中,并只需添加或修改较少的属性、方法,这种在父类中所作的添加或修改将自动反映到它的所有的子类上,这样可使用户在程序设计中节省大量的时间和精力,也可减少维护代码的难度。

3. 对象的属性、事件和方法

(1)对象的属性

属性是用来描述和反映对象特征的参数,对象中的数据就保存在属性中,它们决定了对象展现给用户的界面具有什么样的外观及功能。在 VFP 中,可以在“属性”窗口中修改一个对象的属性,如表 1.1、表 1.2 就是各对象的属性设置。

VFP 对象的属性分为三类:数据、布局和其他。一个对象可能有多达六七十种属性。但在程序设计中,并非所有属性都要了解并进行设置。通常一个应用软件,只需要修改对象的最常用的几个属性值即可,其他大部分的属性使用默认值。对象的常用基本属性如表 1.3 中所示。

表 1.3 VFP 中对象的常用基本属性

属性名称	意 义	解 释
标题(Caption)	对象的标题,字符数据	第一个表单的默认标题:form1
值(Value)	指定对象当前的状态值。若指定了控制源,则 Value 的值与控制源的值相同	Value 值的类型随不同的对象而定
字体名(FontName)	指定对象显示内容的字体	字符型,为系统的标准字体名称

续表

属性名称	意　义	解　释
字号(FontSize)	指定对象显示内容的字号,字的尺寸	数值型,例如:12或48等
前景色(ForeColor)	指定对象编辑区域的字符颜色	可以打开"颜色"对话框选定色彩值
背景色(BackColor)	指定对象编辑区域的背景颜色	

(2)事件

事件是指预先设计好的、能够被对象识别和响应的动作。可以为事件编写相应的程序代码,这样,当某个事件发生时,该程序代码就会自动地被调用执行,从而达到程序控制的目的。事件是由系统预先定义的,不能修改、增加和删除。事件可以由一个用户的动作产生,如单击鼠标或按下一个键;也可以由系统产生,如计时器。

在【例1.1】中,单击"计算"按钮,就是触发了该按钮的"Click"事件,用户对其编写事件代码,就可计算华氏温度对应的摄氏温度。【例1.2】中,单击"关闭"按钮,触发了该按钮的"Click"事件,即可关闭表单。【例1.3】中,单击"计算"按钮,同样也触发了该按钮的"Click"事件,可以根据鸡兔的总头数和总脚数计算出鸡兔各有多少只。

在这里,只讨论了命令按钮的Click事件,以后会接触到更多对象的不同事件,第2章会详细讨论事件的用法。

(3)方法

方法是指对象自身可以进行的动作或行为。它实际上是对象本身所内含的一些特殊的函数或过程,以便实现对象的一些固有功能。可以通过调用对象的方法实现该对象的动作及行为。比如,通过"转向"方法使方向盘对象旋转,从而使车轮转向。VFP程序中每个窗口或控件对象,也具有改变其行为或实现某个特定操作的方法,如【例1.2】中,"关闭"按钮的"Click"事件代码Thisform.release,就是调用了表单的Release方法关闭表单。

1.2.3　表单中的基本控件

1. 表单中控件的编辑

在设计表单的过程中,需要频繁编辑其中的控件,利用表单工具栏和控件工具栏,能容易地修改表单的状态,移动和调整控件的大小,复制或删除控件、对齐控件等。

(1)选择控件

将鼠标指针指向控件上的任意位置并单击。控件被选中后其周围会出现8个黑点。

(2)同时选择多个控件

在所选控件的周围拖动鼠标指针,或者按住"Ctrl"键,再单击选择若干控件,如图1.16所示。

(3)移动控件

直接用鼠标拖动控件到新的位置。

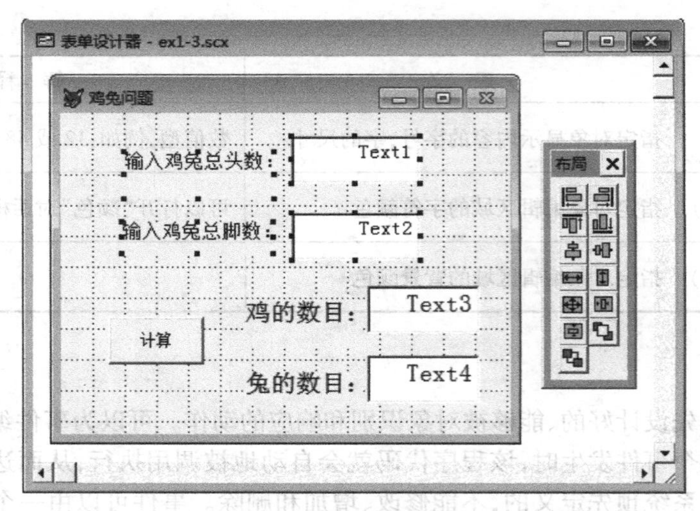

图 1.16　控件的选择和布局工具栏

(4)改变控件的大小

选择控件,拖动尺寸控点,以增加或减少该控件的长度、宽度或整体尺寸。

(5)复制控件

选择控件,从"编辑"菜单中选择"复制"。再选择"粘贴"。允许多次"粘贴"同一个控件。粘贴后生成的控件需要移动到合适的位置上。

(6)删除控件

选择控件,按"Delete"键,或者从"编辑"菜单中选择"剪切"。

(7)对齐一组控件

利用布局工具栏上的按钮,很容易精确排列表单上的控件。例如,可能想使一组控件水平对齐或垂直对齐,或使一组相关控件具有相同的宽度或高度。要对齐控件,可先选定一组控件,然后在"布局"工具栏上选择一个布局按钮。

2. 表单中的基本控件

(1)标签(label)

标签用于在表单中显示某些固定不变的文本信息。一个标签最多可容纳 256 字符。一般说明性的文本用标签体现。以上各实例中,说明性信息都是用标签来完成的。

常用的标签属性如表 1.4 所示。

表 1.4　常用的标签属性

属　性	说　明
Caption	标签显示的文本内容。字符型
AutoSize	确定是否根据标题的长度来调整显示宽度。默认不能自动调整显示宽度
BackStyle	确定标签是否透明。默认不透明
WordWrap	确定标签上显示的文本能否换行。默认不能

(2)文本框(Text)

文本框是最常用的基本控件,它允许用户显示和编辑一个变量或者一个字段的值,是表单上最灵活、最重要的数据交互操作控件。既可以输入数据,也可以输出数据。【例1.1】中,文本框 Text1 用于数据的输入;文本框 Text2 输出结果。【例 1.3】中,文本框 Text1、Text2 用于数据的输入;文本框 Text3、Text4 输出结果。

文本框的值默认存储在 Value 属性中。**用右键单击文本框,在弹出的快捷菜单中选择"生成器"命令,可以打开"文本框生成器"的对话框,在该对话框中可以设置文本框采用的数据类型和格式、文本框的样式等**。常用的文本框属性如表 1.5 所示。

表 1.5 文本框的常用属性

属 性	说 明
Enabled	指定文本框是否响应用户引发的事件,默认为是
Value	文本框的值
Alignment	文本框中数据的对齐方式
ReadOnly	数据是否只读,默认为否
PasswordChar	密码字符。指定相应字符作为用户输入字符的占位符号

(3)命令按钮(CommandButton)

命令按钮主要起控制作用,完成特定的操作。一般在命令按钮的 Click 事件中编写过程代码,鼠标单击命令按钮,执行该过程的代码,完成指定的功能。如在例 1.4 中,当鼠标单击"平均数="命令按钮时,就可以执行该命令按钮的 Click 事件中的代码,完成计算。

表 1.6 命令按钮的常用属性

属 性	说 明
Caption	在按钮上显示的文本
Enabled	能否选择此按钮

常用命令按钮属性如表 1.6 所示。

1.3 数据类型、常量、变量

1.3.1 表单设计实例

【例 1.4】 输入 3 个数,输出最大数。设计表单完成,表单文件名为 ex1-4. scx。

分析:

①找出 3 个数中的最大数,可以**利用函数** max( )来完成。max(x1,x2,x3…)**函数是求最大值的函数,括号里可以有多个值,比较大小后输出其中最大值**。

②根据本问题,可以设计如图 1.17 所示表单,表单运行后,在文本框 Text1、Text2、Text3 中分别输入 3 个数,单击"输出"按钮,可以在文本框 Text4 中输出最大数。

③操作该实例前设置默认路径为 e:\第 1 章实例。

实例操作提示:

①设置默认路径为 e:\第 1 章实例,进入如图 1.5 所示的表单设计器窗口。在表单中

添加 2 个标签,4 个文本框,1 个命令按钮。文本框 Text1 ~ Text3 的 Value 属性值为 0,其他各控件的属性,如图 1.17 所示界面。

②双击“输出”按钮,编写该按钮的 Click 事件代码如下。**以下 5 条语句都是赋值语句,A、B、C、M 为变量,大小写均可。**

```
A=thisform.text1.value
store Thisform.text2.value to B
C=thisform.text3.value
m=max(a,b,c)
store M to Thisform.text4.value
```

③保存表单,文件名为:ex1-4.scx。选择菜单“程序”→“运行”或单击“运行”按钮 !,该表单的运行界面如图 1.18 所示。

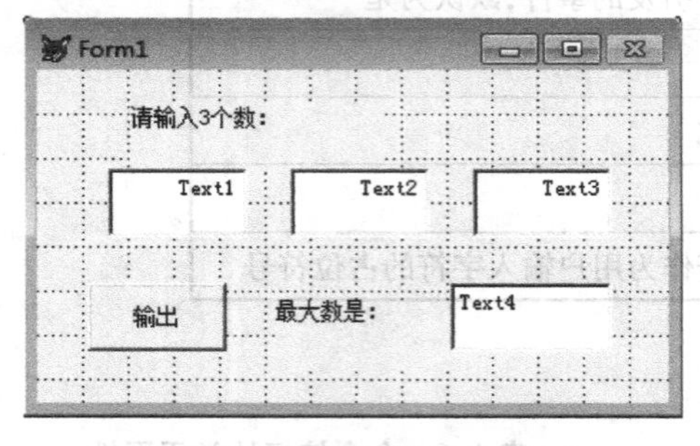

图 1.17　表单设计界面

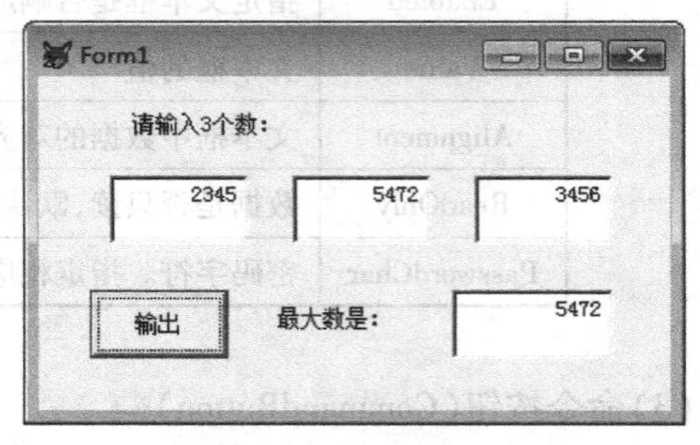

图 1.18　表单运行界面

【例 1.5】　输入今天的日期,输出昨天和明天的日期。设计表单完成,表单文件名为 ex1-5.scx。

分析:

①昨天的日期为今天的日期减去 1,明天的日期为今天的日期加上 1。

②根据本问题,可以设计如图 1.19 所示表单,表单运行后,在文本框 Text1 中输入今天的日期,单击“输出”按钮,可以在文本框 Text1、Text2 中分别输出昨天和明天的日期。

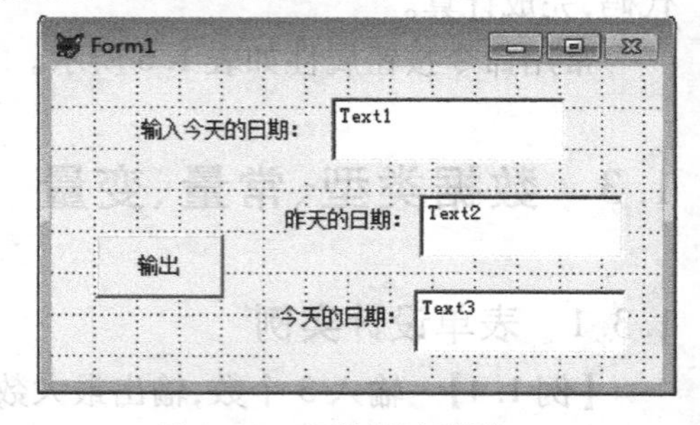

图 1.19　表单设计界面

③要让文本框 Text1 接收日期值,可以对文本框作如下的设置:

右键单击文本框 Text1,选择“生成器”,弹出的“文本框生成器”对话框,按如图 1.20 所示设置。

④操作该实例前设置默认路径为 e:\第 1 章实例。

实例操作提示:

①设计如图 1.19 所示的表单,分别有 3 个标签,其 Caption 属性如图 1.19 所示;3 个文本框,其中文本框 Text1 接收日期值;1 个命令按钮,界面如图 1.20 所示。

②表单 Form1 的 Load 事件代码如下。**表单的 Load 事件是在表单运行之前被激活的。一般用于设置表单的环境。**

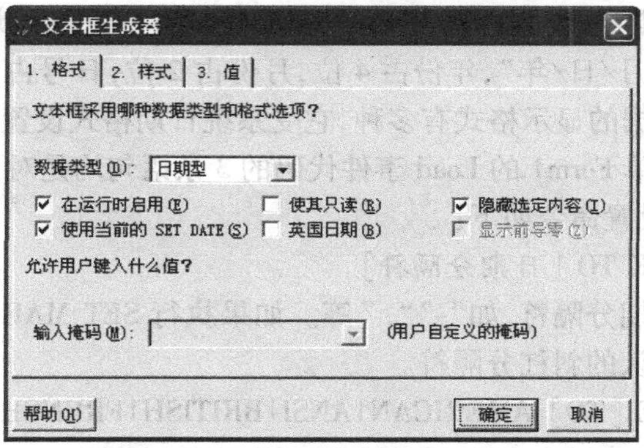

图 1.20 “文本框生成器”对话框

```
set century on          && 将日期的年份值设置成 4 位显示
set date to ymd         && 日期的显示为年月日
set mark to "-"         && 日期分隔符为“-”
```

③“输出”按钮的“Click”事件代码如下：

```
thisform.text2.value=thisform.text1.value-1     && 计算昨天的日期,在文本框 Text2 中显示
thisform.text3.value=thisform.text1.value+1     && 计算明天的日期,在文本框 Text3 中显示
```

④保存表单,文件名为 ex1-5.scx,运行表单如图 1.21 所示。

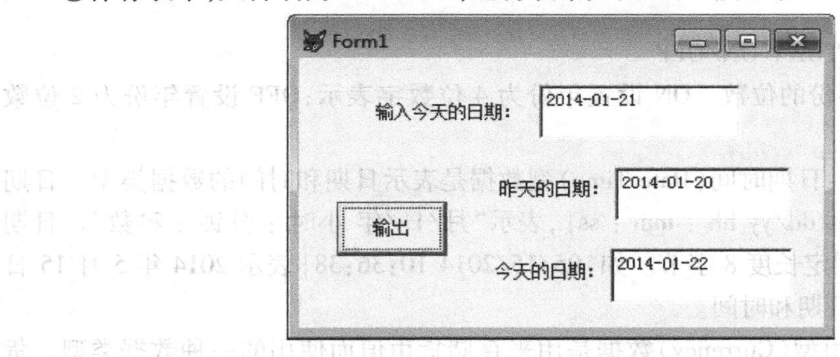

图 1.21 表单运行界面

1.3.2 数据类型

为了使用户建立和操作数据库更加方便,在 VFP 系统中提供了多种不同的数据类型。常量、变量(内存变量)、表达式中常用的数据类型如下:

- 字符型(C):字符型(Character)数据是由中英文字符、数字字符和其他 ASCII 字符组成的字符序列,其长度(即字符个数)范围是 0~254 个字符,每个字符占一个字节。
- 数值型(N):数值型(Numeric)数据是表示数量并可以进行算术运算的数据类型。数值型数据由数字 0~9 以及正负号(+和-)和小数点(.)组成,数值型占用 8 字节。
- 逻辑型(L):逻辑型(Logical)数据是描述客观事物真假的数据类型,表示逻辑判断的结果。逻辑型数据只有真(.T.)和假(.F.)两种结果,长度固定为 1 字节。

● 日期型(D)：日期型(Date)数据是用于表示日期的一种数据类型。日期的默认格式是{mm/dd/yy}，表示"月/日/年"，年份占 4 位，月份占 2 位，日号占 2 位，日期型数据的宽度为 8 字节，日期型数据的显示格式有多种，它受系统日期格式设置(SET DATE)命令的影响。在【例 1.5】中，表单 Form1 的 Load 事件代码的 3 条语句均是对日期的格式进行设置。

影响日期格式的设置命令如下：

①**格式**：SET MARK TO [日期分隔符]

功能：用于指定日期分隔符，如"-""."等。如果执行 SET MARK TO 没有指定任何分隔符，表示恢复系统默认的斜杠分隔符。

②**格式**：SET DATE [TO] AMERICAN|ANSI|BRITISH|FRENCH|GERMAN|ITALIAN|JAPAN|USA|MDY|DMY|YMD

功能：设置日期显示的格式。命令中各个短语所定义的日期格式如表 1.7 所示。

表 1.7 日期设置命令短语所对应的日期格式

短 语	格 式	短 语	格 式
AMERICAN	mm/dd/yy	ANSI	yy. mm. dd
BRITISH/FRENCH	dd/mm/yy	GERMAN	dd. mm. yy
ITALIAN	dd-mm-yy	JAPAN	yy/mm/dd
USA	mm-dd-yy	MDY	mm/dd/yy
DMY	dd/mm/yy	YMD	yy/mm/dd

③**格式**：SET CENTURY ON/OFF

功能：用于设置年份的位数。ON 设置年份为 4 位数字表示；OFF 设置年份为 2 位数字表示。

● 日期时间型(T)：日期时间(Date Time)型数据是表示日期和时间的数据类型。日期时间的默认格式是{mm/dd/yy hh : mm : ss}，表示"月/日/年 小时 : 分钟 : 秒数"。日期时间型数据也是采用固定长度 8 字节。如{05/15/2014 10:36:38}表示 2014 年 5 月 15 日 10 时 36 分 38 秒这一日期和时间。

● 货币型(Y)：货币型(Currency)数据是用来存储货币值而使用的一种数据类型。货币数据默认保留 4 位小数，占据 8 字节的存储空间。

1.3.3 常量

常量是指在处理过程中其值保持不变的量。VFP 中的常量如表 1.8 所示。

表 1.8 常量

类型名及标识符	说 明
字符型常量	字符型常量(也称字符串)是用定界符(可以是英文状态下的单撇号'、双撇号"和方括号[])括起来的字符序列。例如：'数据库'、"I am a Student"、[aa+'EXAMPLE']都是字符串常量

续表

类型名及标识符	说 明
数值型常量	它由数字0~9、小数点和正负号组成。例如12、3.134 5、-6.78。为了表示很大或很小的数值常量，也可以使用科学记数法形式书写，例如：用5.87E12表示5.87×10^{12}。【例1.5】中，1即为数值型常量
逻辑型常量	逻辑型常量只有逻辑真和逻辑假两个值。用.Y.、.y.或.T.、.t.表示逻辑真值，用.N.、.n.或.F.、.f.表示逻辑假值
货币型常量	货币型常量的书写格式与数值型常量类似，但要加上一个前置的$。货币型数据在存储和计算时，采用4位小数。如果一个货币型常量多于4位小数，那么系统会自动将多余的小数位四舍五入。例如，货币型常量$3.141 592 6将存储为$3.141 6
日期型常量	日期型常量是用一对花括号{}括起来的一个日期数据。花括号内包括年、月、日3个部分，各部分内容之间用分隔符（“/”或“-”）分隔
日期时间型常量	日期时间型常量包括日期和时间两部分内容：{日期和时间}，其中日期部分与日期型常量相似 时间部分的格式为：[hh[:mm[:ss]][A|P]]，其中hh,mm,ss分别代表时、分、秒，其默认值为12、0、0；AM（或A）和PM（或P）代表上午和下午，其默认值为AM；若指定的时间大于12，则为下午时间

1.3.4 变量

变量是在操作过程中可以改变其值的数据对象。实际上，它是用于存放数据的存储单元。

确定一个变量，需要确定其3个要素：变量名、数据类型和变量值。

1. 变量命名规则

在VFP中，要用到常量、变量、数组、字段、类、对象、表、数据库、索引等操作对象。所有操作对象均需命名以相互区别，为规范各类操作对象的命名，VFP有以下命名规则：

①由字母、汉字、下画线和数字组成，首字符只能以字母、下划线或汉字开头。除自由表中字段名、索引的TAG标识名最多只能10个字符外，其他的命名可以使用1~128个字符。

②不能使用VFP的保留字。

2. 变量的分类

在VFP中变量的分类如表1.9所示。

3. 内存变量的赋值命令

给内存变量赋值的命令有两种格式：

格式1：<内存变量>=<表达式>

格式2：STORE <表达式> TO <内存变量表>

表 1.9　变量的分类

变量类型		说　明
内存变量	简单内存变量	是一种临时变量,是在程序执行过程中用于存放临时数据(中间结果或最终结果)的内存工作单元。其数据类型可以是字符型、数值型、逻辑型、货币型、日期型和日期时间型等
	数组变量	数组变量被定义为一组变量的集合,它是具有相同名称而下标不同的一组有序内存变量,这些变量可以具有不同的数据类型。数组中的每个内存变量称为该数组的数组元素,它们在数组中的位置通过下标来表示。因此,每个数组元素又称为下标变量。VFP 允许定义一维和二维数组,在使用数组时应遵循先定义后使用的原则
字段变量		字段变量就是表中的字段名,其数据类型可以是 VFP 的任意数据类型,其值是表中对应的记录值。字段变量的名、类型、长度等是在定义表结构时定义的
系统变量		系统变量是由 VFP 系统自动生成的变量,它的名字是系统已定义好的,均以"_"(下画线)字符开头,如_CLIPTEXT 表示接受文本并送入剪贴板

功能:首先计算表达式的值,再赋给变量。

说明:

格式 1 中"="左边必须是一个变量。一次只能为一个变量赋值。【例 1.4】中,命令 A=thisform. text1. value 就是为变量 A 赋值。

格式 2 中 STORE 命令里的<内存变量表>可以包含多个变量,之间用","分隔,该命令常用于为多个变量赋一个相同值。【例 1.4】中,命令 store thisform. text2. value to B 就是为变量 B 赋值。

1.4　运算符与表达式

1.4.1　表单设计实例

【例 1.6】　任意输入两个不为 0 的数,计算这两个数的和、差、积、商。设计表单完成,表单文件名为 ex1-6. scx。

分析:

①两个数的和、差、积、商分别对应的运算符为+、-、*、/。

注意:这里的*(乘号)、/(除号)与数学中的符号不同,请区别。

②根据本问题,可以设计如图 1.22 所示表单,表单运行后,在文本框 Text1、Text2 中输入两个不为 0 的数,单击"计算"按钮,可以在文本框 Text1 ~ Text4 中分别输出两个数的和、差、积、商。

③操作该实例前设置默认路径为 e:\第 1 章实例。

实例操作提示：

①设计如图 1.22 所示的表单，有 7 个标签、1 个命令按钮，其 Caption 属性如图 1.22 所示；6 个文本框，其中 Text1、Text2 的 Value 属性值为 0。

②双击“计算”命令按钮，编写该按钮的“Click”事件代码如下：

```
x=thisform.text1.value
y=thisform.text2.value
thisform.text3.value=x+y
thisform.text4.value=x-y
thisform.text5.value=x * y
thisform.text6.value=x/y
```

③保存表单，文件名为：ex1-6.scx。表单运行后，在文本框 Text1 和 Text2 中分别输入一个数，单击“计算”按钮，运行界面如图 1.23 所示。

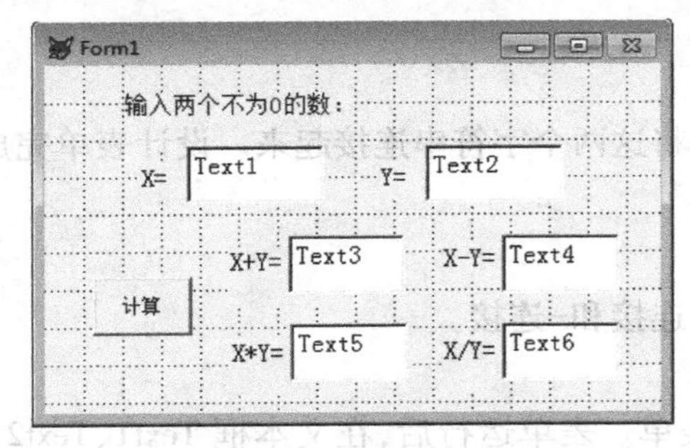

图 1.22 表单设计界面

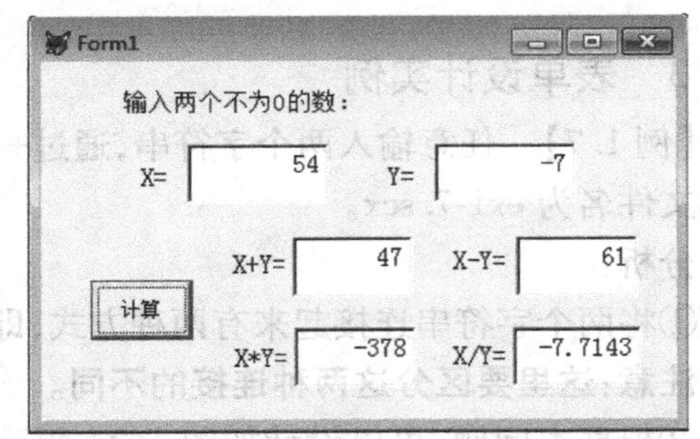

图 1.23 表单运行界面

1.4.2 算术运算表达式

1. 什么是运算符和表达式

所谓运算符就是在 VFP 中用来进行运算的符号，而表达式是指将常量、变量和函数用运算符连接起来的式子。无论是简单还是复杂的表达式，均能按照规定的运算规则最终计算出一个结果，该结果称为表达式的值。表达式和常量一样，求值之后是具有数据类型的数据，因此一个表达式中的各项必须具有相同的数据类型。根据运算对象的数据类型不同，可以将表达式分为算术表达式、字符表达式、日期和时间表达式、关系表达式和逻辑表达式。

2. 算术表达式

用算术运算符将数值型数据连接起来的式子称为算术表达式。算术表达式的计算结果是数值型数据。VFP 使用的算术运算符如表 1.10 所示。在【例 1.6】中“x+y”“x-y”“x * y”“x/y”均为表达式，变量 x，y 的值为数值型，因此它们都是算术表达式，其结果都是数值型的。

表 1.10 算术运算符

运算符	操作含义	举　例
( )	括号	(3+5) * 2
* * 或 ^	乘方	12 * * 2 或 12^2
*、/、%	乘、除、求余数	a * b/2+10%3
+、-	加、减	(10+3 * 4-15)/2+10%3

①从表中看出,算术运算符的优先次序依次为括号、乘方、乘除、求余和加减,同级运算从左到右依次进行。

②特别指出的是:求余运算符%和求余函数 MOD 的作用相同。余数的符号与除数一致,余数的绝对值小于除数的绝对值。如表达式 17%4 的值为 1,表达式 15%-4 的值为 -1。

1.4.3　表单设计实例

【例 1.7】　任意输入两个字符串,通过+、-将这两个字符串连接起来。设计表单完成,表单文件名为 ex1-7. scx。

分析:

①将两个字符串连接起来有两种方式,即+连接和-连接。

注意:这里要区分这两种连接的不同。

②根据本问题,可以设计如图 1.24 所示表单。表单运行后,在文本框 Text1、Text2 中输入两个字符串,单击"连接"按钮,可以在标签 Label6、Label7 中分别输出两个字符串,通过+号、-号连接的结果。**文本框默认接收字符型的数据,表单运行后,直接在文本框中输入字符。如果字符未占满文本框,则自动在后面添加空白字符;如果不需要后面的空白字符,可以调整文本框的大小刚好容纳输入的字符,也可利用函数 alltrim( )或 trim( )去掉后面的空白字符。**

③标签既可以显示说明性信息,如本例中的标签 Label1 ~ Label5,也可以输出结果,如本例中的标签 Label6 ~ Label7。

④要改变文本框的显示利用 Value 属性完成,要改变标签的显示利用 Caption 属性完成。文本框没有 Caption 属性,标签没有 Value 属性。

⑤操作该实例前设置默认路径为 e:\第 1 章实例。

实例操作提示:

①设计如图 1.24 所示的表单,有 5 个标签、2 个命令按钮,其 Caption 属性如图 1.24 所示;2 个文本框。

②双击"连接"命令按钮,编写该按钮的"Click"事件代码如下:

```
C1 = thisform. text1. value
C2 = thisform. text2. value
thisform. label6. caption = C1+C2
```

thisform. label7. caption = C1 - C2

③保存表单，文件名为：ex1-7. scx。表单运行后，在文本框 Text1 和 Text2 中分别输入字符串，单击“连接”按钮，运行界面如图 1. 25 所示。

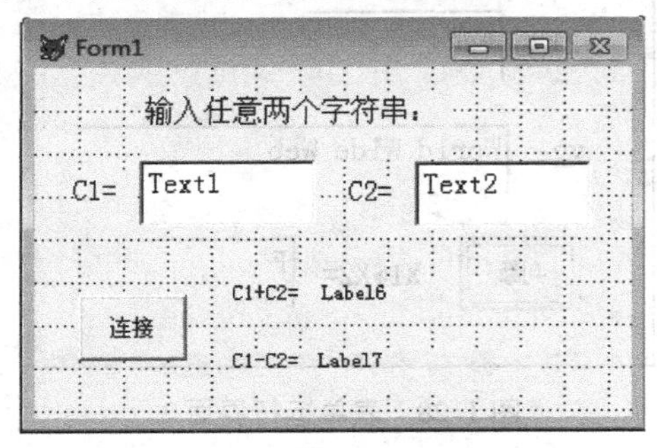

图 1. 24　表单设计界面

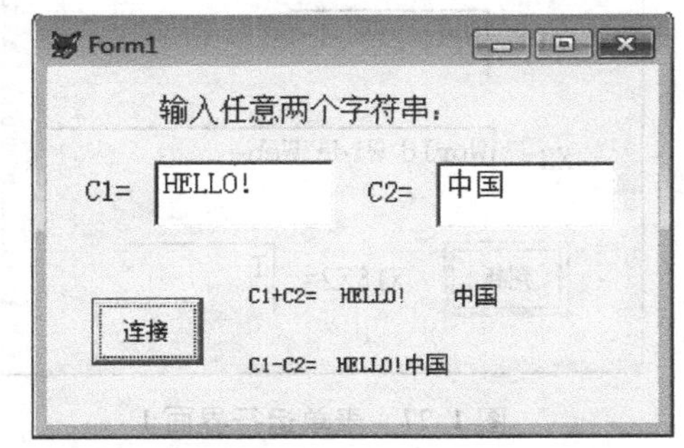

图 1. 25　表单运行界面

【例 1. 8】　任意输入两个字符串，测试前一字符串是否为后一字符串的子串。设计表单完成，表单文件名为 ex1-8. scx。

分析：

①测试是否为子串，可以利用 $ 运算符。**前一字符串用 X1 表示，后一字符串用 X2 表示，若 X1$X2 的运算结果为“真”，则 X1 是 X2 的子串，否则不是子串。**

②根据本问题，可以设计如图 1. 26 所示表单。表单运行后，在文本框 Text1、Text2 中输入两个字符串，单击“判断”按钮，可以在文本框 Text3 中输出结果。T 表示前一字符串是后一字符串的子串，F 表示前一字符串不是后一字符串的子串。

③Alltrim( ) **是一个函数，功能是去掉字符串中的前后空格，不删除字符串中间的空格。**

④操作该实例前设置默认路径为 e:\第 1 章实例。

实例操作提示：

①设计如图 1. 26 所示的表单，有 4 个标签、1 个命令按钮，其 Caption 属性如图 1. 26 所示；3 个文本框。

②双击“判断”命令按钮，编写该按钮的“Click”事件代码如下：

```
X1 = alltrim(thisform. text1. value)
X2 = alltrim(thisform. text2. value)
thisform. text3. value = X1$X2
```

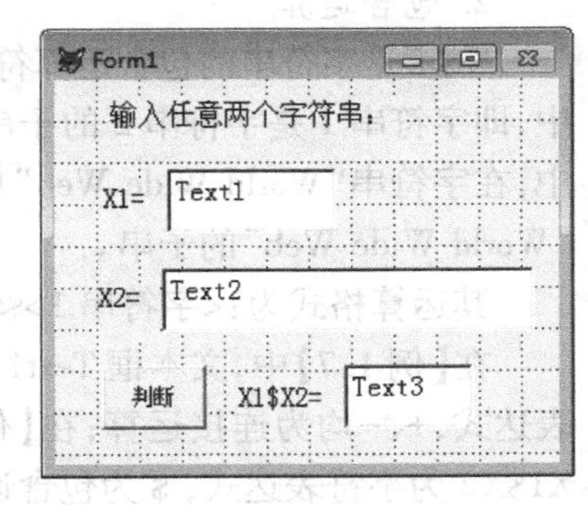

图 1. 26　表单设计界面

③保存表单，文件名为：ex1-8. scx。表单运行后，在文本框 Text1 和 Text2 中分别输入字符串，单击“判断”按钮，Text3 中显示的结果为 T，则前一字符串是后一字符串的子串，结果为 F，则前一字符串不是后一字符串的子串，运行界面如图 1. 27、图 1. 28 所示。

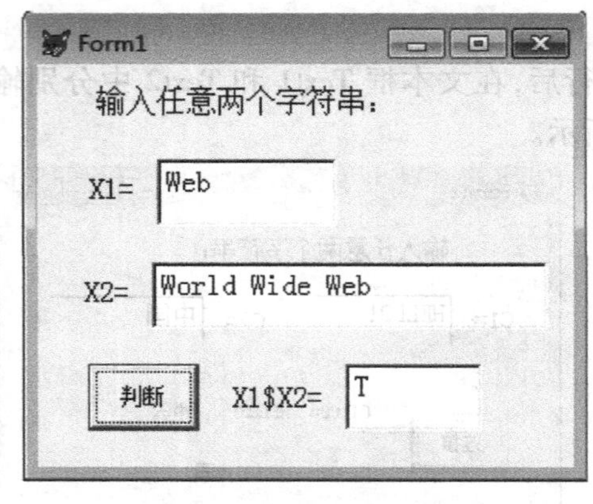

图 1.27　表单运行界面 1

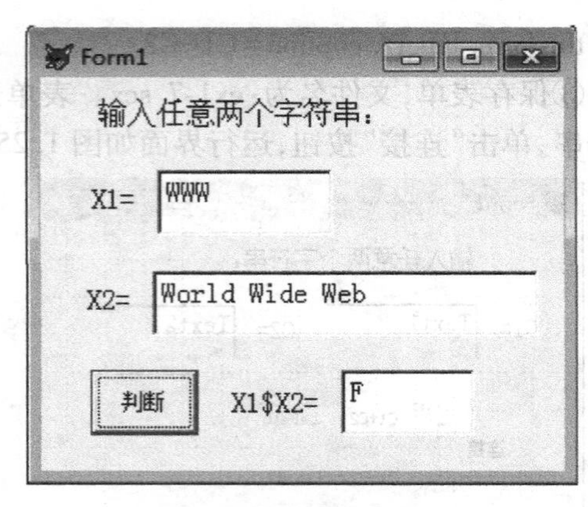

图 1.28　表单运行界面 2

1.4.4　字符运算表达式

字符表达式是用字符运算符将字符型常量、变量、字符函数连接起来的式子。VFP 字符运算有两类:连接运算和包含运算。

1. 连接运算

连接运算符有完全连接运算符“+”和不完全连接运算符“-”两种,其运算的结果是字符型。

“+”运算的作用是将两个字符串直接连接起来形成一个新的字符串。运算格式为:<字符串 1> + <字符串 2>。如【例 1.7】中,标签 Label6 显示的结果。

“-”运算的作用是将字符串 1 尾部的空格移到字符串 2 的尾部,然后再连接起来而形成一个新的字符串。其运算格式为:<字符串 1> - <字符串 2>。如【例 1.7】中,标签 Label7 显示的结果。

2. 包含运算

“ $ ”是字符串的包含运算符,其运算的结果是逻辑值。如果字符串 1 包含在字符串 2 中,即字符串 1 是字符串 2 的子串,则运算结果为真(.T.),否则为假(.F.)。如【例 1.8】中,在字符串“World Wide Web”中找不到字符串“WWW”,故字符串“WWW”不是字符串“World Wide Web”的子串。

其运算格式为:<字符串 1>$<字符串 2>

在【例 1.7】中,文本框 Text1、Text2 均为默认值,即字符型,故 C1+C2、C1-C2 均为字符表达式,+、-均为连接运算;在【例 1.8】中,文本框 Text1、Text2 均为默认值,即字符型,故 X1$X2 为字符表达式,$ 为包含运算。

1.4.5　表单设计实例

【例 1.9】　输入自己和其他某人的生日,计算两个人生日相差的天数。设计表单完成,表单文件名为 ex1-9.scx。

分析:

①文本框 Text1、Text2 中要求接收日期值,故应在文本框的生成器中将数据类型改为

日期型,具体设计方法与【例 1.5】类似。

②根据本问题,可以设计如图 1.29 所示表单,表单运行后,在文本框 Text1、Text2 中输入两个日期(即生日),单击“计算”按钮,可以在文本框 Text3 中输出两个生日相差的天数。

③由于两个日期相减可能会出现负数,因此可以利用绝对值函数 ABS( )来避免可能出现的负天数。ABS(<数值表达式>)。**其功能是求数值型表达式的绝对值。**

④操作该实例前设置默认路径为 e:\第 1 章实例。

实例操作提示:

①设计如图 1.29 所示的表单,有 4 个标签、1 个命令按钮,其 Caption 属性如图 1.29 所示;3 个文本框,其中文本框 Text1、Text2 设置为可以接收日期值。

②表单 Form1 的 Load 事件代码如下:

```
set century on          && 将日期的年份值设置成 4 位显示
set date to ymd         && 日期的显示为年月日
set mark to "-"         && 日期分隔符为“-”
```

③双击“计算”命令按钮,编写该按钮的“Click”事件代码如下:

```
thisform.text3.value=abs(thisform.text1.value-thisform.text2.value)
```

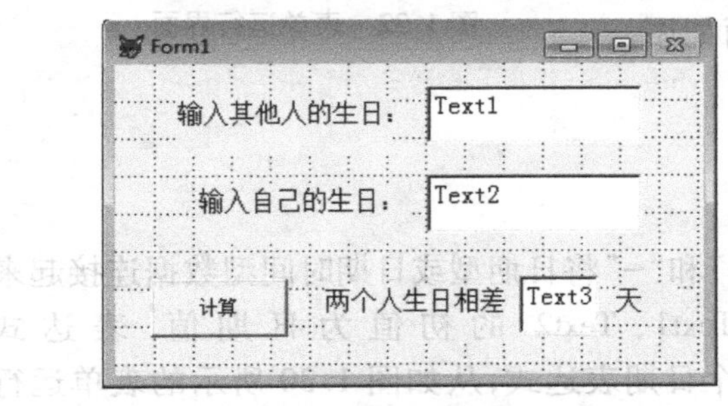

图 1.29　表单设计界面

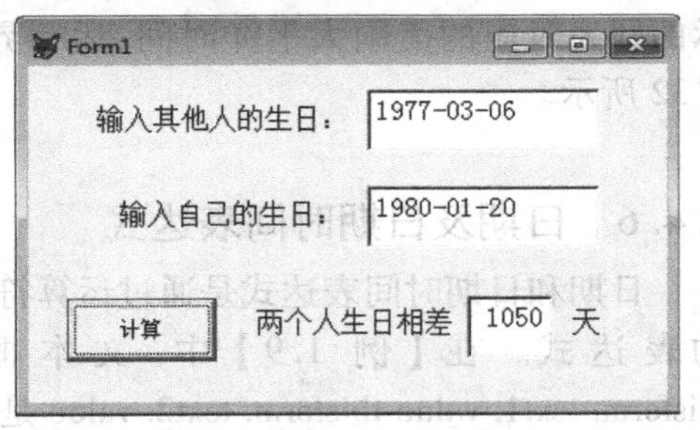

图 1.30　表单运行界面

④保存表单,文件名为:ex1-9.scx。表单运行后,在文本框 Text1 和 Text2 中分别输入自己和其他某人的生日,单击“计算”按钮,可以在文本框 Text3 中显示两个人生日相差的天数,运行界面如图 1.30 所示。

【例 1.10】　北京时间减去 16 小时就是美国太平洋时间,输入任意的北京时间能够计算出对应的美国太平洋时间,日期格式自己设置。设计表单完成,表单文件名为 ex1-10.scx。

分析:

①文本框 Text1 中要求接收日期时间值,而在文本框的生成器中数据类型不能改为日期时间型,可以将文本框的 Value 值改为任一日期时间,如{^2014-02-01 01:00:00 am}。

②根据本问题,可以设计如图 1.31 所示表单。表单运行后,在文本框 Text1 中将文本框中显示的日期时间值改为需要的日期时间,单击“计算”按钮,可以在文本框 Text2 中输出对应的美国太平洋时间。

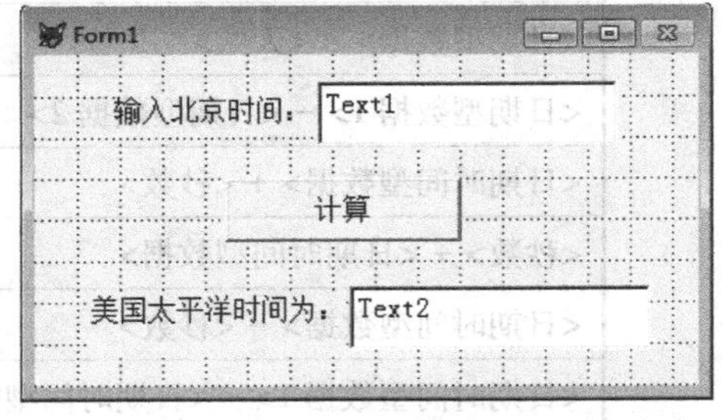

图 1.31　表单设计界面

③操作该实例前设置默认路径为 e:\第 1 章实例。

实例操作提示：

①设计如图 1.31 所示的表单，有 2 个标签、1 个命令按钮，其 Caption 属性如图 1.31 所示；2 个文本框，其中文本框 Text1 设置为可以接收日期时间值，任意设置一日期时间值。

②表单 Form1 的 Load 事件代码如下：

```
set century on
set date to ymd
set mark to "-"
```

③双击“计算”按钮，编写该按钮的“Click”事件代码如下：

```
thisform.text2.value=thisform.text1.value-16*60*60
```

④保存表单，文件名为：ex1-10.scx。表单运行后，将文本框 Text1 中的日期时间修改为需要的日期时间，单击“计算”按钮，在文本框 Text2 中显示的即为对应的美国太平洋时间，运行界面如图 1.32 所示。

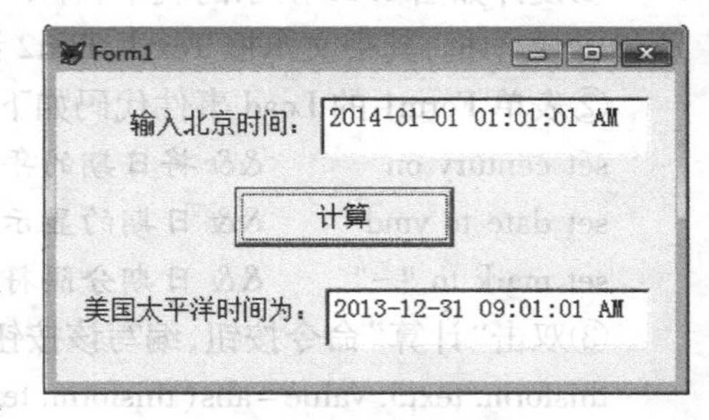

图 1.32　表单运行界面

1.4.6　日期及日期时间表达式

日期和日期时间表达式是通过运算符“+”和“-”将日期型或日期时间型数据连接起来的表达式。在【例 1.9】中，文本框 Text1、Text2 的初值为日期值，表达式 thisform.text1.value-thisform.text2.value 是一个日期表达式，从如图 1.30 所示的表单运行结果可以看出，两个日期相减得到一个数，表示天数。在【例 1.10】中，文本框 Text1 的初值为日期时间值，表达式 thisform.text1.value-16 * 60 * 60 是一个日期时间表达式，从如图 1.32 所示的表单运行结果可以看出，一个日期时间减去一个数得到另一个日期时间，其中减去的数表示秒数。可以使用日期和日期时间表达式格式如表 1.11 所示。**注意：两个日期或日期时间不能相加。**

表 1.11　日期和日期时间表达式的 6 种格式

格　式	结　果
<日期型数据> + <天数>	将来的日期
<天数> + <日期型数据>	
<日期型数据> - <天数>	过去的日期
<日期型数据 1> - <日期型数据 2>	两个日期之间相差的天数
<日期时间型数据> + <秒数>	若干秒后的某个日期时间
<秒数> + <日期时间型数据>	
<日期时间型数据> - <秒数>	若干秒前的某个日期时间
<日期时间型数据 1> - <日期时间型数据 2>	两个日期时间之间相差的秒数

1.4.7 表单设计实例

【例 1.11】 设计并运行如图 1.33 所示的表单，表单文件名为 ex1-11. scx，并体会运算结果。表单分别有 5 个标签、1 个命令按钮，其 Caption 属性如图 1.33 所示；5 个文本框。

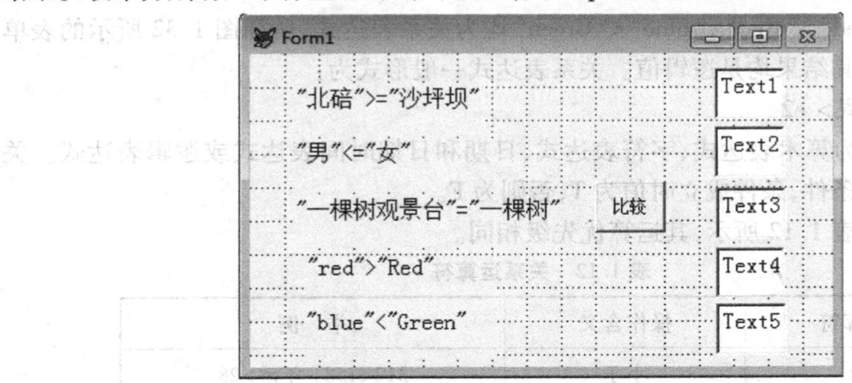

图 1.33 表单设计界面

实例操作提示：

①设置默认路径为 e:\第 1 章实例。

②设计如图 1.33 所示表单，双击“比较”按钮，编写该按钮的“Click”事件代码。其对应的事件代码如下：

```
thisform.text1.value="北碚">="沙坪坝"
thisform.text2.value="男"<="女"
thisform.text3.value="一棵树观景台"="一棵树"
thisform.text4.value="red">"Red"
thisform.text5.value="blue"<"Green"
```

③保存表单，文件名为运行表单：ex1-10. scx。表单运行后，单击“比较”按钮，运行界面如图 1.34 所示。

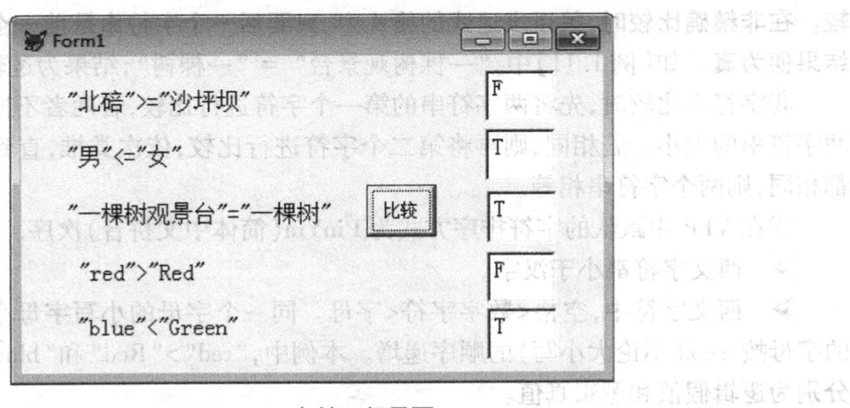

图 1.34 表单运行界面

1.4.8 关系表达式

关系表达式是用关系运算符将两个同类型的数据连接起来的式子。关系表达式表示两个量之间的比较,其值是逻辑型数据。"北碚">="沙坪坝","男"<="女","一棵树观景台"="一棵树","red">"Red","blue"<"Green"均为关系表达式,从如图 1.32 所示的表单运行结果可以看出其结果均是逻辑值。关系表达式一般形式为:

e1 <关系表达式> e2

其中 e1、e2 可以同为算术表达式、字符表达式、日期和日期时间表达式或逻辑表达式。关系表达式表示一个条件,条件成立时值为 T,否则为 F。

关系运算符如表 1.12 所示,其运算优先级相同。

表 1.12 关系运算符

运算符	操作含义	举 例
<	小于	312<158, 年龄>28
>	大于	70%6>1, 成绩>85
=	等于	130=100, 姓名="张三"
==	完全等于	"ABC"=="ABC"
<=	小于或等于	X+y<=200 年龄<=25
>=	大于或等于	X+Y>=100 成绩>=60
<> 或 != 或 #	不等于	X<>Y, A! =B, S#T

注意:

①"=="仅适用于字符型数据。

②当运算对象为字符型时,可用命令 SET EXACT ON/OFF 来设置"="是否为精确比较。在非精确比较时,关系表达式的格式中,只要后一个字符串是前一个字符串的前缀,其结果便为真。如【例 1.11】中,"一棵树观景台" = "一棵树",结果为逻辑真值。

③字符串比较时,先将两字符串的第一个字符进行比较,若两者不同,其大小就决定了两字符串的大小。若相同,则再将第二个字符进行比较,依次类推,直到最后,若每个字符都相同,则两个字符串相等。

④在 VFP 中默认的字符排序方式为 PinYin(简体中文拼音)次序。其排列顺序为:

➢ 西文字符都小于汉字。

➢ 西文字符中,空格<数字字符<字母。同一个字母的小写字母小于大写字母,不同的字母按 a~z(不论大小写)的顺序递增。本例中,"red">"Red"和"blue"<"Green"的结果分别为逻辑假值和逻辑真值。

➢ 汉字按其拼音字母的字典顺序排列,同音字按其机内码排序。本例中,"北碚">="沙坪坝"的结果为逻辑假值;"男"<="女"的结果为逻辑真值。

⑤除字符串比较外,其余各种类型数据的比较规则如下:

- 数值型和货币型数据根据其代数值的大小进行比较。
- 日期型和日期时间型数据进行比较时,越新的日期或时间越大。
- 逻辑型数据比较时,.T. 比 .F. 大。

1.4.9 表单设计实例

【例 1.12】 分别输入笔试和上机成绩,判断计算机考试成绩是否通过。设计表单完成,表单文件名为 ex1-12. scx。

分析:

①笔试成绩和上机成绩均为 60 分及以上的计算机考试成绩为通过。否则为不通过。这里分两种情况,要用到 if…else…endif 分支结构,该结构在第 2 章将详细介绍。

②根据本问题,可以设计如图 1.35 所示的表单。表单运行后,在文本框 Text1、Text2 中输入两个数,单击"计算"按钮,可以在标签 Label3 中显示该学生计算机考试的通过情况。

③操作该实例前设置默认路径为 e:\第 1 章实例。

实例操作提示:

①设计如图 1.35 所示的表单,表单分别有 3 个标签、1 个命令按钮,其 Caption 属性如图 1.35 所示;2 个文本框,其 Value 属性的初值为 0。

②双击"计算"按钮,编写该按钮的"Click"事件代码如下:

```
if thisform. text1. value>=60 and thisform. text2. value>=60
  thisform. label3. caption="该同学的计算机等级考试成绩为:通过"
else
  thisform. label3. caption="该同学的计算机等级考试成绩为:不通过"
endif
```

③保存表单,文件名为 ex1-12. scx。运行表单,在 Text1、Text2 中分别输入计算机考试的笔试成绩和上机成绩,然后单击"计算"按钮,运行界面如图 1.36 所示。

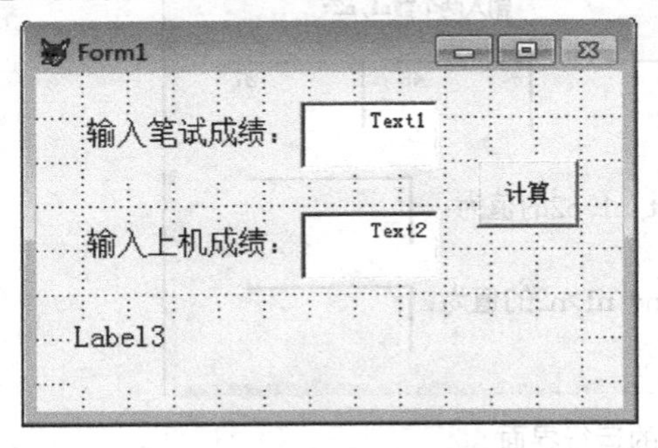

图 1.35 表单设计界面

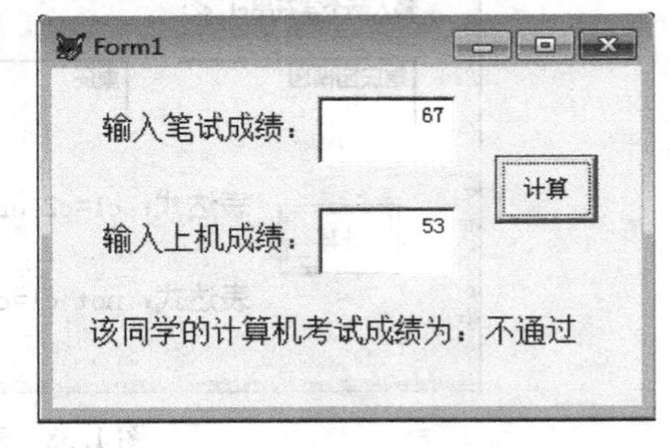

图 1.36 表单的运行界面

【例 1.13】 设计并运行如图 1.37 所示的表单,表单文件名为 ex1-13. scx,体会运算结果。表单分别有 4 个标签,其 Caption 属性如图 1.37 所示;6 个文本框,其中 Text3、Text4 的 Value 属性的初值为 0。

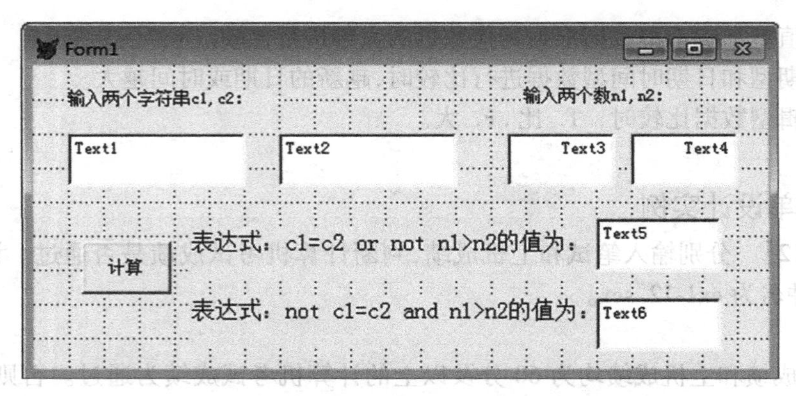

图 1.37 表单设计界面

实例操作提示：

①操作该实例前设置默认路径为 e:\第 1 章实例。双击“计算”按钮，编写该按钮的“Click”事件代码如下：

```
c1=alltrim(thisform.text1.value)
c2=alltrim(thisform.text2.value)
n1=thisform.text3.value
n2=thisform.text4.value
y1=(c1=c2 or not n1>n2)
y2=(not c1=c2 and n1>n2)
thisform.text5.value=y1
thisform.text6.value=y2
```

②保存表单，表单文件名为：ex1-13.scx。运行表单，在 Text1、Text2 中分别输入一串字符，在 Text3、Text4 中分别输入一个数，单击“计算”按钮，运行界面如图 1.38 所示。

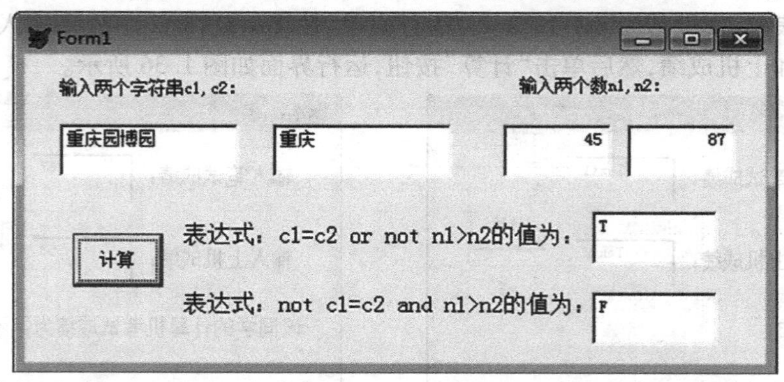

图 1.38 表单的运行界面

1.4.10 逻辑表达式

逻辑表达式是用逻辑运算符将逻辑型数据连接起来的式子，其运算结果仍为逻辑值。在【例 1.12】中，thisform.text1.value>=60 and thisform.text2.value>=60 是一个逻辑表达式，表示文本框 Text1 和文本框 Text2 中输入的值都≥60，这个表达式的结果是逻辑真值，否则为逻辑假值。其中 AND 是逻辑运算符,连接的两个表达式结果均为逻辑值。

逻辑运算符如表 1.13 所示,**其运算优先级从高到低是**:NOT,AND,OR。在【例 1.13】中,"c1=c2 OR not n1>n2"和"NOT c1=c2 AND n1>n2"为逻辑表达式,这两个逻辑表达式是由关系表达式"c1=c2"和"n1>n2"通过逻辑运算符 OR,AND,NOT 构成的。运算时,先算关系表达式,得到一个逻辑值,然后再算逻辑表达式,逻辑运算符的优先顺序是 NOT→AND→OR。在如图 1.38 的运行结果中,表达式"c1=c2 OR NOT n1>n2"的运算顺序是:关系表达式"c1=c2"的值为逻辑值 .T.,关系表达式"x1>x2"的值为逻辑值 .T.。因此,表达式"c1=c2 OR NOT x1>x2"可以转换成".T. OR NOT .T."。先算 NOT,它是一个单目运算符,它后面的操作数为逻辑真值,"NOT .T."则结果为逻辑假值;在".T. OR .F."表达式中,只要一个操作数是逻辑真,则整个表达式即为逻辑真值。同理,表达式"NOT c1=c2 AND x1>x2"可以转换成"NOT .T. AND .T.",先算 NOT,其结果为逻辑假值;在".F. AND .T."表达式中,只要一个操作数是逻辑假,则整个表达式即为逻辑假值。

表 1.13 逻辑运算符

运算符	操作含义	举 例
NOT 或 .NOT. 或 !	逻辑非	NOT 婚否, ! EOF()
AND 或 .AND.	逻辑与	INT(X)=-12 AND Y<10, 成绩>=60 AND 成绩<=100
OR 或 .OR.	逻辑或	X%Y=0 OR Y<8, 职称='副教授' OR 职称='讲师'

逻辑非运算符是单目运算符,只作用于后面的一个逻辑操作数。若操作数为真,则返回为假,否则返回为真。

逻辑与和逻辑或是双目运算符,所构成的逻辑表达式为:

<关系表达式 1> AND <关系表达式 2>

<关系表达式 1> OR <关系表达式 2>

表达式的运算顺序是先关系表达式后逻辑表达式。

对于逻辑与 AND 运算,只有两个关系表达式同时为真,表达式值才为真;只要其中一个为假,则结果为假。

对于逻辑或 OR 运算,只要两个关系表达式有一个为真,表达式值即为真;只有两个表达式均为假,表达式才为假。

当一个表达式包含多种运算时,其运算的优先级由高到低排列为:算术运算→字符串运算→日期和时间运算→关系运算→逻辑运算。

1.5 常用函数

1.5.1 表单设计实例

【例 1.14】 输入一个 3 位自然数,并将其逆序显示(如输入 495,则显示 594)。设计表单完成,表单文件名为 ex1-14.scx。

分析：

①假设文本框中输入 495，即 x=495，要得到百位上的数字，可以利用函数 INT(x/100)=INT(4.95)=4，；要得到十位上的数字，可以利用函数嵌套 INT(MOD(x,100)/10)完成，先计算函数 MOD(x,100)=MOD(495,100)=95，再计算 INT(95/10)=INT(9.5)=9；要得到个位上的数字，可以利用函数 MOD(x,10)=MOD(495,10)=5，再通过表达式 x1+10 * x2+100 * x3 即可将原数逆序组合成新数 495。

②根据本问题，可以设计如图 1.39 所示表单，表单运行后，在文本框 Text1 中输入一个自然数，单击"逆序显示"按钮，可以在文本框 Text2 中输出该数逆序显示的结果。

③操作该实例前设置默认路径为 e:\第 1 章实例。

实例操作提示：

①设计如图 1.39 所示表单，文本框 Text1 的 Value 属性的初值为 0。

②命令按钮"逆序显示"的"Click"事件代码如下：

```
x=thisform.Text1.value
x1=INT(x/100)            &&x 的百位数字
x2=INT(MOD(x,100)/10)    &&x 的十位数字
x3=MOD(x,10)             &&x 的个位数字
y=x1+10 * x2+100 * x3
thisform.text2.value=y
```

③保存表单，表单文件名为 ex1-14.scx。表单运行结果如图 1.40 所示。

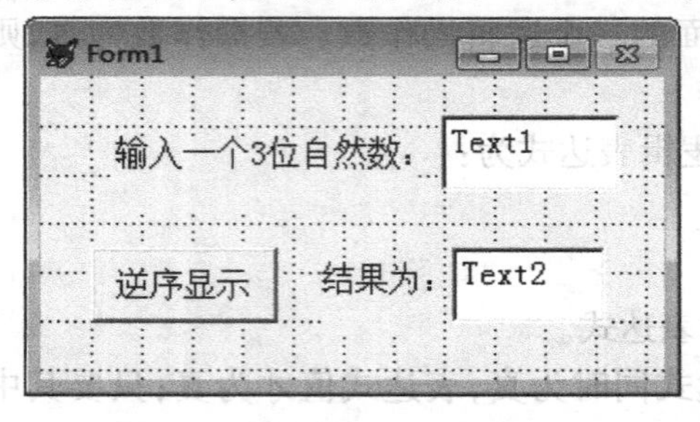

图 1.39　表单设计界面

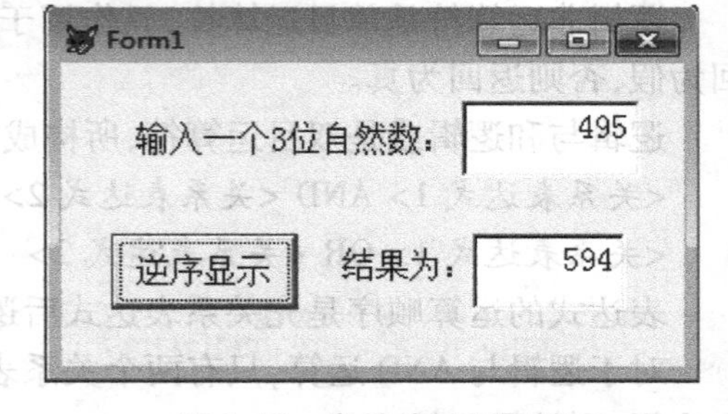

图 1.40　表单的运行界面

【例 1.15】　打开表单 ex1-2.scx，表单另存为 ex1-15.scx，将计算出来的摄氏温度保留 1 位小数。

分析：

①要将计算出来的摄氏温度保留 1 位小数，可以利用函数 ROUND( )完成。

②操作该实例前要设置默认路径为 e:\第 1 章实例。

实例操作步骤：

①打开表单 ex1-2.scx，表单另存为 ex1-15.scx。

②双击"计算"按钮，编写该控件"Click"事件的程序代码如下：

```
fas=thisform.text1.value
cels=5 * (fas-32)/9
thisform.text2.value=round(cels,1)
```

③保存并运行该表单，表单运行后，在文本框 Text1 中输入任意华氏温度，单击"计算"

按钮,则在文本框 Text2 中显示对应的摄氏温度,如图 1.41 所示。

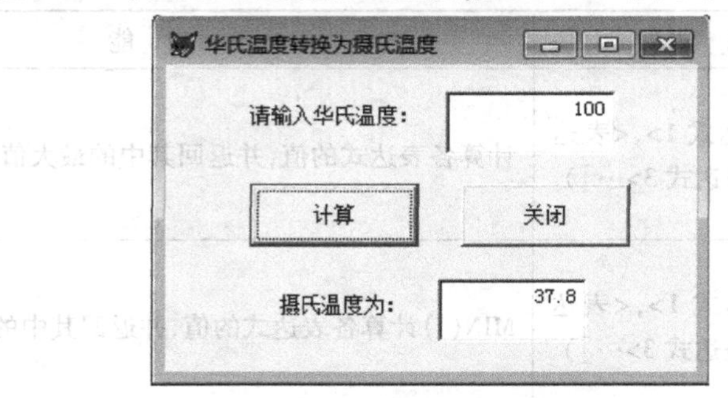

图 1.41　表单运行界面

1.5.2　数值处理函数

1.什么是函数

函数是系统内部“编制”好的一段程序,只要正确调用它,就能得到相应的函数结果。

函数调用的一般形式为:函数名([参数表])

其中参数表用方括号括起来表示有些函数不需要参数。VFP 提供了几百个函数,熟悉这些函数的含义和用法,可以提高操作和设计程序的效率。

2. 其他数值处理函数

数值函数是指函数值为数值的一类函数,这类函数的功能是完成数学中常见函数的计算。常用的数值处理函数如表 1.14 所示。

表 1.14　数值处理函数

函数名	格　式	功　能
取整函数	INT(<数值表达式>)	取数值型表达式的整数部分,如【例 1.14】中的函数 INT(x/100)
求余数函数	MOD(<数值表达式 1>,<数值表达式 2>)	求<数值表达式 1>除以<数值表达式 2>所得出的余数。余数的符号与表达式 2 相同。如果被除数与除数同号,那么函数值即为两数相除的余数;如果被除数与除数异号,则函数值为两数相除的余数再加上除数的值。如【例 1.14】中的函数 MOD(x,10),又如函数 MOD(25,7)的值为 4,MOD(25,-7)的值为-3,MOD(-25,7)的值为 3,MOD(-25,-7)的值为-4
绝对值函数	ABS(<数值表达式>)	求数值型表达式的绝对值,如【例 1.9】中的函数 ABS(thisform.text1.value-thisform.text2.value)
求平方根函数	SQRT(<数值表达式>)	求数值型表达式的算术平方根,数值型表达式的值应不小于零
四舍五入函数	ROUND(<数值表达式 1>,<数值表达式 2>)	对<数值表达式 1>的值按照<数值表达式 2>指定的位置进行四舍五入。如【例 1.15】中的函数 ROUND(cels,1)

续表

函数名	格　式	功　能
求最大值函数	MAX(<表达式 1>,<表达式 2>[,<表达式 3>…])	计算各表达式的值,并返回其中的最大值
求最小值函数	MIN(<表达式 1>,<表达式 2>[,<表达式 3>…])	MIN( )计算各表达式的值,并返回其中的最小值
随机函数	RAND( )	返回 0~1 的一个数

1.5.3　表单设计实例

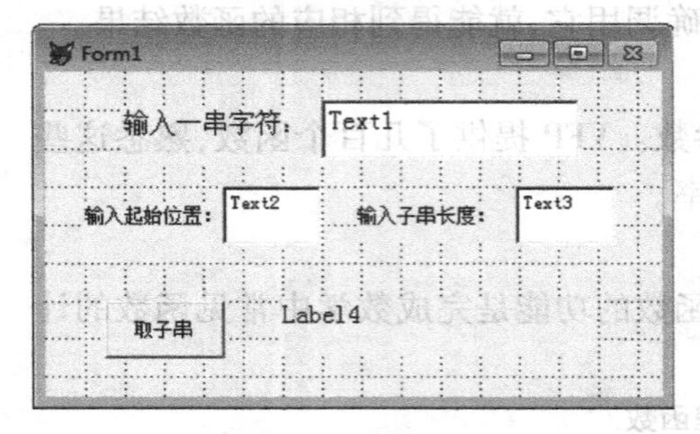

图 1.42　表单设计界面

【例 1.16】　设计并运行如图 1.42 所示的表单,表单文件名为 ex1-16.scx,体会表单的运行结果。表单分别有 4 个标签、1 个命令按钮,其 Caption 属性如图 1.42 所示;3 个文本框。其功能是能在文本框 Text1 中输入一字符串,根据文本框 Text2 和 Text3 中输入的数值,取出子串,运行结果如图 1.43 所示。

分析:

在字符串中,一个汉字相当于 2 个字符,其长度为 2。

实例操作提示:

①操作该实例前设置默认路径为 e:\第 1 章实例。双击"取子串"命令按钮,编写该按钮的"Click"事件代码。其对应的事件代码如下:

```
C=alltrim(thisform.text1.value)
N1=thisform.text2.value
N2=thisform.text3.value
thisform.label4.caption=substr(c,n1,n2)
```

②运行表单,在文本框 Text1 中任意输入一串字符,在文本框 Text2、Text3 中分别输入数值,假设输入的内容如图 1.43 所示,单击"取子串"按钮,运行界面如图 1.43 所示。

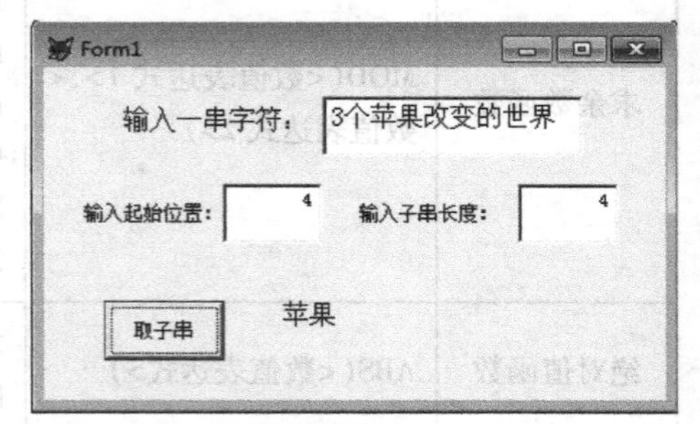

图 1.43　运行界面

1.5.4　字符串处理函数

字符串处理函数主要是对字符型数据进行运算。使用这些函数可以很方便地进行各种字符串的运算,是实现文字编辑的重要手段。常用的字符处理函数如表 1.15 所示。

表 1.15　字符处理函数

函数名	格　式	功　能
求字符串长度函数	LEN(<字符串表达式>)	求字符串的长度，即字符串所包含的字符个数。若是空串，则长度为 0。函数值为数值型
生成空格串的函数	SPACE(<数值型表达式>)	生成多个空格串，空格的个数由数值型表达式的值决定
大小写字母的转换函数	UPPER(<字符串表达式>)	将指定字符串表达式中的小写字母转换成大写字母，其他字符不变
	LOWER(<字符串表达式>)	将指定字符串表达式中的大写字母转换成小写字母，其他字符不变
删除字符串的前导空格函数	LIRIM(<字符串表达式>)	删除字符串的前导空格
删除字符串的尾部空格函数	RTRIM(<字符串表达式>)	删除字符串的尾部空格。RTRIM 可以写成 TRIM
删除字符串的前后空格函数	ALLTRIM(<字符串表达式>)	去掉字符串中的前后空格，不删除字符串中间的空格。如【例 1.16】中的函数 ALLTRIM(thisform. Text1. value)
求子串位置函数	AT(<字符串表达式 1>,<字符串表达式 2>[,<数值表达式>])	如果<字符串表达式 1>是<字符串表达式2>的子串，则返回<字符串表达式 1>在<字符串表达式 2>中的起始位置，若不是子串，则返回 0。函数值为数值型。<数值表达式>用于指明搜索<字符串表达式 1>在<字符串表达式 2>中是第几次出现的，其默认值是 1
取子串函数	SUBSTR(<字符串表达式>,<起始位置>[,<数值表达式>])	从〈字符串表达式〉中取从指定〈起始位置〉开始截取的子串，子串的长度由<数值表达式>的值所决定。若<数值表达式>省略，则截取的子串从〈起始位置〉开始到〈字符串表达式〉的最后一个字符。若<起始位置>或<数值表达式>为 0，则函数值为空串。如【例 1.16】中的函数 SUBSTR(c,n1,n2)
	LEFT(<字符串表达式>,<数值表达式>)	从<字符串表达式>左边第一个字符开始截取的子串，子串的长度由<数值表达式>的值所决定。若<数值表达式>的值大于字符串的长度，则给出整个字符串
	RIGHT(<字符串表达式>,<数值表达式>)	从<字符串表达式>右边第一个字符开始截取的子串，其子串的长度由<数值表达式>的值所决定。若<数值表达式>的值大于字符串的长度，则给出整个字符串

1.5.5 表单设计实例

【例 1.17】 输入某人的生日,计算年龄。设计表单完成,表单文件名为 ex1-17. scx。

分析:

①文本框 Text1 中要求接收日期值,故应在文本框的生成器中将数据类型改为日期型,具体设计方法与【例 1.5】类似。

②根据本问题,可以设计如图 1.44 所示表单,表单运行后,在文本框 Text1 中输入某人的生日,单击"计算"按钮,可以在文本框 Text2 中输出这个人的年龄。

③操作该实例前设置默认路径为 e:\第 1 章实例。

实例操作提示:

①表单 Form1 的"Load"事件代码如下:

```
set century on
set mark to "-"
set date to ymd
```

②双击"计算"按钮,编写该按钮的事件代码如下:

```
thisform. text2. value=year(date())-year(thisform. text1. value)
```

③保存表单,文件名为 ex1-17. scx。运行表单,界面如图 1.45 所示。

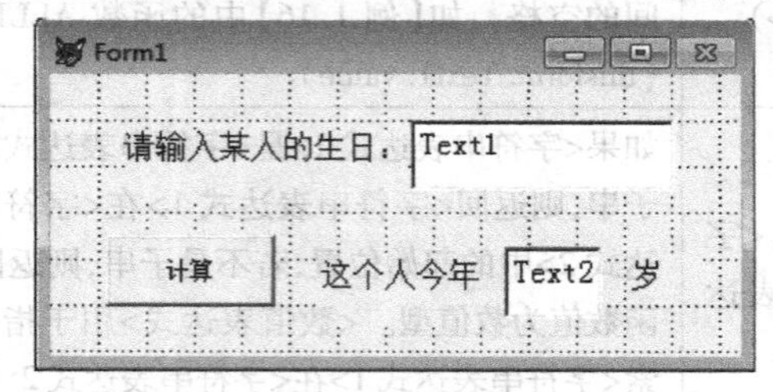

图 1.44 表单设计界面

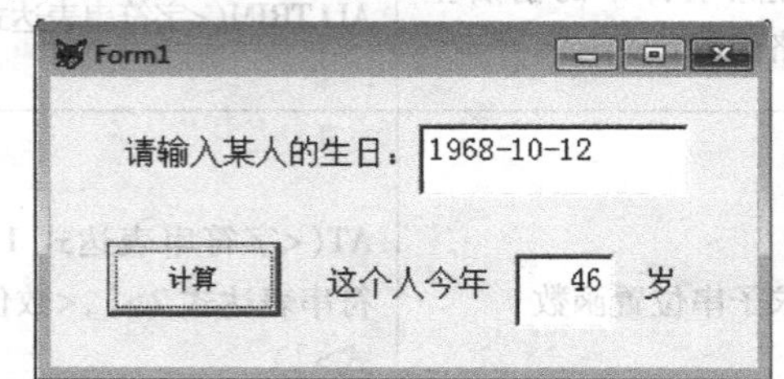

图 1.45 表单运行界面

1.5.6 日期和时间函数

常见的日期和时间函数如表 1.16 所示。

表 1.16 日期和时间函数

函数名	格 式	功 能
显示系统日期的函数	DATE( )	返回当前系统日期,函数值为日期型。如【例 1.17】中相应的函数
显示系统时间的函数	TIME( )	返回当前系统时间,函数值为字符型
系统日期时间函数	DATETIME( )	返回当前系统日期时间,函数值为日期时间型

续表

函数名	格 式	功 能
求年、月、日的函数	YEAR(<日期表达式/日期时间表达式>)	从指定日期或日期时间表达式中返回年份值(4位表示)。函数的返回值为数值型。如【例1.17】中相应的函数
	MONTH(<日期表达式/日期时间表达式>)	从指定日期或日期时间表达式中返回月份值。函数的返回值为数值型
	DAY(<日期表达式/日期时间表达式>)	从指定日期或日期时间表达式中返回天数值。函数的返回值为数值型
求时、分和秒函数	HOUR(<日期时间表达式>)	从指定日期时间表达式中返回小时数(24 h制)。函数的返回值都为数值型
	MINUTE(<日期时间表达式>)	从指定日期时间表达式中返回分钟数。函数的返回值都为数值型
	SEC(<日期时间表达式>)	从指定日期时间表达式中返回秒数。函数的返回值都为数值型

1.5.7 表单设计实例

【例1.18】 设计如图1.46所示的表单界面,表单文件名为ex1-18.scx。运行该表单,在文本框Text1中输入任一字符,单击“转换”命令按钮后,标签Label2的位置将显示什么?

分析:

①大写字母A~Z、小写字母a~z、数字字符0~9的ASCII码值都是逐个增加1。假设输入A,ASC(x)+1就是B的ASCII码值。

②操作该实例前设置默认路径为e:\第1章实例。

实例操作提示:

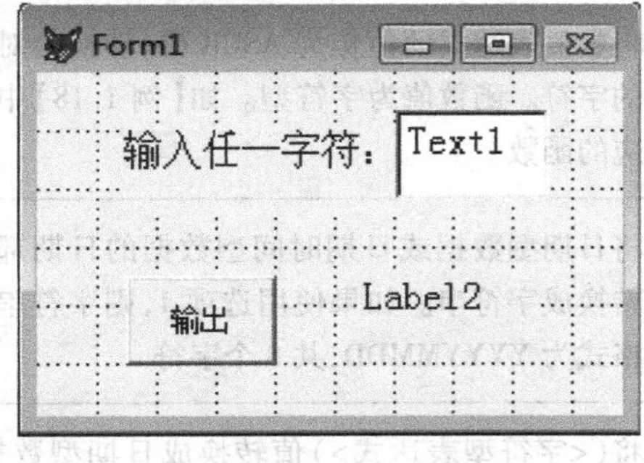

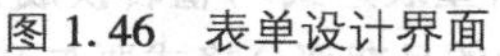
图1.46 表单设计界面

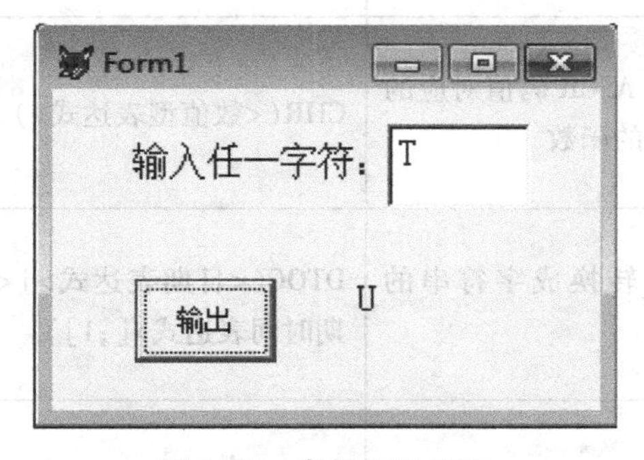

图1.47 表单运行界面

①设计如图1.46所示表单,“输出”命令按钮的Click事件代码:

```
x=thisform.text1.value
y=CHR(ASC(x)+1)
```

thisform. label2. caption = y

②保存表单，文件名为 ex1-18. scx。运行表单，界面如图 1. 47 所示。

1.5.8 数据类型转换函数

常见的数据类型转换函数如表 1. 17 所示。

表 1. 17 数据类型转换函数

函数名	格 式	功 能
数值转换成字符串函数	STR(<数值型表达式>[,<长度>,[,<小数位数>]])	将<数值型表达式>的值转换成字符串，转换时根据需要自动四舍五入。转换后字符串的理想长度 L 应该是<数值型表达式>值的整数部分的位数加上<小数位数>值，再加上一位小数点。如果<长度>值大于 L，则字符串加前导空格以满足规定的<长度>要求；如果<长度>值大于等于<数值型表达式>值的整数部分位数(包括负号)但又小于 L，则优先满足整数部分而自动调整小数位数；如果<长度>值小于<数值型表达式>值的整数部分位数，则返回一串星号(*)。<小数位数>的默认值为 0，<长度>的默认值为 10
字符串转换为数值函数	VAL(<数字字符串>)	将数字字符串(包括正负号、小数点)转换为对应的数值型数据，保留 2 位小数。若字符串内出现非数字字符就停止转换；若字符串的首字符为非数字字符，则返回值为 0. 00，但忽略前导空格
计算字符的 ASCII 码值的函数	ASC(<字符型表达式>)	给出指定字符串最左边的一个字符的 ASCII 码值。函数值为数值型。如【例 1. 18】中相应的函数
计算 ASCII 码值对应的字符的函数	CHR(<数值型表达式>)	将数值表达式的值作为 ASCII 码，转换为对应的字符。函数值为字符型。如【例 1. 18】中相应的函数
日期转换成字符串的函数	DTOC(<日期表达式>|<日期时间表达式>[,1])	将日期型数据或日期时间型数据的日期部分转换成字符串。如果使用选项 1，则字符串的格式为 YYYYMMDD，共 8 个字符
字符串转换成日期函数	CTOD(<字符型表达式>)	将(<字符型表达式>)值转换成日期型数据。字符串中的日期部分格式要与 SET DATE TO 命令设置的格式一致

续表

函数名	格　式	功　能
日期时间转换成字符串的函数	TTOC(<日期时间表达式>[,1])	将日期时间型数据转换成字符串。如果使用选项 1,则字符串的格式总是为 YYYYMMDDHHMMSS,采用 24 h 制,共 14 个字符
字符串转换成日期时间函数	CTOT(<字符型表达式>)	将(<字符型表达式>)值转换成日期时间型数据。字符串中的日期部分格式要与 SET DATE TO 命令设置的格式一致

1.5.9　表单设计实例

【例 1.19】　设计如图 1.48 所示的表单界面,表单文件名为 ex1-19. scx,体会运算结果。表单分别有 1 个标签、1 个命令按钮,其 Caption 属性如图 1.48 所示。共有 4 个文本框,其中 Text1、Text2 的 Value 属性的初值均为 0;表单运行后,在 Text1 中输入一个数,Text2 中输入一个运算符号,如"+""-""*""/"">""<""="和"!="等,Text3 中输入另一个数,单击"计算"按钮,在 Text4 中将显示什么?

实例操作提示:

①操作该实例前设置默认路径为 e:\第 1 章实例。设计如图 1.48 所示表单界面,"计算"命令按钮的"Click"事件代码如下:

```
x1=thisform. text1. value
x2=thisform. text3. value
fh=alltrim(thisform. text2. value)
y=x1&fh. x2
thisform. text4. value=y
```

②保存表单,文件名为 ex1-19. scx。运行表单,运行界面如图 1.49 所示。

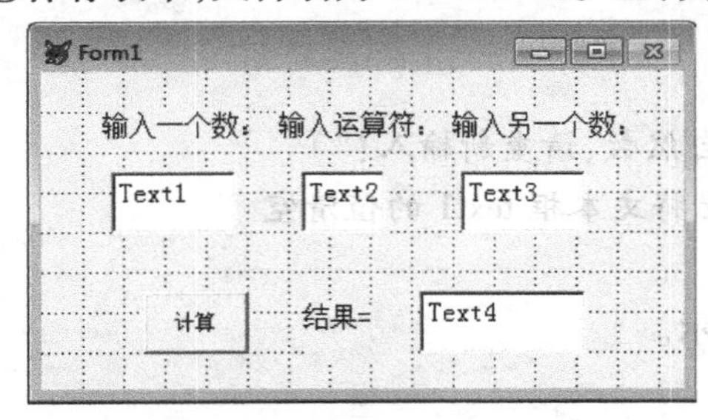

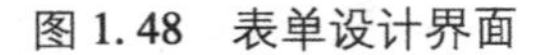
图 1.48　表单设计界面

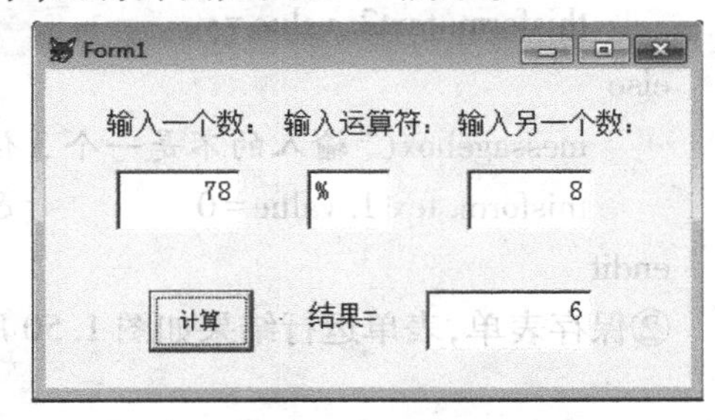

图 1.49　表单运行界面

【例 1.20】　修改【例 1.14】中的表单界面及命令按钮"逆序显示"的"Click"事件代码,要求能输入一个数,并逆序显示(如输入 756,则显示 657);如果输入的不是一个 3 位自然数,将弹出提示框,如图 1.50 所示。

分析:

图 1.50　表单运行界面

①判断一个数是不是 3 位自然数的条件是:逻辑表达式 x>=100 AND x<1000 AND x=int(x)。

②本例中有两种情况,故要采用双分支结构(if…else…endif)。

③操作该实例前设置默认路径为 e:\第 1 章实例。

实例操作提示:

①打开表单文件 ex1-14.scx,另存为 ex1-20.scx,命令按钮"逆序显示"的"Click"事件代码如下:

```
x=thisform.text1.value
if x>=100 and x<1000 and x=int(x)
    x1=INT(x/100)                  &&x 的百位数字
    x2=INT(MOD(x,100)/10)          &&x 的十位数字
    x3=MOD(x,10)                   &&x 的个位数字
    y=x1+10*x2+100*x3
    thisform.text2.value=y
else
    messagebox("输入的不是一个 3 位自然数,请重新输入!")
    thisform.text1.value=0         && 将文本框 text1 的值清空
endif
```

②保存表单,表单运行结果如图 1.50 所示。

1.5.10　其他函数

1. 宏替换函数

格式:&<字符型内存变量>[.]

功能:替换出字符型变量的内容,即 & 的值是变量中的字符串去掉定界符。若<字符型变量>后面有字符,则 & 函数后的"."不能省略。

在【例 1.19】中,“x1&fh. x2”为表达式,其中“&”为宏替换函数,当组合框 Combo1 中选择“>”时,即变量 fh=“ * ”,表达式“x1&fh. x2”就相当于“x1*x2”。组合框中选择不同的运算符,就会构成不同的表达式。

2. 系统对话框函数

格式:MESSAGEBOX(<字符串>[,<对话框类型值>[,<对话框标题字符串>]])

功能:以对话框的形式显示字符串。其中对话框的类型值、功能和函数返回值如表 1.18所示。

表 1.18 对话框类型及含义

类 型	类型值	功 能
对话框按钮	0	“确定”按钮
	1	“确定”和“取消”按钮
	2	“终止”、“重试”和“忽略”按钮
	3	“是”、“否”和“取消”按钮
	4	“是”和“否”按钮
	5	“重试”和“取消”按钮
图标	16	“终止”图标
	32	? 图标
	48	! 图标
	64	i 图标
默认按钮	0	默认第 1 个按钮
	256	默认第 2 个按钮
	512	默认第 3 个按钮

在【例 1.20】中的 MESSAGEBOX( )函数改为:MESSAGEBOX(“输入的不是一个 3 位自然数,请重新输入!”,4+48+256,“提示框”),则表单运行后,输入的如果不是一个 3 位自然数,则会弹出如图 1.51 所示的提示框。

图 1.51 修改后的提示框

3. 条件测试函数

格式:IIF(<逻辑型表达式>,<表达式 1>,<表达式 2>)

功能:测试<逻辑表达式>的值,若为逻辑真 . T. ,函数返回<表达式 1>的值;若为逻辑假 . F. ,函数返回<表达式 2>的值。<表达式 1>和<表达式 2>的类型不要求相同。

4. 数据类型测试函数

格式:VARTYPE(<表达式>,<逻辑表达式>)

功能:测试<表达式>的类型,返回一个大字母,函数值为字符型。字母的含义如表1.19所示。

表1.19 用VARTYPE()测得的数据类型

返回的字母	数据类型	返回的字母	数据类型
C	字符型或备注型	G	通用型
N	数值型、整型、浮点型或双精度型	D	日期型
Y	货币型	T	日期时间型
L	逻辑型	X	Null值
O	对象型	U	未定义

若<表达式>是一个数组,则根据第一个数组元素的类型返回字符串。若<表达式>的运算结果是NULL值,则根据<逻辑表达式>值决定是否返回<表达式>的类型;如果<逻辑表达式>值为.T.,就返回<表达式>的原数据类型;如果<逻辑表达式>值为.F.或缺省,则返回X以表明<表达式>的运算结果是NULL值。

2　算法与程序

2.1　程序的算法

2.1.1　表单设计实例

【例 2.1】　输入圆的半径,计算圆的面积,并保留 1 位小数。设计表单完成,表单文件名为 ex2-1. scx。

分析:

①已知圆半径为 r,圆面积的计算公式为:$s=\pi r^2$。转换成 VFP 的表达式为 s=PI() * r^2,其中 PI()为求圆周率 π 值的函数。

②根据圆面积的计算公式,输入圆的面积即可计算出对应的圆的面积。因此,可以设计如图 2.1 所示表单,表单运行后,在文本框 Text1 中输入圆的半径,单击“计算”按钮,可以在文本框 Text2 中输出圆面积。

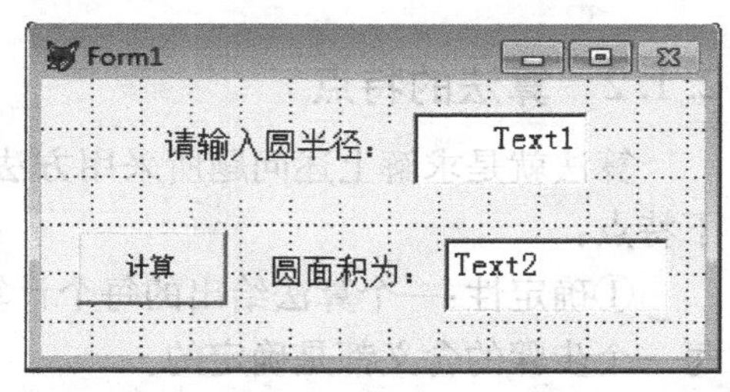

图 2.1　表单设计界面

③操作该实例前首先要设置默认路径。即在 E 盘建立“第 2 章实例”文件夹,启动 VFP,将该文件夹设置为默认路径。

算法描述:

算法的描述方法很多,通常采用自然语言、传统流程图和 N-S 图等方法描述,本例题给出这 3 种算法的描述方法。根据题意,【例 2.1】的算法可描述为:

〖描述方法 1〗用自然语言表示。

步骤 1:输入圆半径 r。

步骤 2:按照公式 $s=\pi r^2$,计算圆面积 s。

步骤 3:输出圆面积。

〖描述方法 2〗用流程图表示如图 2.2 所示。

〖描述方法 3〗用 N-S 流程图如图 2.3 所示。

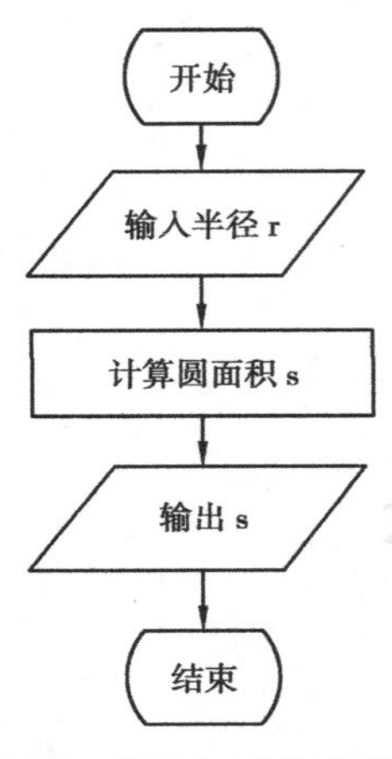

图 2.2 【例 2.1】的流程图

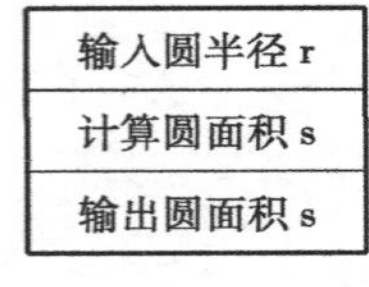

图 2.3 【例 2.1】的 N-S 流程图

实例操作提示：

①文本框 Text1 的 Value 属性的初值为 0。

②“计算”按钮的“Click”事件代码如下：

```
r=thisform.text1.value
s=pi()*r^2
thisform.text2.value=round(s,1)        && 结果保留 1 位小数
```

③保存并运行表单，界面如图 2.4 所示。

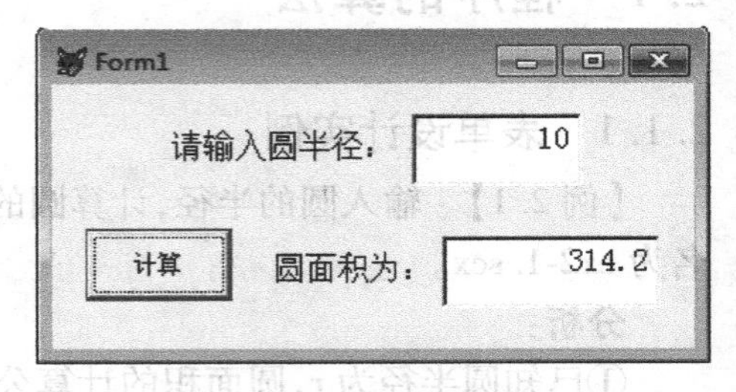

图 2.4 表单运行界面

2.1.2 算法的特点

算法就是求解上述问题所采用方法和步骤的有穷规则的集合。一个算法应该具有以下特点：

①确定性：一个算法给出的每个计算步骤都必须是准确的、无二义性。在【例 2.1】中每一个步骤的含义都是确定的。

②有穷性：一个算法必须在执行有穷多个计算步骤后终止。在【例 2.1】中执行 4 个步骤后问题处理结束。

③有效性：算法中的每一个步骤必须能够有效地执行，并能够得到确定的结果。

④输入：一个算法可以有 0 个或 1 个以上的输入。在【例 2.1】中需要输入圆半径。

⑤输出：一个算法有 1 个或多个的输出，一个算法得到的结果就是算法的输出。在【例 2.1】中输出的是圆面积。

2.1.3 程序的 3 种基本结构

1966 年，Bohra 和 Jacopini 提出了程序的 3 种基本结构：顺序结构、选择(或分支)结构、循环(或重复)结构，它们构成了实现一个算法的基本单元。

• 顺序结构　顺序结构是一种最基本、最简单的程序结构。如图 2.5 所示，先执行 A，

再执行 B,A 与 B 是按照顺序执行。【例 2.1】是顺序结构的程序,第 1 章中的实例除了【例 1.8】、【例 1.16】,其余均为顺序结构,所有的命令均依次执行。

● 选择(或分支)结构　根据条件是否成立而去执行不同的程序模块。在图 2.6 中,当条件 P 为真时,执行 A,否则执行 B,即要么执行 A,要么执行 B。第 1 章中的实例【例 1.8】、【例 1.16】均是分支结构的程序。

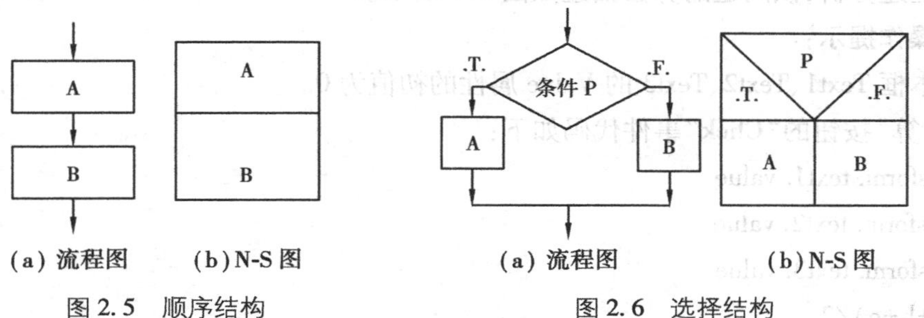

图 2.5　顺序结构　　　　图 2.6　选择结构

● 循环(或重复)结构　循环结构是指重复执行某些操作,重复执行的部分称为循环体。如图 2.7 所示为循环结构,当条件 P 为真时,反复执行 A,直到条件 P 为假时才终止循环。其中 A 就是循环体,A 被重复执行的次数称为循环次数。

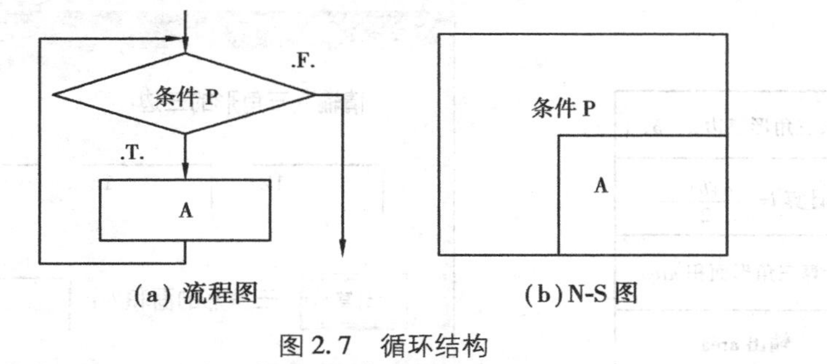

图 2.7　循环结构

说明:在图 2.5~图 2.7 中,其中(a)为传统流程图,(b)为 N-S 图。

2.2　顺序结构与分支结构

2.2.1　表单设计实例

【例 2.2】　已知三角形的三边,求三角形的面积,并保留 1 位小数。设计表单完成,表单文件名为 ex2-2. scx。

分析:

①根据三角形的三边求三角形的面积,可以利用公式

$$area = \sqrt{l(l-a)(l-b)(l-c)} \qquad l = (a+b+c)/2$$

(其中 a,b,c 为三角形的三边,area 为三角形的面积)

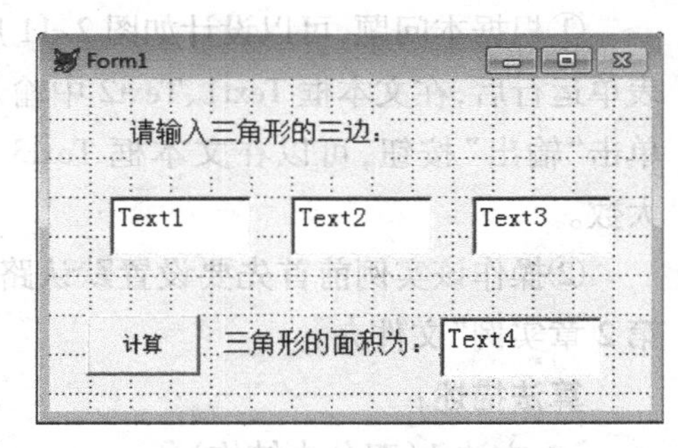

图 2.8　表单设计界面

②根据本问题，可以设计如图 2.8 所示表单，在文本框 Text1、Text2、Text3 中输入三角形的三边，单击“计算”按钮可以在文本框 Text4 中显示三角形的面积。

③操作该实例前设置默认路径为 e:\第 2 章实例。

算法描述：

根据上述分析，该问题的算法描述如图 2.9 所示。

实例操作提示：

①文本框 Text1、Text2、Text3 的 Value 属性的初值为 0。

②“计算”按钮的“Click”事件代码如下：

```
a=thisform. text1. value
b=thisform. text2. value
c=thisform. text3. value
l=(a+b+c)/2
area=sqrt(l * (l-a) * (l-b) * (l-c))
thisform. text4. value=ROUND(area,1)   && 结果保留 1 位小数
```

③保存表单，文件名为 ex2-2. scx。运行表单，界面如图 2.10 所示。

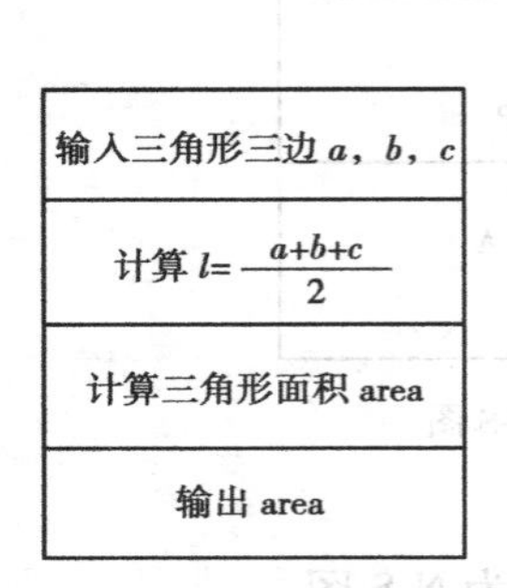

图 2.9 【例 2.2】的 N-S 流程图

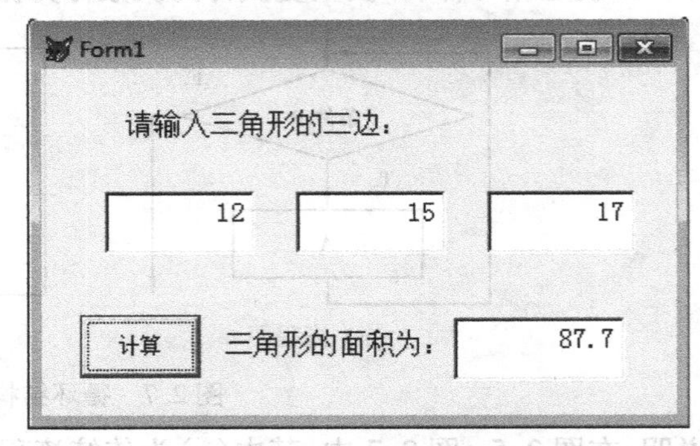

图 2.10 表单运行界面

【例 2.3】 输入两个数，比较大小，并输出较大数。设计表单完成，表单文件名为ex2-3. scx。

分析：

①根据本问题，可以设计如图 2.11 所示表单，表单运行后，在文本框 Text1、Text2 中输入两个数，单击“输出”按钮，可以在文本框 Text3 中输出较大数。

②操作该实例前首先要设置默认路径为“e:\第 2 章实例”文件夹。

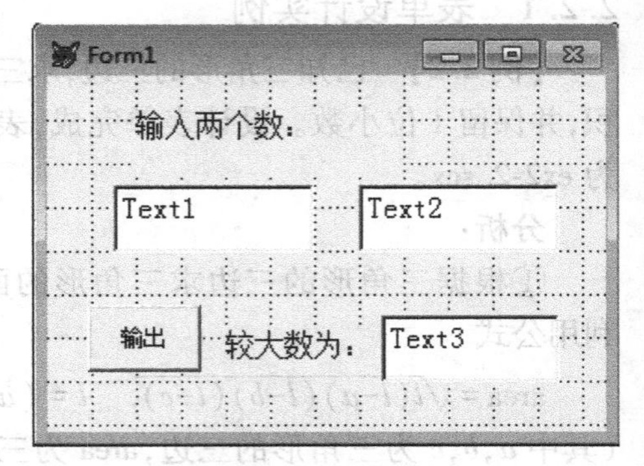

图 2.11 表单设计界面

算法描述：

方法 1(双分支结构)

假设输入两个数 A、B，比较后并输出较大数。

双分支结构分两种情况，如果 A>B 则输出 A，否则输出 B，流程图如图 2. 12 所示。

✍方法 2（单分支结构）

假设输入两个数 A、B，比较后并输出较大数，再假设 A 是较大数将其赋值给 MAX；将 MAX 与 B 进行比较，如果 B>MAX，则将 B 赋值给 MAX；输出较大数 MAX，流程图如图2. 13 所示。

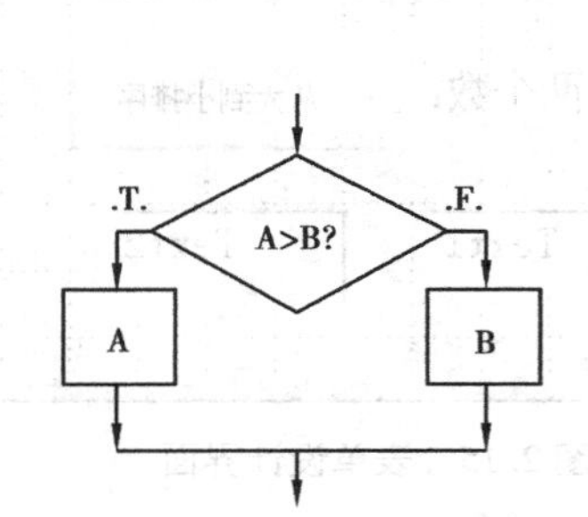

图 2. 12 【例 2. 3】的双分支结构流程图

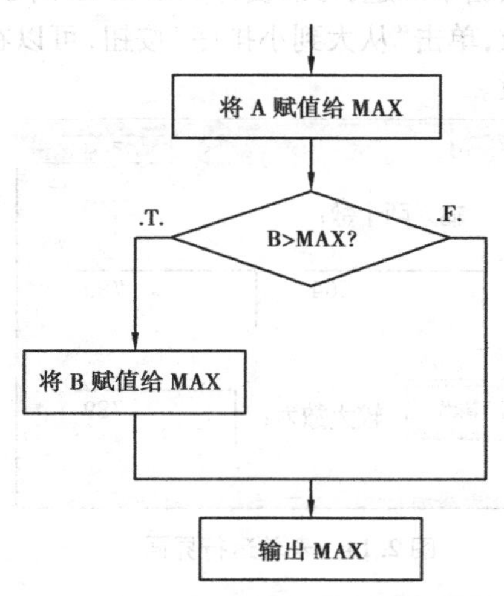

图 2. 13 【例 2. 3】的单分支结构流程图

实例操作提示：

①文本框 Text1 的 Value 属性的初值为 0。

②“输出”按钮的“Click”事件代码如下：

✍方法 1（双分支结构）

```
A = thisform. text1. value
B = thisform. text2. value
if   A>B
      thisform. text3. value = A
else
      thisform. text3. value = B
endif
```

✍方法 2（单分支结构）

```
A = thisform. text1. value
B = thisform. text2. value
MAX = A
if   B>MAX
      MAX = B
endif
thisform. text3. value = MAX
```

③保存表单,文件名为 ex2-3. scx。运行表单,界面如图 2.14 所示。

【例 2.4】 输入两个数,比较大小,并按从大到小的顺序输出。设计表单完成,表单文件名为 ex2-4. scx。

分析:

①根据本问题,可以设计如图 2.15 所示表单,表单运行后,在文本框 Text1、Text2 中输入两个数,单击"从大到小排序"按钮,可以在文本框 Text1 中输出大数,在文本框 Text2 中输出小数。

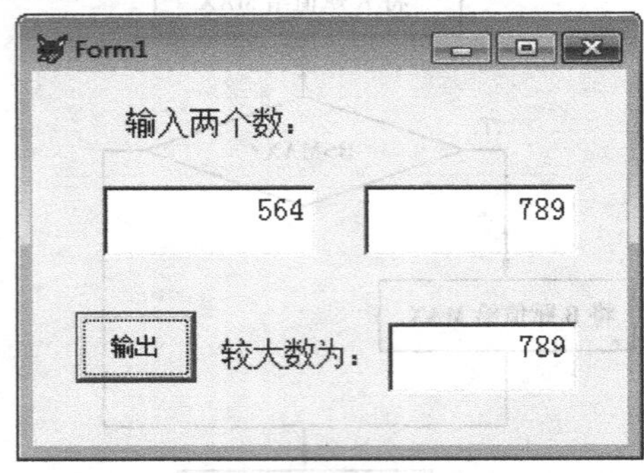

图 2.14 表单运行界面

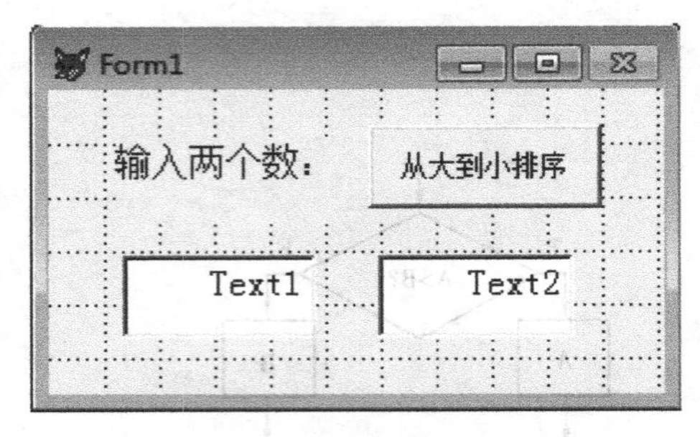

图 2.15 表单设计界面

②操作该实例前首先要设置默认路径为"e:\第 2 章实例"文件夹。

算法描述:

①假设输入两个数 A、B,要按从大到小的顺序输出,再假设 A 是大数,B 是小数,如果 B>A,则将 A、B 的值交换,流程图如图 2.16 所示。

②要将 A、B 的值交换,可以先将 A 的值赋值给 T,再将 B 的值赋值给 A,最后将 T 的值给 B 即可。

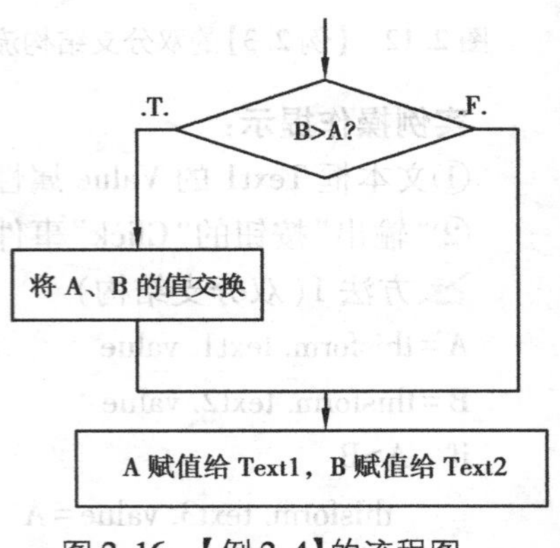

图 2.16 【例 2.4】的流程图

实例操作提示:

①文本框 Text1 的 Value 属性的初值为 0。

②"从大到小排序"按钮的"Click"事件代码如下:

```
A=thisform. text1. value
B=thisform. text2. value
if  B>A
    T=A
    A=B
    B=T
endif
thisform. text1. value=A
thisform. text2. value=B
```

③保存表单,文件名为 ex2-4. scx。运行表单,输入两个数,假设如图 2.17(a)所示,单击"从大到小排序"按钮,界面如图 2.17(b)所示。

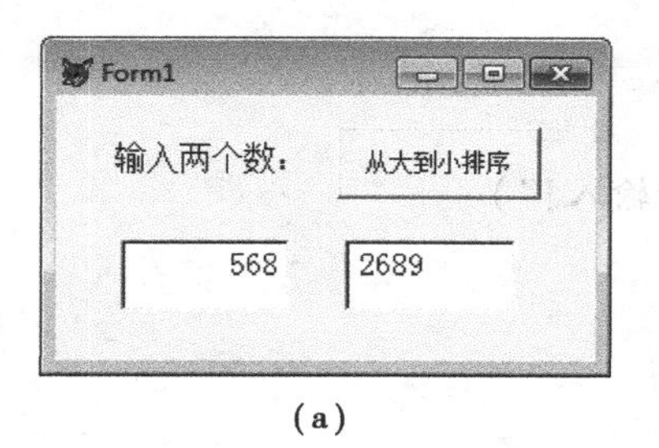

(a)

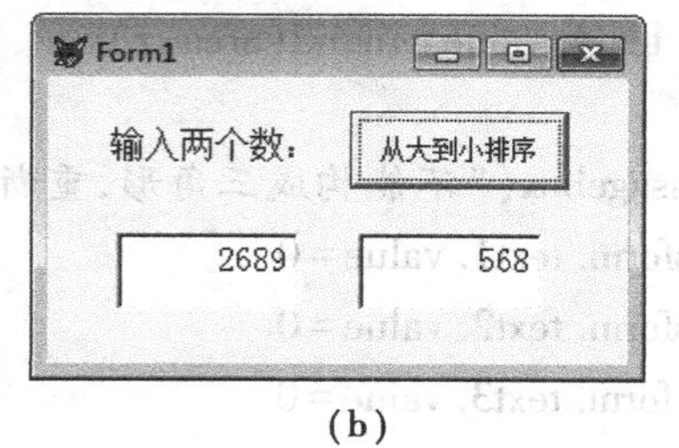

(b)

图 2.17 表单运行界面

【例 2.5】 打开表单 ex2-2.scx,表单另存为 ex2-5.scx,修改【例 2.2】,要求在文本框 Text1、Text2、Text3 中输入三角形的三边,单击"计算"按钮,如果输入的三边能构成三角形,则在文本框 Text4 中显示三角形的面积;否则用提示框给出提示信息:不能构成三角形,重新输入!,如图 2.18 所示。

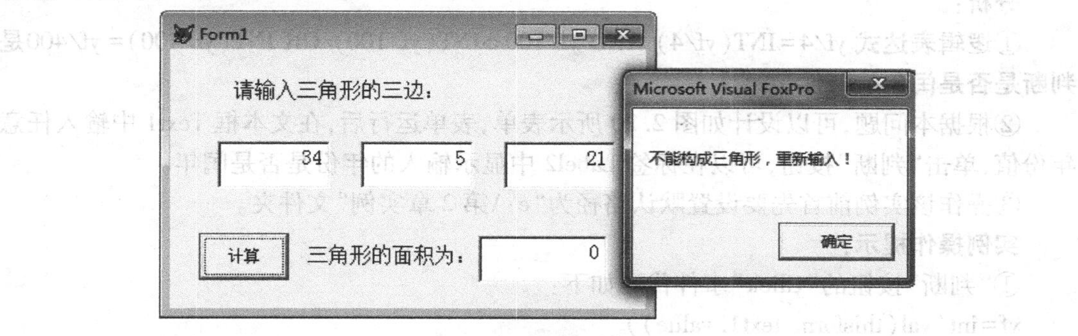

图 2.18 表单运行界面

分析:

①根据题目要求,这是一个典型的双分支结构,根据条件判断是计算面积,还是给出提示信息。逻辑表达式 a+b>c AND a+c>b AND b+c>a 是判断输入的三边能否构成三角形的条件,即任意两边之和大于第三边。对应的 N-S 图如图 2.19 所示。

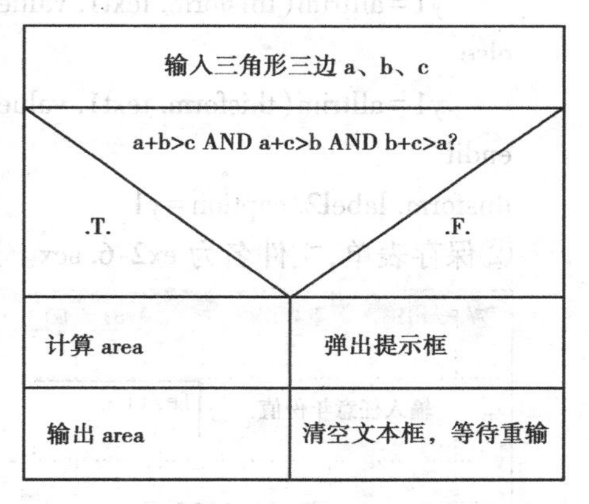

图 2.19 【例 2.5】的 N-S 流程图

②操作该实例前首先要设置默认路径为"e:\第 2 章实例"文件夹。

实例操作提示:

①打开表单 ex2-2.scx,表单另存为 ex2-5.scx。

②"计算"按钮的"Click"事件代码如下:

```
a=thisform.text1.value
b=thisform.text2.value
c=thisform.text3.value
if a+b>c and a+c>b and b+c>a
l=(a+b+c)/2
area=sqrt(l*(l-a)*(l-b)*(l-c))
```

```
thisform.text4.value=round(area,1)
else
    messagebox("不能构成三角形,重新输入!")
    thisform.text1.value=0
    thisform.text2.value=0
    thisform.text3.value=0
    thisform.text4.value=0
ENDIF
```

③保存并运行表单,如图 2.18 所示。

【例 2.6】 输入任意年份值判断是否是闰年。设计表单完成,表单文件名为 ex2-6.scx。

分析:

①**逻辑表达式** yf/4=INT(yf/4) AND yf/100<>INT(yf/100) OR INT(yf/400)=yf/400**是判断是否是闰年的条件。**

②根据本问题,可以设计如图 2.20 所示表单,表单运行后,在文本框 Text1 中输入任意年份值,单击"判断"按钮,可以在标签 Label2 中显示输入的年份是否是闰年。

③操作该实例前首先要设置默认路径为"e:\第 2 章实例"文件夹。

实例操作提示:

①"判断"按钮的"Click"事件代码如下:

```
yf=int(val(thisform.text1.value))
if yf/4=int(yf/4) and yf/100<>int(yf/100) or int(yf/400)=yf/400
    y1=alltrim(thisform.text1.value)+"年是闰年"
else
    y1=alltrim(thisform.text1.value)+"年不是闰年"
endif
thisform.label2.caption=y1
```

②保存表单,文件名为 ex2-6.scx。运行表单,输入任意年份值,界面如图 2.21 所示。

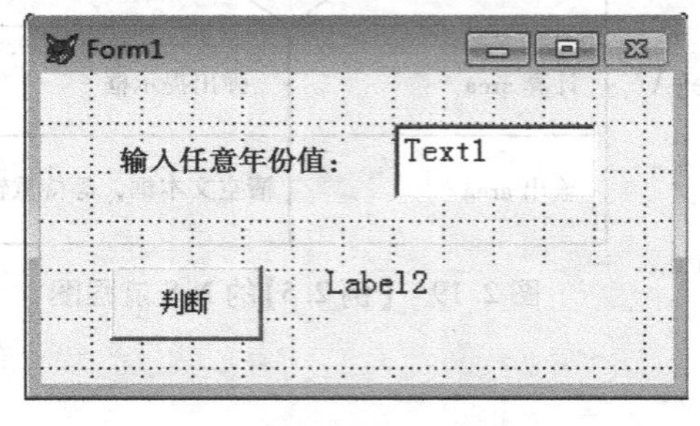

图 2.20 表单设计界面

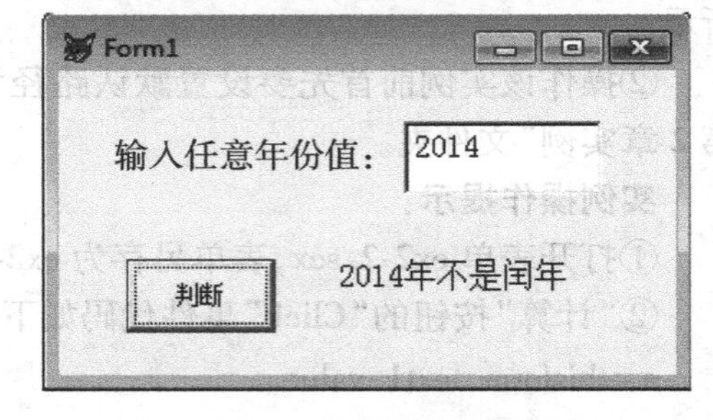

图 2.21 表单运行界面

【例 2.7】 输入任意月份值,输出该月份对应的季节的中文名字(3,4,5 月为春季,6,7,8 月为夏季,9,10,11 月为秋季;12,1,2 月为冬季)。设计表单完成,表单文件名为 ex2-7.scx。

分析：

①题目要求在文本框中输入一个月份值，根据月份值判断季节，季节有四季，也就是根据月份值的不同有 4 种情况，因此，程序结构应该选择多分支结构。

②根据本问题，可以设计如图 2.22 所示表单，表单运行后，在文本框 Text1 中输入任意年份值，单击“判断”按钮，可以在标签 Label2 中显示输入的月份所对应的季节。

③操作该实例前首先要设置默认路径为“e:\第 2 章实例”文件夹。

实例操作提示：

①“输出”按钮的“Click”事件代码如下：

```
yue=int(val(thisform.text1.value))
do case
    case yue=3 or yue=4 or yue=5
        jj="春季"
    case yue=6 or yue=7 or yue=8
        jj="夏季"
    case yue=9 or yue=10 or yue=11
        jj="秋季"
    case yue=12 or yue=1 or yue=2
        jj="冬季"
endcase
thisform.label2.caption=alltrim(thisform.text1.value)+"月份为："+jj
```

②保存表单，文件名为 ex2-7.scx。运行表单，输入任意月份值，界面如图 2.23 所示。

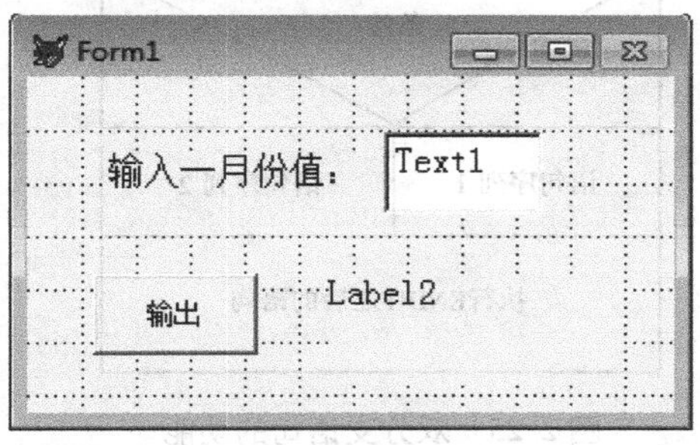

图 2.22　表单设计界面

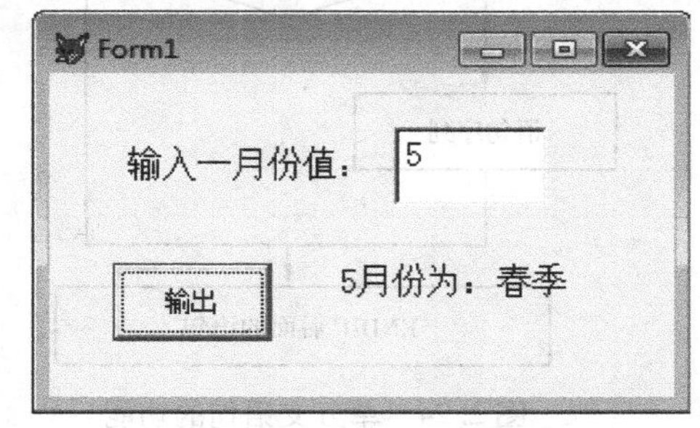

图 2.23　表单运行界面

2.2.2　顺序结构

顺序结构是一种最基本、最简单的程序结构，是按照顺序执行的一种程序结构。【例 2.1】、【例 2.2】都是顺序结构的程序，所有的命令均依次执行。

2.2.3　分支结构

应用程序在进行数据处理时需要根据不同的条件选择执行不同的操作，使程序流程根据不同条件来决定程序的走向，这种程序结构称为分支（选择）结构。在 VFP 中是用 IF…ENDIF（单分支语句）、IF…ELSE…ENDIF（双分支语句）和 DO CASE…ENDCASE（多分支语句)来实现的。

1. 单分支语句

格式:

IF <条件表达式>

<语句序列>

ENDIF

功能:执行该语句时,若条件表达式的值为 .T. ,则执行<语句序列>,否则不执行<语句序列>,如图2. 24所示。【例 2. 3】的方法 2、【例 2. 4】均为单分支结构。

2. 双分支语句 IF…ELSE…ENDIF

格式:

IF <条件表达式>

<语句序列 1>

ELSE

<语句序列 2>

ENDIF

功能:执行该语句时,若条件表达式的值为 .T. ,则执行<语句序列 1>,否则执行<语句序列 2>,然后再执行 ENDIF 之后的语句,如图 2. 25 所示。【例 2. 3】的方法 1、【例2. 5】、【例 2. 6】均为双分支结构。

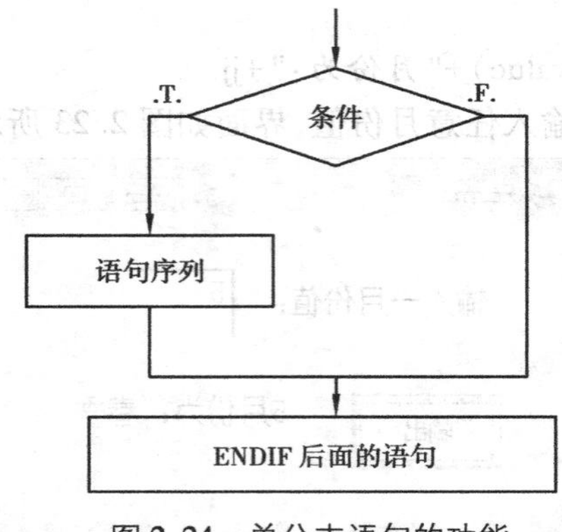

图 2. 24　单分支语句的功能

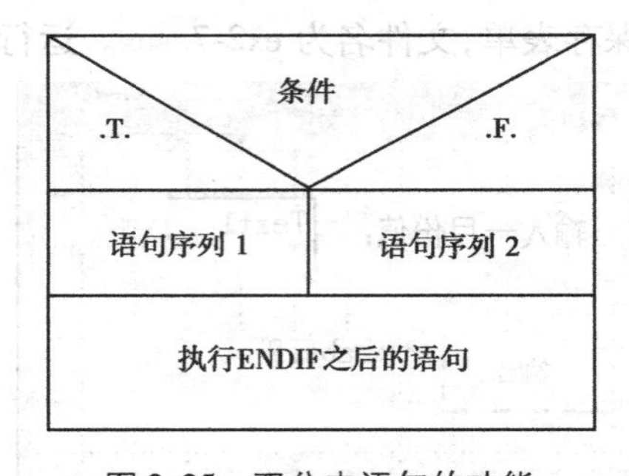

图 2. 25　双分支语句的功能

3. 多分支语句 DO CASE…ENDCASE

格式:

DO CASE

CASE <条件表达式 1>

<语句序列 1>

[CASE <条件表达式 2>

<语句序列 2>

⋮

CASE <条件表达式 n>

<语句序列 n>]

[OTHERWISE

<语句序列 Q>]

ENDCASE

功能:从第一个 CASE 的条件开始判断,若<条件表达式 I>(I=1,2,3,…,n)的值为.T.,则执行对应的<语句序列 I>(I=1,2,3,…,n),然后执行 ENDCASE 之后的语句。所以在一个 DO CASE 结构中,最多只能执行一个 CASE 语句后面的语句序列。如果所有 CASE 语句后的条件表达式的值均为.F.,则执行 OTHERWISE 之后的<语句序列 Q>。OTHERWISE 子句可以缺省,此时如果所有条件表达式的值均为.F.,就退出该结构执行 EDNCASE 后面的语句,如图 2.26 所示。【例 2.7】为多分支结构。

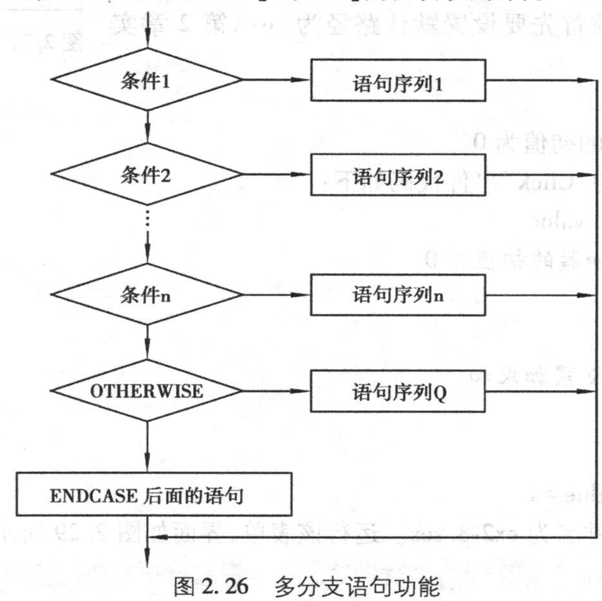

图 2.26 多分支语句功能

4. 说明

①<条件表达式>、ELSE、ENDIF、DO CASE、CASE <条件表达式 I>、OTHERWISE 和 ENDCASE 必须各占一行。

②IF 和 ENDIF、DO CASE 和 ENDCASE 必须成对出现。

③为使程序清晰易读,对分支、循环等结构应使用缩格书写方式。

④多分支语句中,如果多个条件都满足,则只执行第一个满足条件的语句序列。

⑤语句序列中可以嵌套各种控制结构的命令语句,但不能出现交叉现象。

⑥表达分支的每种语句都不允许在一个命令行中输完,必须按格式一行一行地键入,因此,不能出现在命令窗口中。

2.3 循环结构

2.3.1 表单设计实例

【例 2.8】 编写程序计算“1+2+3+…+n”的累加和,其中 n 由键盘输入。设计表单完成,表单文件名为 ex2-8.scx。

分析：

①这是数学中的一个简单的累加求和问题。累加和的形成是由前一次的累加和再加上这次的数值，总是重复这个操作，因此，解决类似问题要用循环结构，其 N-S 图如图 2.27 所示。需要有一个文本框来接收键盘输入的 *n* 值，用另一个文本框来显示累加和。

②根据本问题，可以设计如图 2.28 所示的表单。表单运行后，在文本框 Text1 中输入任一自然数，单击“计算”按钮，可以在文本框 Text2 中输出“1+2+3+…+*n*”的累加和。

③操作该实例前首先要设置默认路径为“e:\第 2 章实例”文件夹。

输入n
x=1, s=0
x<=n
s=s+x
x=x+1
输出s

图 2.27 【例 2.8】的 N-S 图

实例操作提示：

①文本框 Text1 的初值为 0。

②“计算”按钮的“Click”事件代码如下：

```
n=thisform.text1.value
s=0        && 累加器的初值为 0
x=1
do while x<=n
   s=s+x        && 累加求和
   x=x+1
enddo
thisform.text2.value=s
```

③保存表单，文件名为 ex2-8.scx。运行该表单，界面如图 2.29 所示。

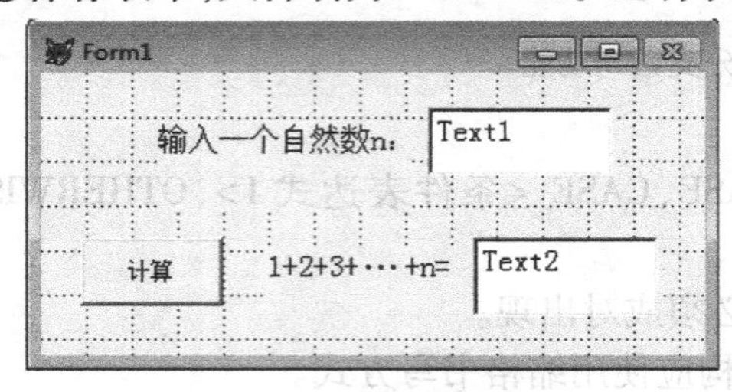

图 2.28 表单设计界面

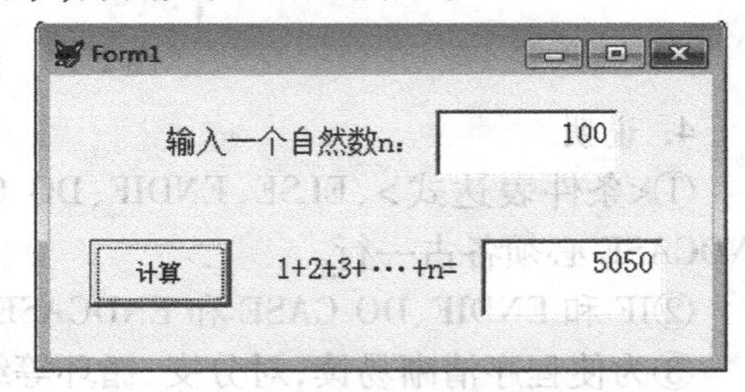

图 2.29 表单运行界面

【例 2.9】 求 *n*!（*n*<20），其中 *n* 由键盘输入。设计表单完成，表单文件名为 ex2-9.scx。

分析：

①与【例 2.8】类似，累加变成了累乘，也要用循环结构。循环变量的初值为 1，终值为 *n*，每次的变化为增加 1，因此可以用 for 循环来完成，但是 *n* 的阶乘不能直接用 *n*! 来表示，假设这里用 p 来表示，其 N-S 图如图 2.30 所示。

②根据本问题，可以设计如图 2.31 所示的表单。表单运行后，在文本框 Text1 中输入<20 的自然数，单击“计算”按钮，

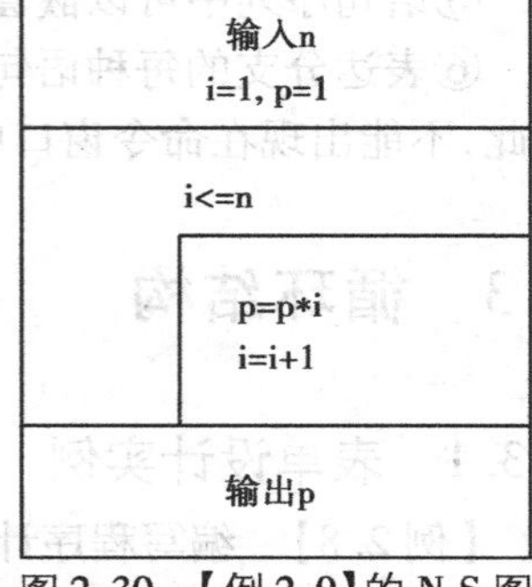

图 2.30 【例 2.9】的 N-S 图

可以在文本框 Text2 中输出 n 的阶乘。

③操作该实例前首先要设置默认路径为"e:\第 2 章实例"文件夹。

实例操作提示：

①文本框 Text1 的初值为 0。

②"计算"命令按钮的"Click"事件代码如下：

```
n=thisform. text1. value
p=1       && 累乘器的初值为 1
for i=1 to n
   p=p * i
endfor
thisform. text2. value=p
```

③保存表单，文件名为 ex2-9. scx。运行该表单，界面如图 2. 32 所示。

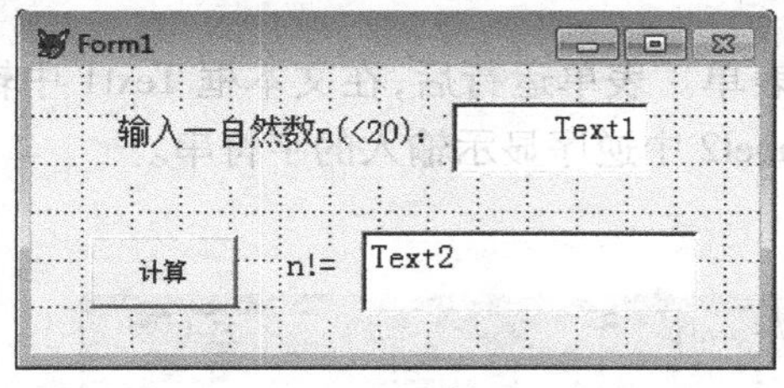

图 2. 31　表单设计界面

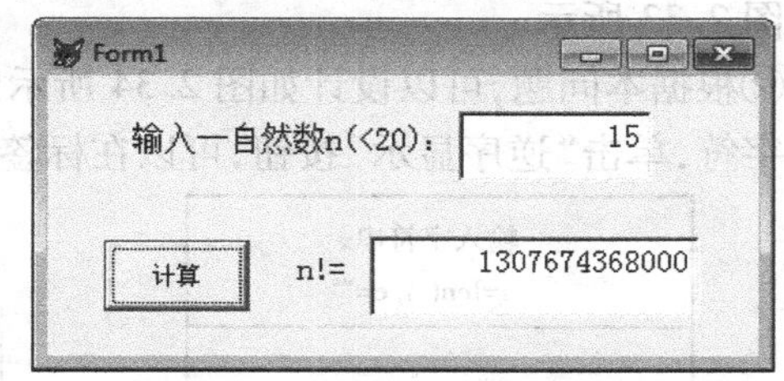

图 3. 32　表单运行界面

【例 2. 10】　求自然数的平方和。设计表单完成，表单文件名为 ex2-10. scx。

分析：

①与【例 2. 8】类似，即 $K=1^2+2^2+\cdots+n^2$，其中 n 由键盘输入，只是累加的当前项改变了。

②根据本问题，可以设计如图 2. 33 所示的表单。表单运行后，在文本框 Text1 中输入一自然数，单击"计算"按钮，可以在文本框 Text2 中输出平方和。

③操作该实例前首先要设置默认路径为"e:\第 2 章实例"文件夹。

实例操作提示：

①文本框 Text1 的初值为 0。

②"计算"命令按钮的"Click"事件代码如下：

```
n=thisform. text1. value
k=0
for a=1 to n
   k=k+a^2
endfor
thisform. text2. value=k
```

③保存表单，文件名为 ex2-10. scx。运行该表单，界面如图 2. 34 所示。

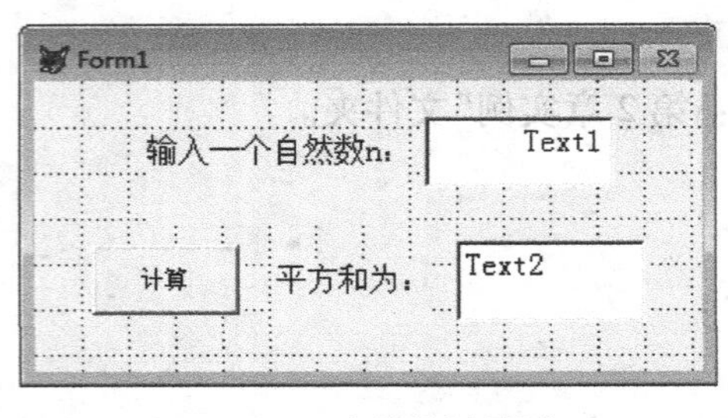

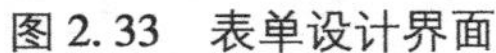
图 2.33　表单设计界面

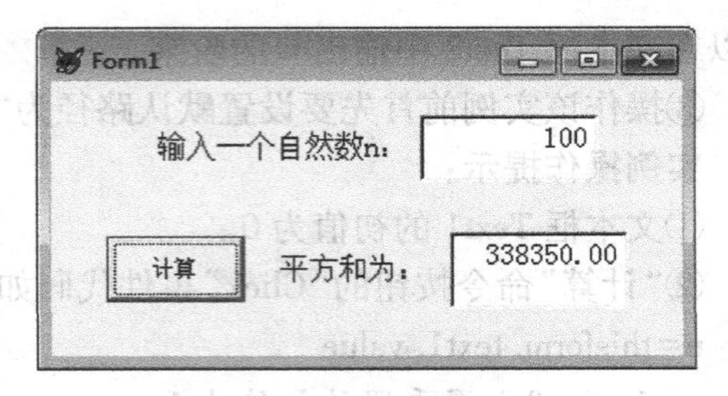

图 2.34　表单运行界面

【例 2.11】　将输入的字符串逆序显示。设计表单完成,表单文件名为 ex2-11.scx。

分析:

①该算法类似【例 2.8】,是将数值的累加求和变成了字符的"累加"——连接,将原字符串中的字符从右向左逐一取出,然后连接。因此,解决类似问题也要用循环语句,其 N-S 图如图 2.33 所示。

②根据本问题,可以设计如图 2.34 所示的表单。表单运行后,在文本框 Text1 中输入一串字符,单击"逆序显示"按钮,可以在标签 Label2 中逆序显示输入的字符串。

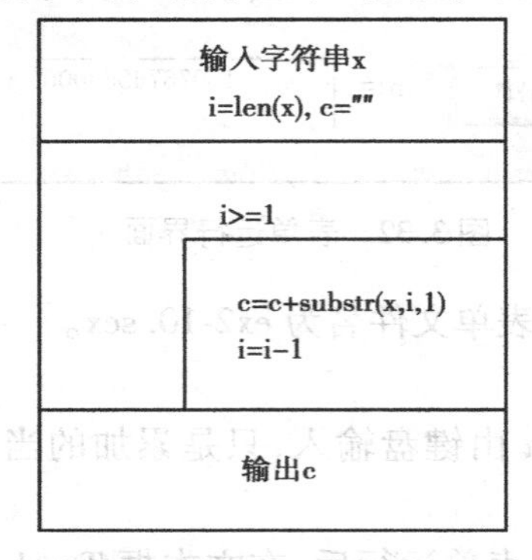

图 2.35　【例 2.11】的 N-S 图

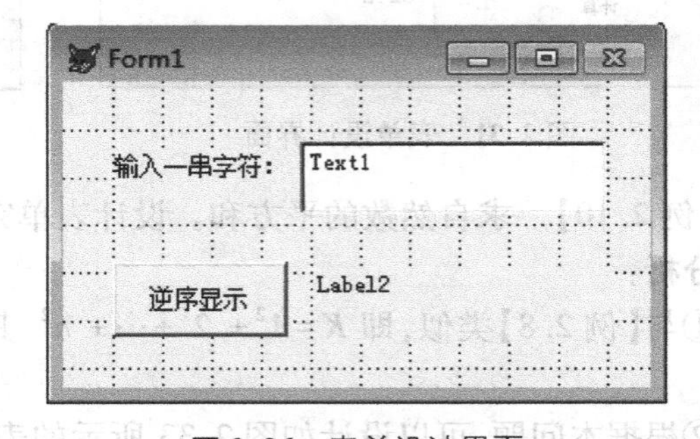

图 2.36　表单设计界面

③操作该实例前首先要设置默认路径为"e:\第 2 章实例"文件夹。

实例操作提示:

①"逆序显示"按钮的"Click"事件代码如下:

```
x=alltrim(thisform.text1.value)
c=""
for i=len(x) to 1 step-1
    c=c+substr(x,i,1)
endfor
thisform.label2.caption=c
```

②保存表单,文件名为 ex2-11.scx。运行该表单,在文本框中输入"dj8&HtLm^%g",单击"逆序显示"命令按钮,界面如图 2.37(a)所示。在文本框中输入"太阳出来喜洋洋",单击"逆序显示"命令按钮,界面如图 2.37(b)所示。这里显示的结果是如图 2.35(b)所示的字符串,而不是"洋洋喜来出阳太",是因为一个汉字相当于两个字符,本算法是按一个字符截取子串,然后逆序显示(即构成一个汉字的两个字节交换以后,就不是原来的汉字了)。

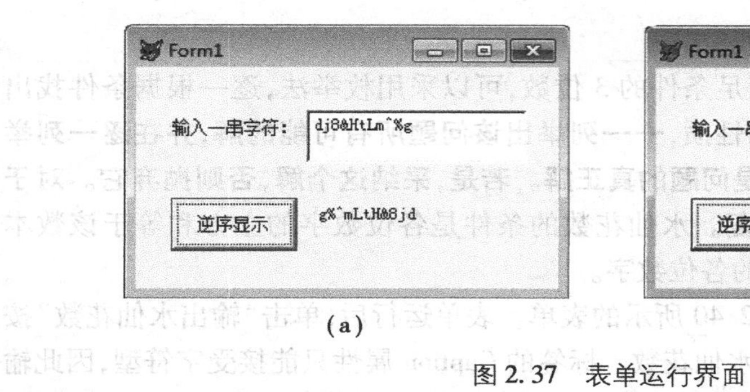

(a)

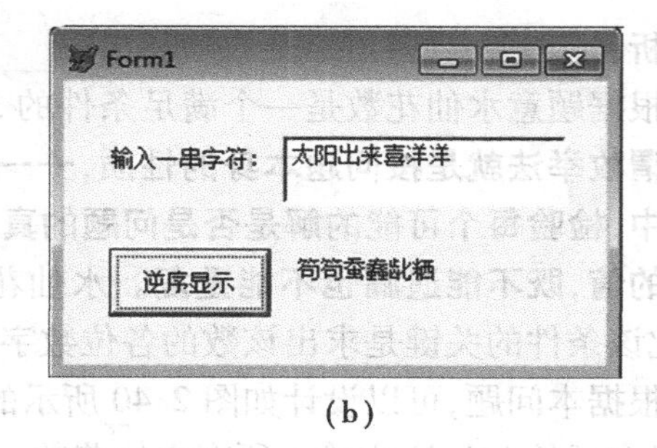

(b)

图 2.37　表单运行界面

【例 2.12】　输入一串字符,输出大写字母串。假设输入:Av56:YijB>8 显示:AYB。设计表单完成,表单文件名为 ex2-12.scx。

分析:

①该算法类似【例 2.11】,将原字符串中的字符逐一取出并判断,如果是大写字母就连接。**判断一个字符 x 是大写字母的条件是:** Asc(x)>=asc('A') and Asc(x)<=asc('Z')。

②根据本问题,可以设计如图 2.38 所示的表单。表单运行后,在文本框 Text1 中输入一串字符,单击"输出大写字母串"按钮,可以在标签 Label2 中显示其中的大写字母串。

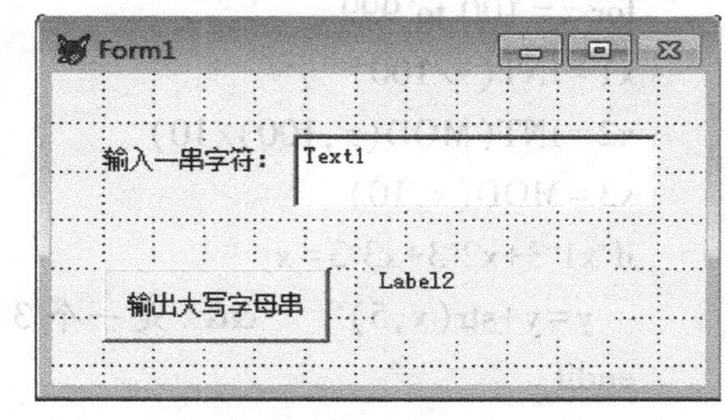

图 2.38　表单设计界面

③操作该实例前首先要设置默认路径为"e:\第 2 章实例"文件夹。

实例操作提示:

①"输出大写字母串"按钮的"Click"事件代码如下:

```
x=alltrim(thisform.text1.value)
c=""
for i=1 to len(x)
    x1=substr(x,i,1)
    if Asc(x1)>=asc('A') and Asc(x1)<=asc('Z')
        c=c+x1
        endif
endfor
thisform.label2.caption=c
```

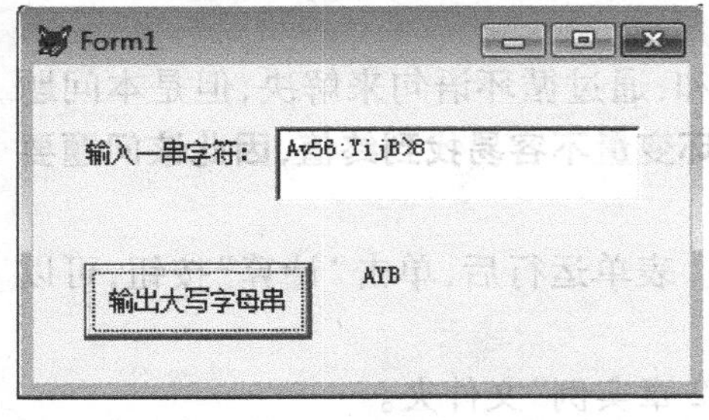

图 2.39　表单运行界面

②保存表单,文件名为 ex2-12.scx。运行该表单,在文本框中输入"Av56:YijB>8",单击"输出大写字母串"命令按钮,界面如图 2.39 所示。

【例 2.13】求所有的水仙花数。设计表单完成,表单文件名为 ex2-13.scx。(所谓水仙花数是指一个 3 位数,其各位数字的立方和等于该数本身)

分析：

①根据题意水仙花数是一个满足条件的 3 位数，可以采用枚举法，逐一根据条件找出来。**所谓枚举法就是按问题本身的性质，一一列举出该问题所有可能的解，并在逐一列举的过程中，检验每个可能的解是否是问题的真正解。若是，采纳这个解，否则抛弃它。对于所列举的值，既不能遗漏也不能重复。**水仙花数的条件是各位数字的立方和等于该数本身，因此该条件的关键是求出该数的各位数字。

②根据本问题，可以设计如图 2.40 所示的表单。表单运行后，单击“输出水仙花数”按钮，可以在标签 Label1 中输出所有水仙花数。标签的 Caption 属性只能接受字符型，因此输出的水仙花数要转换成字符型，并连接成一个字符串。

③操作该实例前首先要设置默认路径为“e:\第 2 章实例”文件夹。

实例操作提示：

①“输出水仙花数”命令按钮的“Click”事件代码如下：

```
y=""
for x=100 to 999
x1=INT(x/100)
x2=INT(MOD(x,100)/10)
x3=MOD(x,10)
if x1^3+x2^3+x3^3=x
   y=y+str(x,5)        &&x 是一个 3 位数，则转换成字符串后，会在之前加上 2 个空格
endif
endfor
thisform.label1.caption=y
```

②保存表单，文件名为 ex2-13.scx。运行该表单，界面如图 2.41 所示。

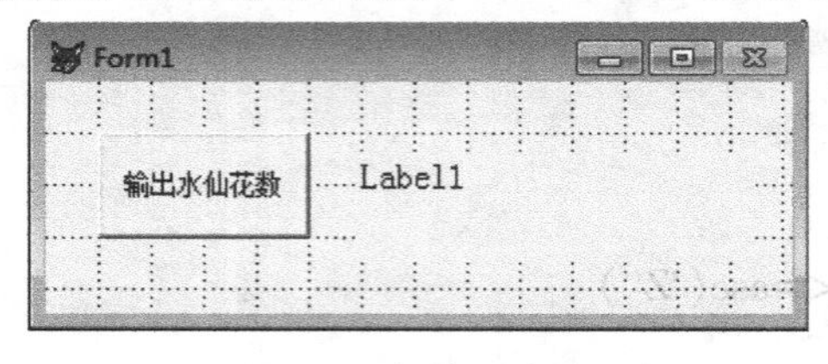

图 2.40　表单设计界面

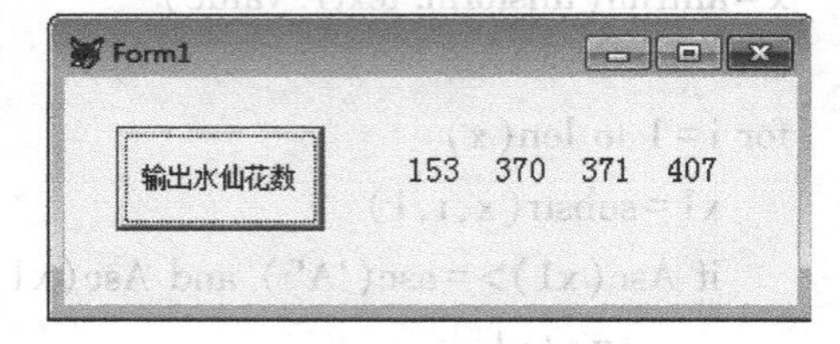

图 2.41　表单运行界面

【例 2.14】　计算 e 的近似值。其公式为：$e=1+1/1!+1/2!+1/3!+\cdots+1/N!$，直到 $1/N!<0.000\,001$ 为止。

分析：

①根据题意该问题与【例 2.8】类似均为累加求和，通过循环语句来解决，但是本问题**中循环结束是通过条件 $1/N!<0.000\,001$ 决定的，循环变量不容易找到终值，因此该问题要用 DO WHILE 循环，而不用 FOR 循环。**

②根据本问题，可以设计如图 2.42 所示的表单。表单运行后，单击“计算”按钮，可以在文本框 Text1 中输出 e 的近似值。

③操作该实例前首先要设置默认路径为“e:\第 2 章实例”文件夹。

实例操作提示：

①"计算"命令按钮的"Click"事件代码如下：

```
s=1
i=2
p=1
do while 1/p>=0.000001
    s=s+1/p
    p=p*i
    i=i+1
enddo
thisform.text1.value=s
```

②保存表单，文件名为 ex2-14.scx。运行该表单，界面如图 2.43 所示。

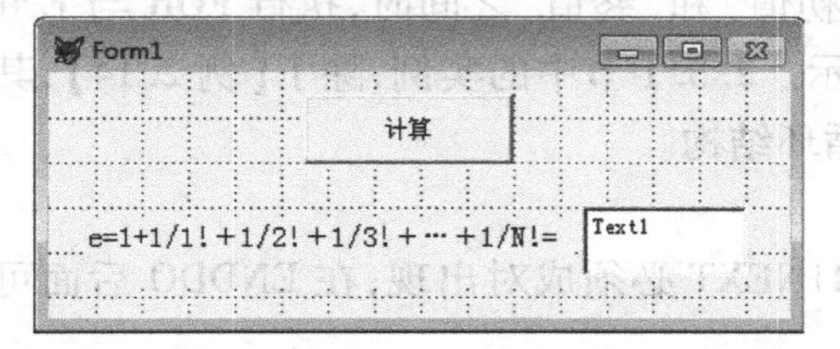

图 2.42　表单设计界面

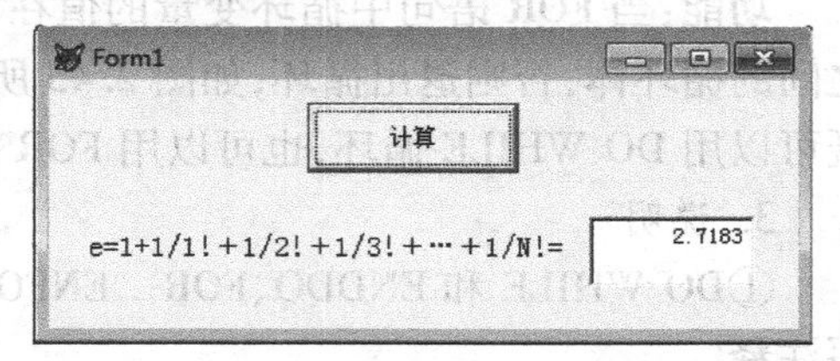

图 2.43　表单运行界面

2.3.2　单重循环

循环是按照给定的条件重复执行一段程序的结构。在 VFP 中提供了 DO WHILE…ENDDO、FOR…ENDFOR、SCAN…ENDSCAN 3 种语句。其中 SCAN…ENDSCAN 是只针对数据表处理的一种循环结构，因此这种结构将在第 6 章介绍。

1. DO WHILE 循环

格式：

DO WHILE <条件表达式>

　　<语句序列>

ENDDO

功能：当执行 DO WHILE 语句时，如果条件表达式的值为 .T.，则执行<语句序列>，否则结束该循环，执行 ENDDO 之后的语句，如图 2.44 所示。如【例 2.8】、【例 2.14】为 DO WHILE 循环结构。实际上 2.3.1 节中的所有实例均可以用 DO WHILE 循环结构。

2. FOR…ENDFOR 计数循环

格式：

FOR <循环变量>=<初值> TO <终值> [STEP<步长>]

　　<语句序列>

ENDFOR|NEXT

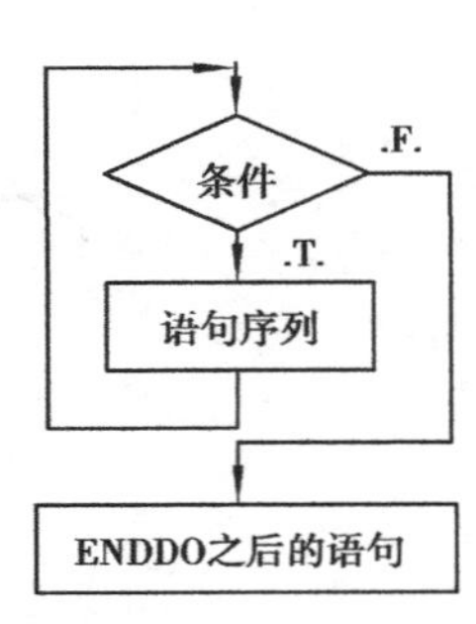

图 2.44　DO WHILE 循环结构功能

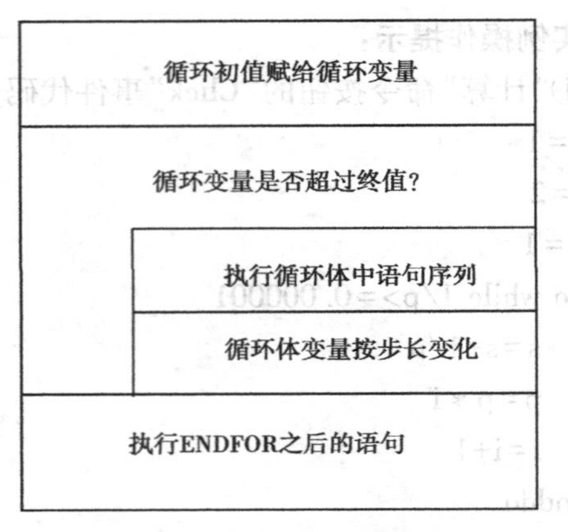

图 2.45　FOR 语句的执行过程

功能:当 FOR 语句中循环变量的值在“初值”和“终值”之间时,执行 FOR 与 ENDFOR 之间的循环体,否则退出循环,如图 2.45 所示。2.3.1 节中的实例,除了【例 2.14】,其余的既可以用 DO WHILE 循环,也可以用 FOR 循环结构。

3. 说明

①DO WHILE 和 ENDDO、FOR…ENFOR|NEXT 必须成对出现;在 ENDDO 后面可以书写注释。

②FOR 循环中,当 STEP <步长>缺省时,其默认值为 1。循环变量的值按照<步长>的值自动增加或减少(步长>0,则增加,此时,循环条件为循环变量≤终值;步长<0,则减少,此时,循环条件为循环变量≥终值)。

③DO WHILE 循环是否继续取决于条件的当前取值。一般情况下,循环体中应含有改变条件取值的命令或语句,否则将造成死循环。FOR 循环中,循环体中不应包含改变循环变量值的命令,否则循环次数将随之改变。

④循环结构能自身嵌套(多重循环),还能与选择结构的各种形式嵌套。

2.3.3　表单设计实例

【例 2.15】　计算 $1!+2!+\cdots+n!$,其中 $n(\leqslant 20)$为自然数,并通过键盘输入。设计表单完成,表单文件名为 ex2-15.scx。

分析:

①根据题意该问题与【例 2.8】类似,均为累加求和,而累加的当前项又是 n 的阶乘,因此该问题可以采用两重循环。

②根据本问题,可以设计如图 2.46 所示的表单。表单运行后,单击“计算”按钮,可以在文本框 Text2 中输出 e 的近似值。

③操作该实例前首先要设置默认路径为“e:\第 2 章实例”文件夹。

实例操作提示:

①“计算”命令按钮的“Click”事件代码如下:

```
n=thisform.text1.value
s=0
```

```
for i=1 to n
    p=1
    for j=1 to i
          p=p*i
     endfor
     s=s+p
endfor
thisform.text2.value=s
```

②保存表单,文件名为 ex2-15.scx。运行该表单,界面如图 2.47 所示。

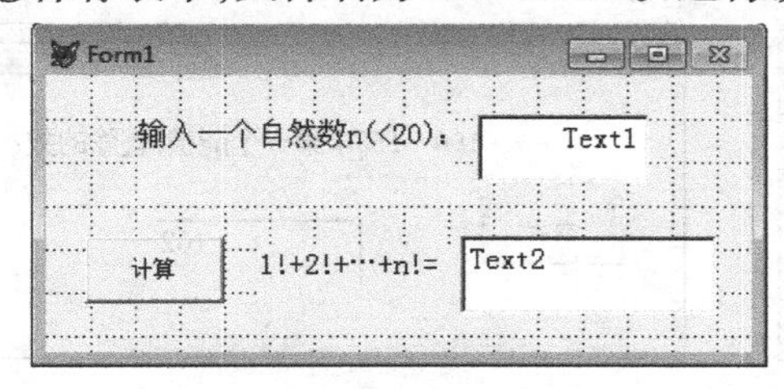

图 2.46　表单设计界面

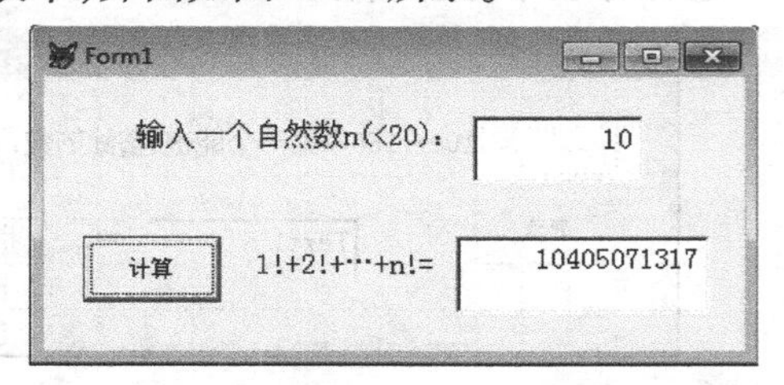

图 2.47　表单运行界面

2.3.4　多重循环

若在一个循环结构的循环体中又包含了循环,则该循环结构称为循环嵌套。在一个循环结构中按照嵌套层次的多少,可分为双重循环、三重循环等。嵌套层次在两层以上一般称为多重循环结构。按其所处的位置分别称为外循环与内循环,其中内循环结构的循环体称为内循环体,外循环结构的循环体称为外循环体,如图 2.48 所示。每一层循环结构可以采用 DO WHLIE、FOR 等语句,其执行过程,按照各自语句含义的执行。在【例 2.15】中外循环为累加求和,内循环为求阶乘。

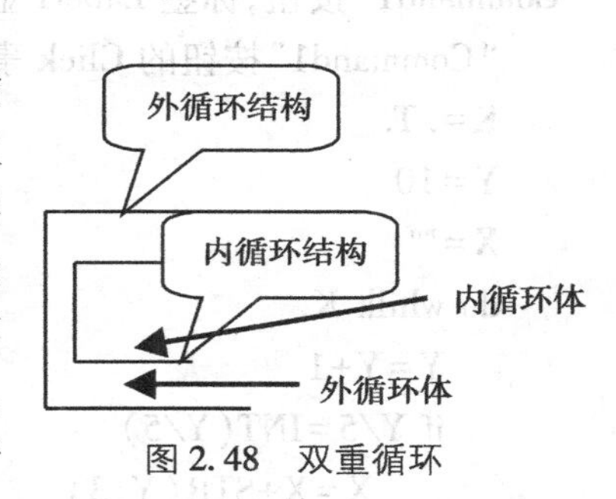

图 2.48　双重循环

2.3.5　表单设计实例

【例 2.16】　将 100~150 中第一个能被 3 整除的数找出来。设计表单完成,表单文件名为 ex2-16.scx。

分析:

①根据题意,从 100 开始逐一查找能被 3 整除的数,这需要一个循环结构来完成,找到第一个就终止查找,即终止循环,采用循环辅助语句 exit。

②根据本问题,可以设计如图 2.49 所示的表单。表单运行后,单击“显示”按钮,可以在文本框 Text1 中显示 100~150 中第一个能被 3 整除的数。

③操作该实例前首先要设置默认路径为“e:\第 2 章实例”文件夹。

实例操作提示：

①“显示”命令按钮的“Click”事件代码如下：

```
for n=100 to 150
    if n%3=0
            thisform. text1. value=n
            exit
      endif
endfor
```

②保存表单，文件名为 ex2-15. scx。运行该表单，界面如图 2. 50 所示。

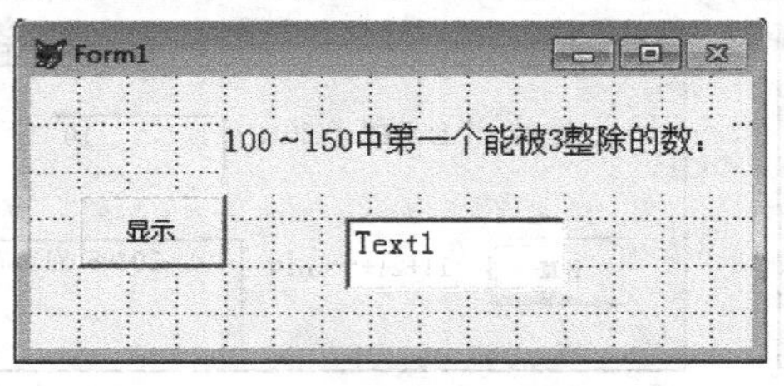

图 2. 49　表单设计界面

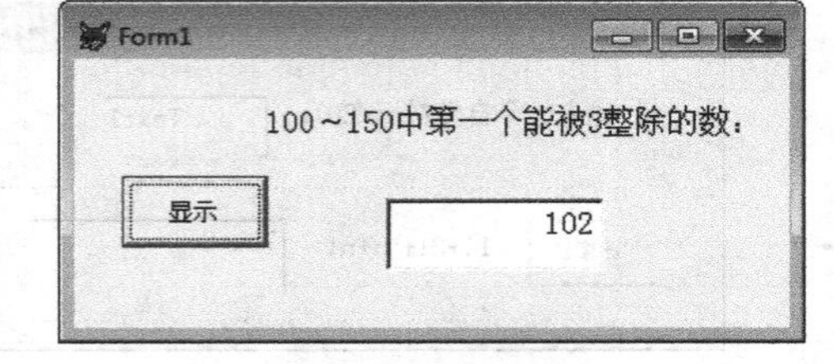

图 2. 50　表单运行界面

【例 2. 17】　设计如图 2. 51 所示的表单，表单文件名为 ex2-17. scx。运行该表单，单击“Command1”按钮，标签 Label1 显示什么？

“Command1”按钮的 Click 事件代码如下：

```
K=. T.
Y=10
X=""
do whilk K
    Y=Y+1
    if Y/5=INT(Y/5)
        X=X+STR(Y,3)
      else
            LOOP
      endif
      if Y>30
        K=. F.
      endif
enddo
Thisform. Label1. Caption=X
```

分析：

根据题意逐次执行循环结构，由于循环中有 LOOP 语句，当执行到该语句时，就终止本次循环，即返回循环的开始语句执行下一次循环，因此，程序执行结果如图 2. 52 所示。

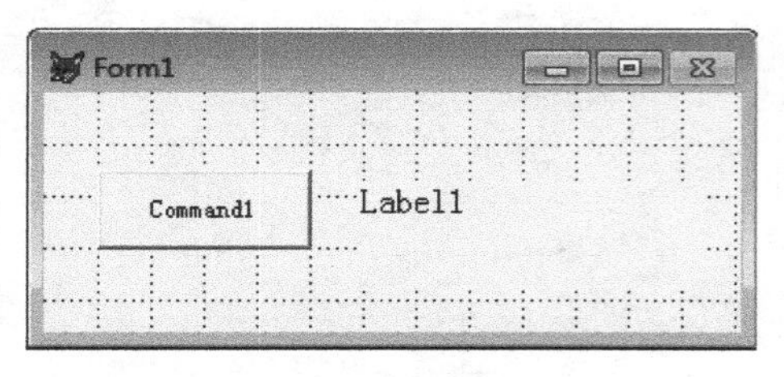

图 2. 51　表单设计界面

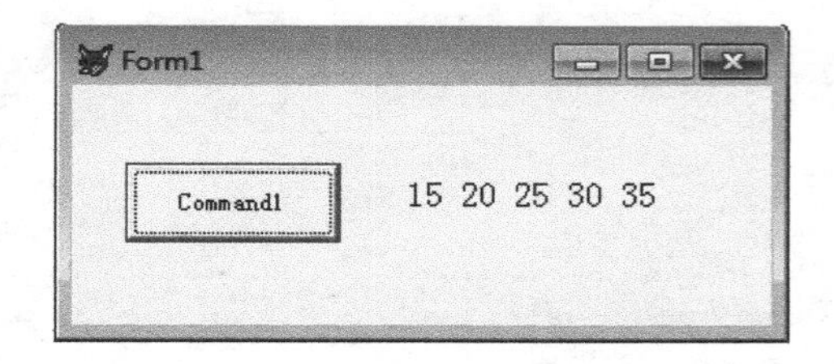

图 2. 52　表单运行界面

2. 3. 6　LOOP 和 EXIT 语句

在循环结构中经常可使用两个特殊语句 LOOP 和 EXIT 来改变程序的正常循环。LOOP 通常又称为中途复始语句或短路语句。EXIT 通常又称为中途退出语句或循环终止语句，但是只能退出一层循环。如果在 DO WHILE 循环、FOR 循环、SCAN 循环语句中含有 LOOP 语句，当遇到 LOOP 语句时，则忽略 LOOP 后面的语句序列，结束本次循环，去再次计算<条件表达式>的值，如【例 2. 17】中 LOOP 的用法；当遇到 EXIT 语句时，则无条件退出本层循环，执行 ENDDO、ENDFOR、ENDSCAN 之后的语句，如【例 2. 16】中 EXIT 的用法。如图 2. 53 所示为 DO WHILE 循环中含有 LOOP 及 EXIT 语句的情况。

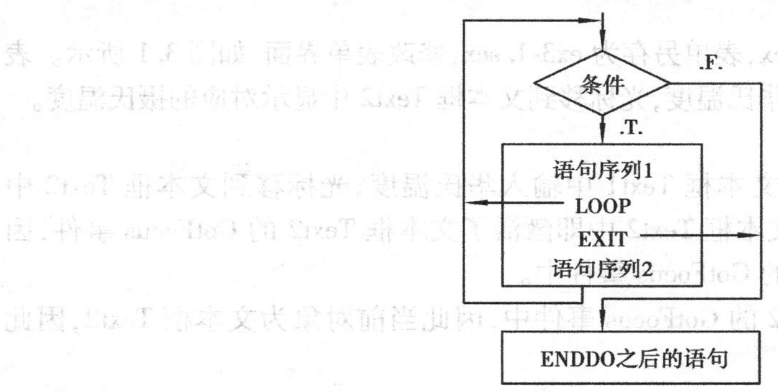

图 2. 53　含有 LOOP 或 EXIT 的 DO WHILE 循环结构

3 表单与控件设计

3.1 面向对象基本概念

3.1.1 表单设计实例

【例 3.1】 打开表单 ex1-1. scx,表单另存为 ex3-1. scx,修改表单界面,如图 3.1 所示。表单运行后,在文本框 Text1 中输入华氏温度,光标移到文本框 Text2 中显示对应的摄氏温度。

分析:

①根据题意,表单运行后,在文本框 Text1 中输入华氏温度,光标移到文本框 Text2 中显示对应的摄氏温度,光标移到文本框 Text2 中即激活了文本框 Text2 的 GotFocus 事件,因此应该将代码放到文本框 Text2 的 GotFocus 事件中。

②由于代码放在文本框 Text2 的 GotFocus 事件中,因此当前对象为文本框 Text2,因此可以用 This 来表示文本框 Text2。

③操作该实例前首先要设置默认路径为“e:\第 3 章实例”文件夹。

实例操作提示:

①文本框 Text2 的 GotFocus 事件代码如下:

```
fas=thisform. text1. value
cels=5 * (fas-32)/9
this. value=round(cels,1)
```

②保存并运行该表单,界面如图 3.2 所示。

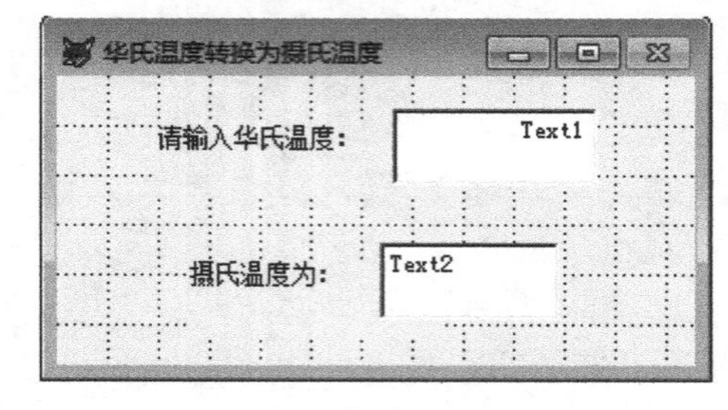

图 3.1 表单设计界面

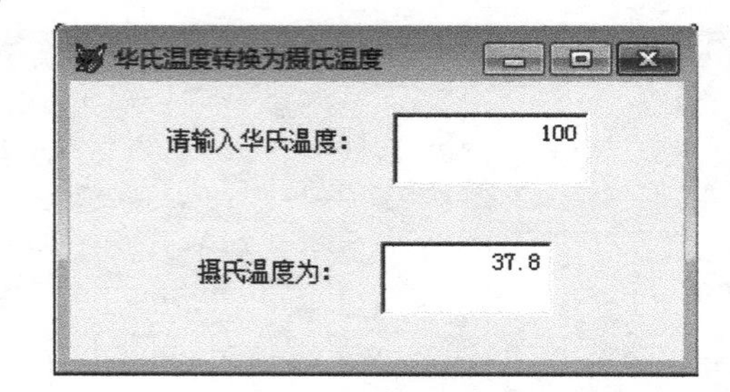

图 3.2 表单运行界面

【例 3.2】 打开表单 ex2-1. scx，表单另存为 ex3-2. scx，修改表单界面，如图 3.3 所示。表单运行后，在文本框 Text1 中输入圆的半径，按回车键，在文本框 Text2 中显示圆的面积。

分析：

①根据题意，表单运行后，在文本框 Text1 中输入圆的半径，按回车键，在文本框 Text2 中显示圆的面积，在文本框 Text1 中输入后按回车键即激活了文本框 Text1 的 LostFocus 或 Valid 事件，因此应该将代码放到文本框 Text1 的 LostFocus 或 Valid 事件中。

②由于代码放在文本框 Text1 的 LostFocus 或 Valid 事件中，因此当前对象为文本框 Text1，因此可以用 This 来表示文本框 Text1。

③操作该实例前首先要设置默认路径为“e:\第 3 章实例”文件夹。

实例操作提示：

①文本框 Text1 的 LostFocus 或 Valid 事件代码如下：

```
r=this. value
s=pi() * r^2
thisform. text2. value=round(s,1)
```

②保存并运行该表单，界面如图 3.4 所示。

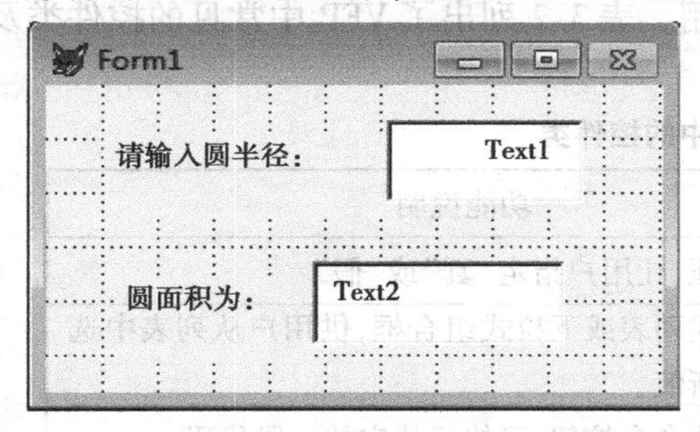

图 3.3 表单设计界面

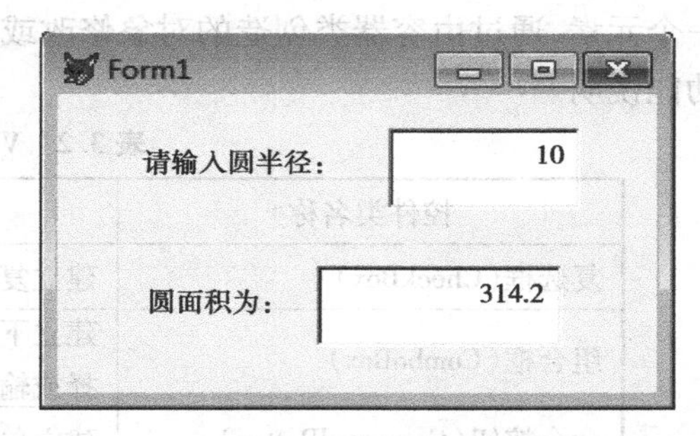

图 3.4 表单运行界面

3.1.2 VFP 的基类

基类是 VFP 系统内部定义的类，并不存放在某个类库中，在很多情况下，用户要用到 VFP 所提供的基类。VFP 中的基类分成容器类和控件类，相应地，可以分别生成容器对象和控件对象。关于它们的应用，将在下一章作具体的讨论。

容器类可以包含其他对象，并且允许访问这些对象。例如，表单是一个容器类对象，其中可以加入列表框、编辑框、命令按钮等控件类对象。表 3.1 列出了 VFP 中常见的容器类及其能够包含的对象。

表 3.1 容器类与包含的对象

容器类名称	包含的对象
表单集(FormSet)	表单、工具栏
表单(Form)	页框、任意控件、容器或自定义对象
表列格(Column)	表头和除表单集、表单、工具栏、计时器和其他列以外的其余任一对象

续表

容器类名称	包含的对象
表格(Grid)	表格列
命令按钮组(CommandGroup)	命令按钮
选项按钮组(OptionGroup)	选项按钮
页框(PageFrame)	页面
页面(Page)	任意控件、容器和自定义对象
工具栏(ToolBar)	任意控件、页框和容器
容器(Container)	任意控件
自定义(Custom)	任意控件、页框、容器和自定义对象

控件类不能容纳其他对象,它没有容器类灵活。命令按钮是一个控件类对象,在其中不可放入其他对象。由控件类创造的对象,不能单独使用和修改,它只能作为容器类中的一个元素,通过由容器类创造的对象修改或使用。表3.2列出了VFP中常见的控件类及其功能说明。

表3.2　VFP中的控件类

控件类名称	功能说明
复选框(CheckBox)	建立复选框,让用户指定"真"或"假"
组合框(ComboBox)	建立下拉式列表或下拉式组合框,供用户从列表中选择或输入新值
命令按钮(CommandButton)	建立单一的命令按钮,可执行特定的一段代码
标签(Label)	用于显示静态文本
编辑框(EditBox)	用于显示并编辑文本
文本框(TextBox)	用于在一行中接收用户的输入
列表框(ListBox)	用于显示一系列可滚动的条目
图像(Image)	用于显示一幅图像
线条(Line)	用于创建各种线条
形状(Shape)	用于画出矩形、正方形、圆形和椭圆
微调(Spinner)	用于在一个范围内增加和减少一个整数值的
计时器(Timer)	用于定时触发事件以及设置触发事件之间的间隔

3.1.3　对象的属性、事件和方法

1. 属性(Property)

属性是用来描述和反映对象特征的参数,对象中的数据就保存在属性中。对象属性常

见有:控件名称(Name)、标题(Caption)、颜色(Color)、字体(FontName)、是否可见(Visible)等,这些属性决定了对象展现给用户的界面具有什么样的外观及功能。在 VFP 中,可以在"属性"窗口中修改一个对象的属性。

VFP 对象的属性分为三类:数据、布局和其他。一个对象可能有多达六七十种属性。但在程序设计中,并非所有属性都要了解并进行设置。通常一个应用软件,只需要修改对象的最常用的几个属性值即可,其他大部分的属性使用默认值。表 3.3 中给出了 VFP 中对象的常用属性。

表 3.3 VFP 中对象常用属性

属性名称	意 义	解 释
左起始位(Left)	设定对象的左边起始位置	单位像素点。数值
上起始位(Top)	设定对象的顶边起始位置	单位像素点。数值
宽度(Width)	对象的宽度	单位像素点。数值
高度(Hight)	对象的高度	单位像素点。数值
控制源(Controlsource)	指定与对象绑定的数据源,一般是指一个变量或数据表字段的名称	例如,对于一个文本框来说,指定一个变量为其控制源,那么在文本框中输入的数据就会存贮到这个变量中
名称(Name)	对象的名字	字符型
可用(Enabled)	指对象在运行期可以使用	逻辑值,默认值的真。如果对象不可用,该对象以灰色显示,焦点不能移到对象上,对象也不能触发任何事件,该对象的方法程序不可用
只读(Readonly)	对象的内容可见,但不能修改	逻辑值,默认.F.
可见(Visible)	对象运行时,是否可见	逻辑值,默认.T.
粗体字(FontBold)	对象显示内容的字体加粗	逻辑型,默认.F.

2. 事件(Event)

事件是指预先设计好的、能够被对象识别和响应的动作。可以为事件编写相应的程序代码,这样,当某个事件发生时,该程序代码就会自动地被调用执行,从而达到程序控制的目的。事件是由系统预先定义的,不能修改、增加和删除。事件可以由一个用户的动作产生,如单击鼠标或按下一个键;也可以由系统产生,如计时器。

表 3.4 给出了 VFP 中对象的常用事件及触发方式。

表 3.4 VFP 中对象的常用事件

事 件	事件发生的运行状态
Load	创建对象之前
Init	创建对象

续表

事　件	事件发生的运行状态
Destroy	从内存中释放对象
DblClick	鼠标左键双击对象
RightClick	鼠标右键单击对象
GotFocus	对象接收焦点，由用户动作引起，如按“Tab”键或单击，或者在代码中使用“SetFocus”方法程序
LostFocus	对象失去焦点，由用户动作引起，如按“Tab”键或单击，或者在代码中使用“SetFocus”方法程序使焦点移到别的对象上
KeyPress	用户按下或释放键
When	接受焦点前触发，返回假，对象不能获得焦点
Valid	合法数据校验。当对象要失去焦点时，该事件触发，返回假，对象不能失去焦点

说明：焦点（Focus）是指某个时刻，在多个对象中，允许一个选定的对象被操作。对象被选定时，它就获得了焦点。焦点的标志可以是文本框内的输入点（竖线光标）、命令按钮的虚线框等。焦点一般由用户动作引起，如按“Tab”键或单击控件对象，也可以通过在事件代码中使用 SetFocus 方法程序让某个控件获得焦点。

3. 方法（Method）

方法是指对象自身可以进行的动作或行为。它实际上是对象本身所内含的一些特殊的函数或过程，以便实现对象的一些固有功能。可以通过调用对象的方法实现该对象的动作及行为。比如，通过“转向”方法使方向盘对象旋转，从而使车轮转向。VFP 程序中每个窗口或控件对象，也具有改变其行为或实现某个特定操作的方法，如窗口可以被“显示（Show）”或被“隐藏（Hide）”等。

在面向对象的程序设计过程中，可以为对象创建新的属性和方法程序。

直接调用的对象方法程序不多，主要有：刷新（Refresh）；设置焦点（Setfocus）；激活显示表单（Show）；隐藏表单（Hide）。

ReFresh 重新显示对象，并刷新所有值。可使用 Refresh 强制地完全重画表单或控件对象，并更新控件的值。若要在加载另一个表单的同时显示某个表单，或更新控件的内容时，Refresh 很有用。

SetFocus 设置焦点方法是将焦点放到控件上。比如希望启动表单后，直接将焦点设置为第二个命令按钮上，可以在表单的 Init 事件中输入这样的代码：thisform. command2. setfocus。

Show 显示表单，Hide 隐藏表单，此时表单并没有从内存中删除。这两个方法常用于一个表单集的数个表单之间显示和隐藏切换。

3.1.4 面向对象的编程模型

面向过程的程序设计,它强调“过程”,通过对一系列过程的调用和处理来完成解题,整个程序的流程是程序设计者事先安排好的,即编写程序时要考虑好什么时候发生什么事情。而使用面向对象程序设计,则是以“对象”为出发点,重点考虑执行程序设计功能的对象模型,着重于建立能够模拟需要解决问题的现实世界的对象。

在面向对象的程序设计中,对象是组成软件的基本元件。每个对象可看成是一个封装起来的独立元件,在程序里担负着某个特定的任务。因此,在程序设计时,不必知道对象的内部细节,只是在需要时,对对象的属性进行设定和控制,书写相应的事件代码即可。对象和应用程序的关系如图 3.5 所示。

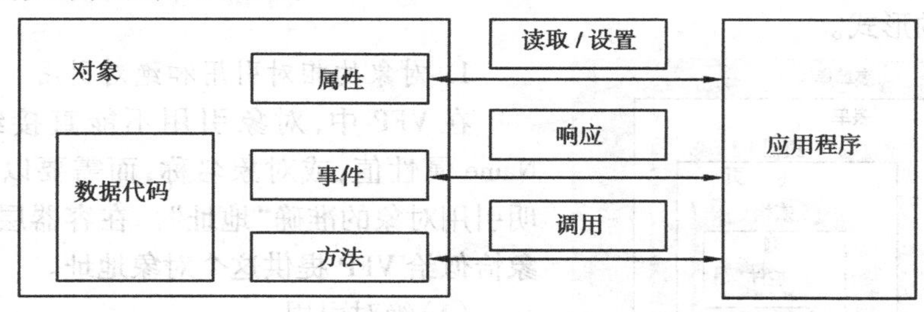

图 3.5 面向对象编程模型

例如,要使用电视机,只要知道操作方法就行了,普通用户根本就不需要了解电视机内部的运转方式,更不需要知道其内部的电路结构。

由前面的实例我们知道,面向对象的程序在执行时,会先等待某个事件的发生,然后再去执行处理此事件的事件过程(即程序代码)。事件过程要经过事件的触发才会被执行,这种动作模式就称为事件驱动,也就是说,由事件控制整个程序的执行流程。执行步骤如下:

①等待事件的发生;

②事件发生时,执行其对应的事件过程;

③重复步骤①。

由此周而复始地执行,直到程序结束。

相应地,面向对象编程的基本过程是:先创建容器对象→定义数据环境→摆放控件对象→设置对象属性→为事件编写程序代码。

通过事件驱动模型,可以理解表单及控件在运行期间各种“事件”的触发顺序,为程序设计的逻辑提供一个参考。比如,表单内的各个控件的 Init 事件比表单自身的 Init 事件要早一些触发。因此,不能在控件的 Init 事件中编写有关表单属性值的修改代码,因为此时表单还没有创建。

容器与控件的事件驱动原则:

①容器不处理与所包含的控件相关联的事件。

②若没有与某控件相关联的事件代码,则 VFP 在该控件所在类的层次结构中逐层向上检查是否有与此事件相关联的代码。

当用户以任意一种方式(使用"Tab"键将焦点移到控件、单击鼠标、将鼠标指针移至控件上等)与对象交互时,对象事件被触发。每个对象只接收自己的事件。例如,尽管命令按钮位于表单上,当用户单击命令按钮时,不会触发表单的 Click 事件,只触发命令按钮的 Click 事件。

若没有与命令按钮相关联的 Click 事件代码,尽管有与表单相关联的 Click 事件代码,当用户单击按钮时,也不会执行与表单相关联的 Click 事件代码。当事件发生时,只有与事件相关联的最底层对象识别该事件,高层的容器不识别这个事件。

3.1.5 在容器分层结构中引用对象

若要处理一个对象,需要知道它相对于容器分层结构的关系。如图 3.6 列出了一些容器嵌套组织的形式。

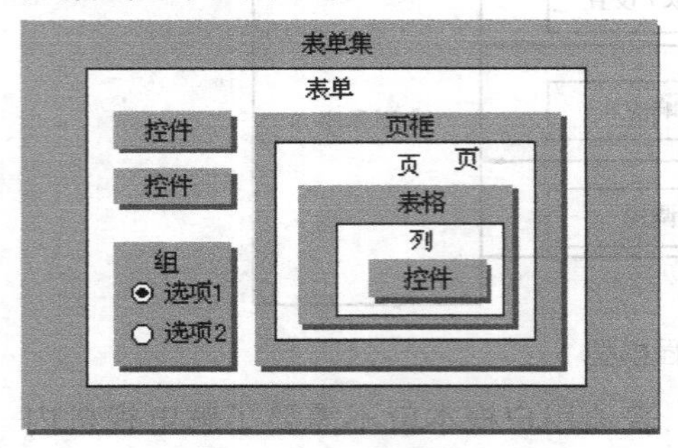

图 3.6 容器的嵌套结构示例

1. 对象的相对引用和绝对引用

在 VFP 中,对象引用不能直接给出对象的 Name 属性值,或对象名称,而需要以不同方式说明引用对象的准确"地址"。在容器层次中引用对象恰似给 VFP 提供这个对象地址。

(1)绝对引用

绝对引用是从最顶层容器(表单集或表单)开始,由外到内,分级说明(用圆点分隔对象名称)的一种引用对象的方法。最高层的容器名称不是其 Name 属性值,而是其表单或表单集文件名。除非使用 DO FORM 命令中的 NAME 子句改变表单或表单集名称。例如若要改变表单中一个 CmdButton1 命令按钮的标题,这个表单保存在 Custview. scx 文件中,可在程序中使用下面的绝对引用语句:

CustView. cmdButton1. Caption = " Edit"

但不能使用:Form1. cmdButton1. Caption = " Edit"

(2)相对引用

相对引用可在表单或表单集中使用关键字 THIS(对象自身)、THISFORM(当前表单)等相对引用对象。例如,要想在单击命令按钮时改变它的标题,可在命令按钮的 Click 事件代码中包含下面的命令:

THIS. Caption = " Edit"

常用的相对引用关键字有:

- Parent:对象的直接容器。
- THIS:对象或对象的过程或事件。
- THISFORM:包含对象的表单。
- THISFORMSET:包含对象的表单集。

对象引用的格式是:对象地址 . 对象名 . 对象的属性、事件或方法程序

对象的地址即是该对象在容器分层的结构中的位置指示,通常由相对引用关键字和容器名组成。表 3.5 给出了相对引用对象的示例。

表 3.5 对象引用关键字示例

程序语句	释 义
thisform. cmd1. caption =' OK'	设置表单中 cmd1 控件的标题值
this. caption =' OK'	改变当前控件的标题
this. parent. backcolor = RGB(192,0,0)	设置当前控件的父控件的背景色。若当前控件是表单中的一级控件,这个命令将表单的背景颜色改为暗红色

2. 对象的属性及其引用

可以通过以下两种方法设置对象的属性:

- 在设计阶段利用属性窗口的属性框直接设置对象的属性。
- 在程序代码中通过赋值实现,其格式为:

对象地址.对象.属性=属性值

例如,给一个表单中的命令按钮(Command1)的 Caption 属性值赋值为“确定”,其在程序代码中的书写形式为:

```
thisform. command1. caption="确定"
```

3. 对象的方法程序及其引用

对象方法的引用格式为:

对象地址.对象.方法

例如:表单的释放(关闭)需要引用 Release 方法程序,程序代码如下:

```
thisform. release
```

3.2 常用控件的使用

3.2.1 表单设计实例

【例 3.3】 设计如图 3.7 所示的简易登录表单,文件名为:ex3-3. scx,表单运行后用户可以在组合框中录入或选择用户名(假设用户名、密码分别为:刘江、123456;王洪、wh123;吴锋、wu11),输入密码(密码显示为“ * ”)后敲回车键,弹出提示框验证登录是否成功(如果用户名和密码一致则验证成功,否则验证不成功)。

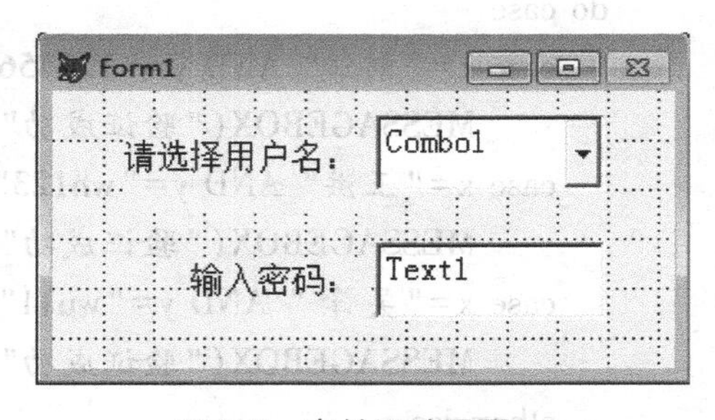

图 3.7 表单设计界面

分析:

①组合框 Combo1 的设计步骤如下:

◇单击“表单控件”工具栏的组合框按钮,在表单适当位置添加组合框 Combo1。

◇右键单击组合框 Combo1,在弹出的快捷菜单中选择“生成器”,弹出“组合框生成器”对话框,在“用此填充列表”中选择“手工输入数据”,在下方列表框的“列 1”中依次输入“刘江”“王洪”“吴锋”,然后单击“确定”按钮,组合框设计完成,如图 3.8 所示。

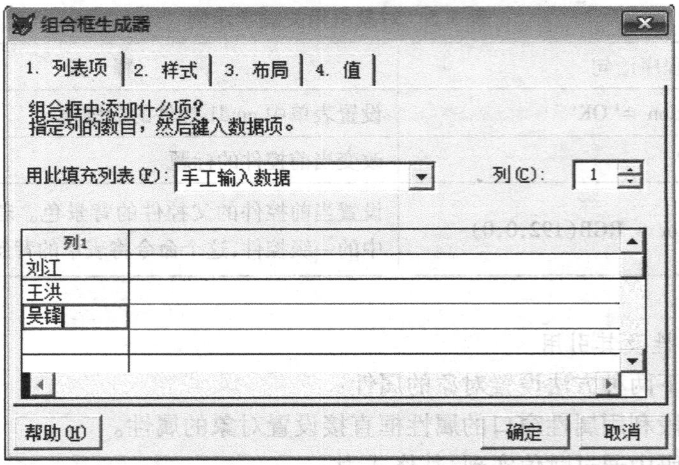

图 3.8　利用组合框生成器手工输入数据

②密码显示为“ * ”,即将文本框 Text1 的 Passwordchar 属性设置为“ * ”。

③根据题意,表单运行后,在组合框 Combo1 中选择用户名,在文本框 Text1 中输入密码,敲回车键,弹出提示框显示验证是否成功。本问题激活了文本框 Text1 的 Lostfocus 或 Valid 事件,因此应该将代码放到文本框 Text1 的 LostFocus 或 Valid 事件中。

④由于代码放在文本框 Text1 的 LostFocus 或 Valid 事件中,因此当前对象为文本框 Text1,因此可以用 This 来表示文本框 Text1。

⑤操作该实例前首先要设置默认路径为“e:\第 3 章实例”文件夹。

实例操作提示:

①文本框 Text1 的 Passwordchar 属性设置为“ * ”,文本框 Text1 的 LostFocus 或 Valid 事件代码如下:

```
x=thisform. combo1. value
y=this. value
do case
   case x="刘江" AND y="123456"
        MESSAGEBOX("验证成功")
   case x="王洪" AND y="wh123"
        MESSAGEBOX("验证成功")
   case x="吴锋 " AND y="wu11"
        MESSAGEBOX("验证成功")
   otherwise
        MESSAGEBOX("用户名或密码不正确,请重新输入!")
        This. Value=""
ENDCASE
```

②保存表单,文件名为 ex3-3. scx。运行该表单,界面如图 3.9 所示。

【例 3.4】 设计如图 3.10 所示的表单,文件名为:ex3-4. scx,运行表单后,在组合框中选择“奇数和”“偶数和”,可以在文本框中显示 100 以内的奇数和与偶数和。

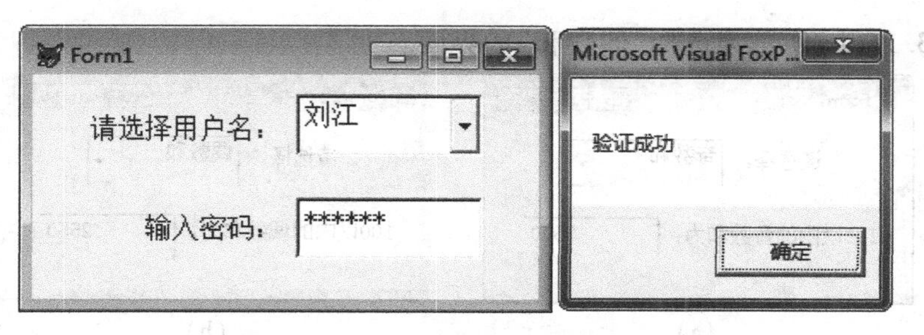

图 3.9　表单运行界面

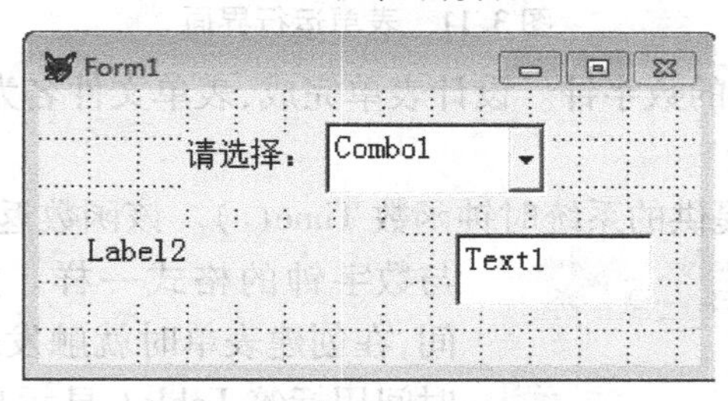

图 3.10　表单设计界面

分析：

①在组合框 Combo1 的生成器中手工输入：奇数和、偶数和。

②本问题激活了组合框 Combo1 的 InteractiveChange 事件，因此应该将代码放到组合框 Combo1 的 InteractiveChange 事件中。

③由于代码放在组合框 Combo1 的 InteractiveChange 事件中，因此当前对象为组合框 Combo1，因此可以用 This 来表示组合框 Combo1。

④操作该实例前首先要设置默认路径为“e:\第 3 章实例”文件夹。

实例操作提示：

①组合框 Combo1 的 InteractiveChange 事件代码如下：

```
do case
    case this. value = " 奇数和"
        s = 0
        for i = 1 to 100 step 2
            s = s+i
        endfor
    case this. value = " 偶数和"
        s = 0
        for i = 2 to 100 step 2
            s = s+i
        endfor
endcase
thisform. label2. caption = " 100 以内的" +this. value+" 为 :"
thisform. text1. value = s
```

②保存表单，文件名为 ex2-21. scx。运行该表单，如图 3. 11(a)所示为选择“奇数和”的

界面，如图 3. 11(b)所示为选择“偶数和”的界面。

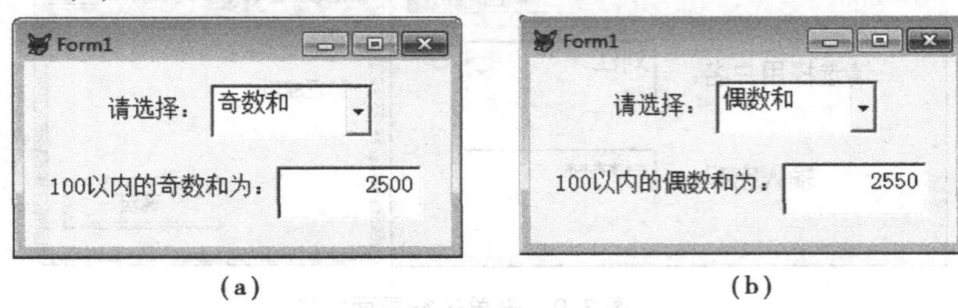

图 3. 11　表单运行界面

【例 3. 5】　制作简易的数字钟。设计表单完成，表单文件名为 ex3-5. scx。

分析：

①本例要利用 VFP 提供的系统时钟函数 Time( )。该函数返回当前系统时间，其格式与数字钟的格式一样。为了保证显示正确的时间，在创建表单时就触发表单的 Init 事件，将当前时间用标签 Lable1 显示出来，然后利用计时器控件，每隔 1 秒钟调用一次 Time( )函数，并把它的值用标签显示出来。

图 3. 12　表单设计界面

②该表单的设计界面如图 3. 12 所示。

注意：在表单设计中，计时器控件是可见的；当运行表单后，计时器控件是不可见的。

③主要对象的属性如表 3. 6 所示。

表 3. 6　简易时钟主要属性值列表

对　象	属性名	设置值
Label1	BackColor	255. 255. 255
	Fontname	verdana
	Fontsize	36
Timer1	Interval	1 000

④操作该实例前首先要设置默认路径为“e:\第 3 章实例”文件夹。

实例操作步骤：

①在表单 Form1 的 Init 事件的代码窗口输入代码：thisform. label1. caption = time( )

②在计时器 Timer1 的 Timer 事件的代码窗口输入代码：thisform. label1. caption = time( )

③保存表单，文件名为：ex3-5. scx。表单运行后如图 3. 13 所示，计时器控制的标签的秒数在不停地变化。

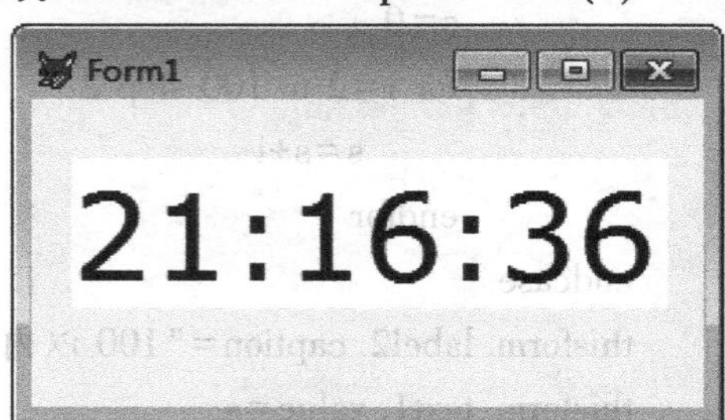

图 3. 13　表单运行界面

3.2.2 组合框和计时器的使用

1. 组合框(Combo)

组合框兼有列表框和文本框的功能。可以在文本框中输入数据,也可以在列表框中选择数据项。有两种形式的组合框,即下拉组合框和下拉列表框。它们的不同之处在于下拉组合框的取值允许通过键盘直接输入,而下拉列表框的取值则只能从下拉列表中选取。下拉列表框的特点是平时不占用过多的空间,只显示一个默认或选择的值。需要时,再按▼按钮弹出列表框供用户选择。如【例 3.3】、【例 3.4】中组合框的用法。

下拉组合框通常简称组合框,它允许用户输入列表中没有的数据。可以把它与数据表联系,既可以列出数据表中已有的内容,也可以向数据表输入新内容。

组合框的设计步骤大致分为:

①选择数据源的类型(RowSourceType);

②指定数据源的名称或内容(RowSource);

③设置列数(ColumnCount)、绑定列(BoundColumn)、设定控制源(ControlSource)等。

注意:除了可以利用组合框的属性设计组合框外,还可以利用组合框生成器设置组合框,如本例中的两个组合框都是通过生成器与相关数据绑定的。

组合框的常用属性如表 3.7 所示。

表 3.7 组合框的常用属性

属 性	说 明
BoundColumn	如果有多列,将指定列号的数据绑定到该控件的 Value 属性上
ColumnCount	组合框的列数
ControlSource	指定与组合框对象建立联系的数据源。当用户从组合框中选定某个列表项时,将会把该列表项的值赋予对应的数据源
ColumnWidths	指定列宽。可以同时指定多列宽度,如 34,36,78
ListCount	列表总项目数
RowSource	列表中显示的值的来源。确定 RowSource 是下列哪种类型:一个值、表、SQL 语句、查询、数组、字段列表、文件列表、结构
RowSourceType	确定 RowSource 的类型
Style	指定组合框的类型是下拉列表框还是下拉组合框,默认为 0 —下拉组合框
Value	组合框控件的当前值

2. 计时器(Timer)

计时器是利用系统时钟触发计时器的 Timer 事件,响应某个功能。在一定的时间间隔周期性地执行某些重复操作。Timer 事件是由系统激发的,该事件每隔 Interval 属性所设置的毫秒数便自动触发一次。Timer 事件发生后,计时器重新回零。如果计时器仍然有效,则又开始另一次计时。计时器与所在的容器关联,如果计时器容器被清除,计时器不起作用。

如【例 3.5】中计时器的用法。

计时器的主要属性是 Interval，指定需要间隔的时间值，注意该值是以毫秒为单位的，即 1 秒应设为 1 000。间隔的范围从 0～2 147 483 647，这意味着最长的间隔约为 596.5 h（超过 24 d）。**注意：间隔并不能保证经历时间的精确性。为确保其精确度，计时器应及时检查系统时钟，不以内部累积的时间为准。系统每秒钟产生 18 次时钟跳动，虽然 Interval 属性是以毫秒作为计量单位，但间隔的真正精确度不会超过** $\frac{1}{18}$ s。

计时器的 Enabled 属性和其他对象的 Enabled 属性不同。对大多数对象来说，Enabled 属性决定对象是否能对用户引起的事件作出反应。对计时器控件来说，将 Enabled 属性设置为"假(.F.)"，计时器会停止计时。

3.2.3 表单设计实例

【例 3.6】 在编辑框中显示 100 以内的奇数，每行显示 8 个数。设计表单完成，表单文件名为 ex3-6.scx。

实例操作提示：

①操作该实例前首先要设置默认路径为"e:\第 3 章实例"文件夹。

②设计如图 3.14 所示的表单界面。

③"输出"命令按钮的"Click"事件代码如下：

```
k=0
for i=1 to 100 step 2
k=k+1
thisform.edit1.value=thisform.edit1.value+str(i,5)
if k%8=0
    thisform.edit1.value=thisform.edit1.value+chr(13)
endif
endfor
```

④保存并运行该表单，界面如图 3.15 所示。

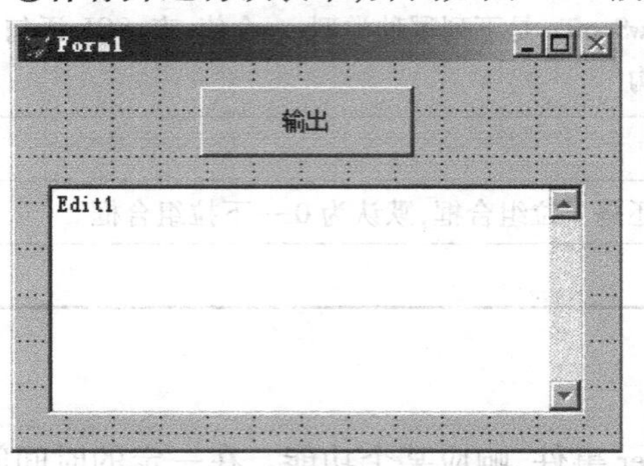

图 3.14 表单设计界面

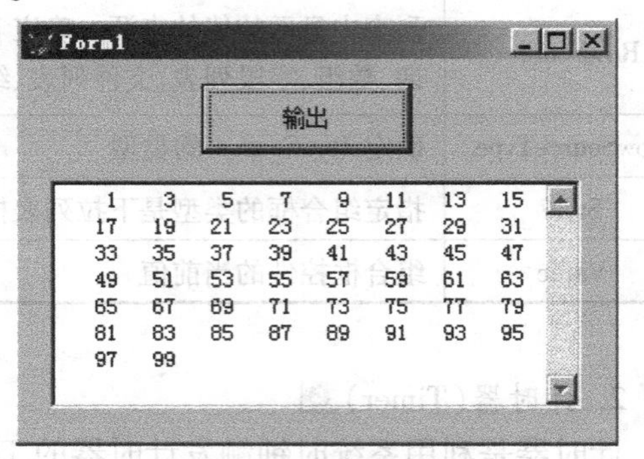

图 3.15 表单运行界面

【例 3.7】 在编辑框中输出大写字母表。设计表单完成，表单文件名为 ex3-7.scx。

实例操作提示：

①操作该实例前首先要设置默认路径为“e:\第 3 章实例”文件夹。

②设计如图 3.16 所示的表单界面。

③“输出”命令按钮的“Click”事件代码如下：

```
n=0
for i=asc("A") to asc("Z")
thisform.edit1.value=thisform.edit1.value+ chr(i) +space(2)
n=n+1
if n%6=0
    thisform.edit1.value=thisform.edit1.value+ chr(13)
endif
endfor
```

④保存并运行该表单，界面如图 3.17 所示。

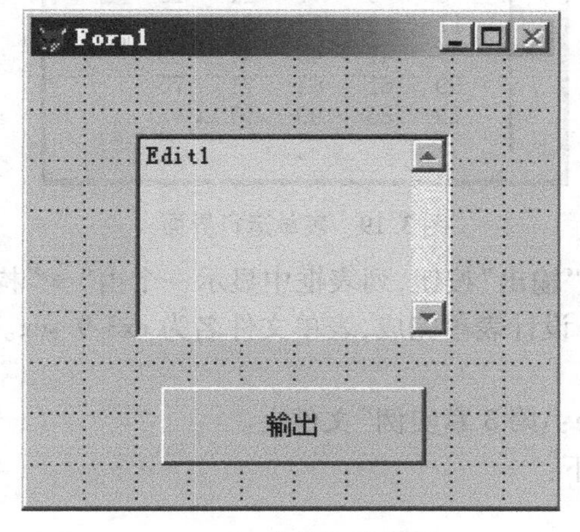

图 3.16　表单设计界面

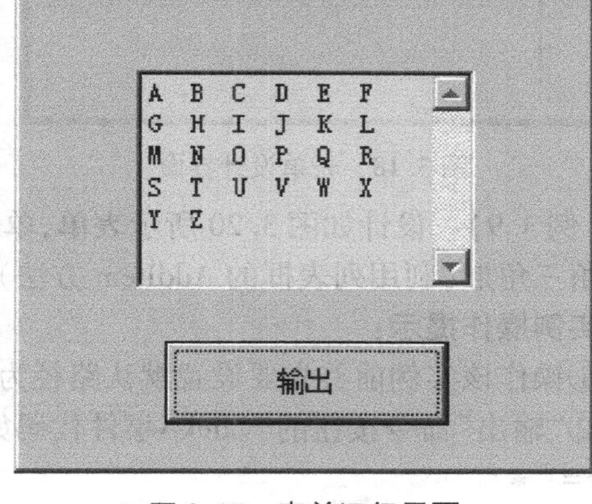

图 3.17　表单运行界面

【例 3.8】　在编辑框中输出 3~100 的所有素数。设计表单完成，表单文件名为ex3-8.scx。

实例操作提示：

①操作该实例前首先要设置默认路径为“e:\第 3 章实例”文件夹。

②设计如图 3.18 所示的表单界面。

③“输出”命令按钮的“Click”事件代码如下：

```
k=0
for x=3 to 100
for n=2 to sqrt(x)
    if mod(x,n)= 0
        exit
    endif
endfor
if n>sqrt(x)
```

```
thisform. edit1. value=thisform. edit1. value+str(x,5)
k=k+1
if k%5=0
        thisform. edit1. value=thisform. edit1. value+chr(13)
  endif
 endif
endfor
```

④"关闭"按钮的 Click 事件代码:thisform. release

⑤保存并运行该表单,界面如图 3. 19 所示。

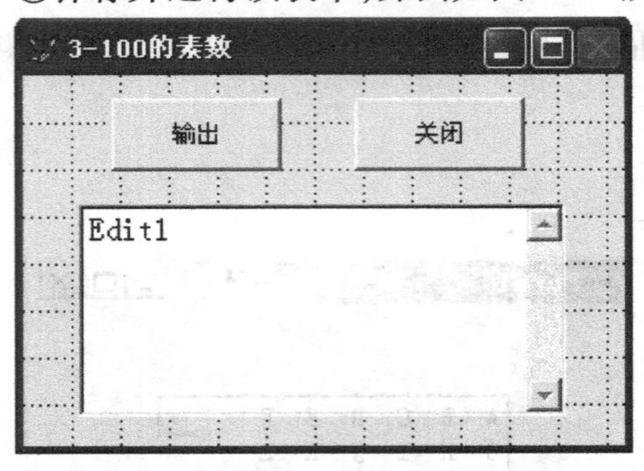

图 3. 18　表单设计界面

图 3. 19　表单运行界面

【例 3. 9】　设计如图 3. 20 所示表单,单击"输出"按钮,列表框中显示一个由" * "构成的直角三角形(利用列表框的 AddItem 方法)。设计表单完成,表单文件名为 ex3-9. scx。

实例操作提示:

①操作该实例前首先要设置默认路径为"e:\第 3 章实例"文件夹。

②"输出"命令按钮的"Click"事件代码如下:

```
y=" * "
for i=1 to 6
  thisform. list1. additem(y)
  y=y+" * "
endfor
```

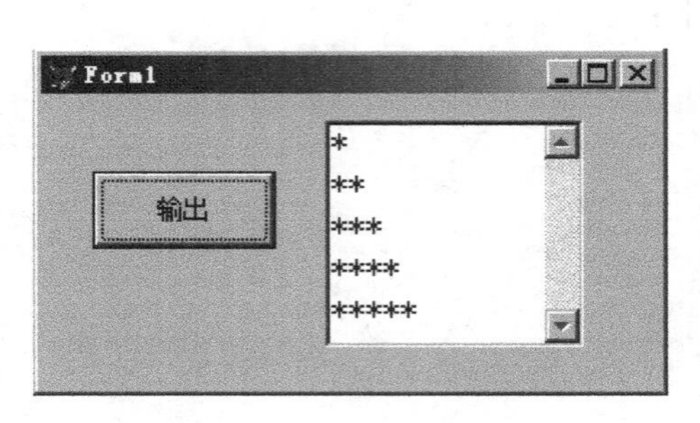

图 3. 20　表单运行界面

图 3. 21　表单运行界面

【例 3.10】 设计如图 3.21 所示表单,单击"直角"按钮,列表框中显示一个由"＊"构成的直角三角形,单击"关闭"按钮退出表单(利用列表框的 AddListItem 方法)。设计表单完成,表单文件名为 ex3-10. scx。

实例操作提示:

①操作该实例前首先要设置默认路径为"e:\第 3 章实例"文件夹。

②"直角"命令按钮的"Click"事件代码如下:

```
Thisform. list1. clear        && 清空列表框
n=5
for x=1 to n
   for y=1 to x
      thisform. list1. addListItem(" * ",x,y)       && 为列表框添加数据
   endfor
endfor
```

③"关闭"按钮的 Click 事件代码:thisform. release。

【例 3.11】 在列表框中输出斐波拉切数列的前 20 项,每行显示 5 个数。设计表单完成,表单文件名为 ex3-11. scx。

实例操作提示:

①操作该实例前首先要设置默认路径为"e:\第 3 章实例"文件夹。

②设计如图 3.22 所示的表单界面,列表框的 Columncount 属性初值为 5,ColumnLines 属性初值为 . F. ,ColumnWidths 属性初值为 30,30,30,30,30。

③"输出"命令按钮的"Click"事件代码如下:

```
f1=1
f2=1
thisform. list1. addlistitem("    1",1,1)
thisform. list1. addlistitem("    1",1,2)
x=1
y=3
for i=3 to 20
   f3=f1+f2
   thisform. list1. addlistitem(str(f3,5),x,y)
   f1=f2
   f2=f3
   y=y+1
   if y=6
      x=x+1
      y=1
   endif
endfor
```

④保存并运行该表单,界面如图 3.23 所示。

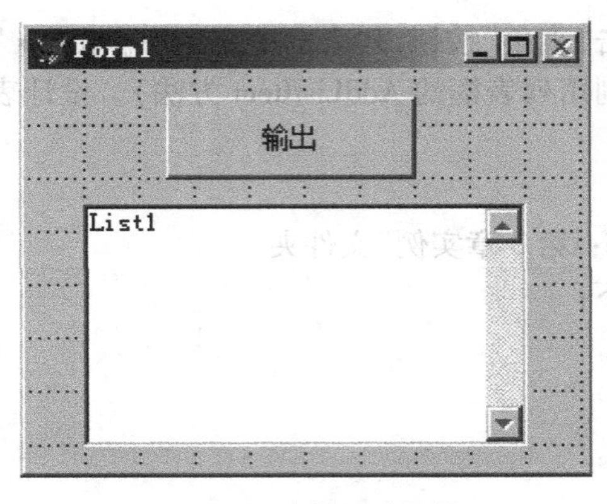

图 3.22 表单设计界面

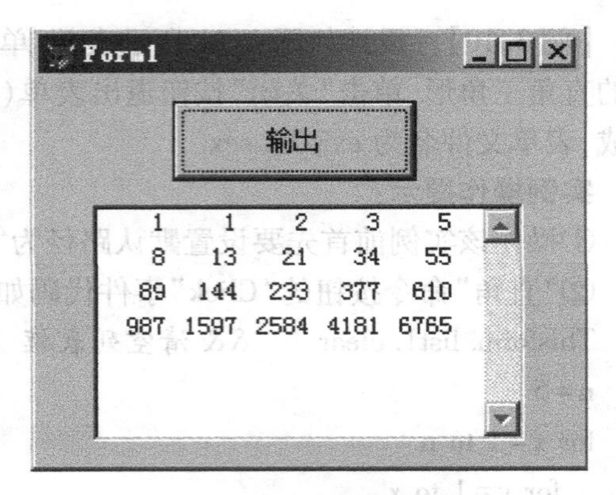

图 3.23 表单运行界面

3.2.4 编辑框、列表框的使用

1. 编辑框(Edit)

编辑框主要用于显示和编辑表的备注型字段的内容和较长的文字数据。在编辑框中文字随编辑框设置的尺寸自动换行,并能用方向键、PageUp 和 PageDown 键以及滚动条来浏览文本。

编辑框的属性与文本框类似,下面列出了编辑框常见的属性如表 3.8 所示。

表 3.8 编辑框的常用属性

属 性	说 明
ControlSource	指定与编辑框建立联系的数据源
ScrollBars	指定编辑框所具有的滚动条类型
Alignment	编辑框中文本的对齐方式
Enabled	指定编辑框是否响应用户引发的事件,默认为是
ReadOnly	指定编辑框中的文本是否允许被编辑,默认为允许被编辑

2. 列表框

列表框(List)和下拉列表框(即 Style 属性为 2 的组合框控件)事先为用户提供了一组可供选择的数据,它们排列在一个框中,如果候选数据项超过框的尺寸,会自动增加滚动条以便用户选择看不到的信息。在列表框中,任何时候都能看到多项数据,可以“选取”其中的一个数据项目;而在下拉列表框中,当前只能看到一个数据项,用户可单击▼按钮来“显示/选择”下拉列表框中的数据。列表框中的数据项(Item)就是表中的一行,允许同时显示多列数据。用户一旦选择某个数据项,则该项的数据值(如果是多列只能绑定一列)可以返回给一个变量或者传递给一个数据控制源。

如果表单上有足够的空间,并且想强调可以选择的项,则使用列表框;若要节省空间,并且想强调当前选定的项,则使用下拉列表框。

常用列表框的属性如表 3.9 所示。

表 3.9 列表框的常用属性

属 性	说 明
BoundColumn	如果有多列,将指定列号的数据绑定到该控件的 Value 属性上
ColumnCount	列表框的列数
ControlSource	指定与列表框对象建立联系的数据源。当用户从列表框中选定某个列表项时,将会把该列表项的值赋予对应的数据源
ColumnWidths	指定列宽。可以同时指定多列宽度,如 34,36,78
ListCount	列表总项目数
RowSource	列表中显示的值的来源
RowSourceType	确定 RowSource 的类型,见表 3.10
ListIndex	返回或设置列表框中当前被选中的数据项的索引号,范围 0~Listcount,其中,0 表示没有选中任何数据项
ListItemId	返回列表框中当前被选中的数据项的 ID 号
Value	列表框控件的当前值

列表框的常用事件主要有:单击(Click)、双击(DblClick)和通过鼠标或键盘操作使列表框的当前值发生变化的 InteractiveChange 事件。

列表框常用的方法:

(1)AddItem 和 AddListItem 方法

当 RowSourceType 属性设置为 0(默认值)或 1 时,可以调用 AddItem 和 AddListItem 方法程序为列表框添加数据项。

通常 AddItem 方法程序用于对列表框进行单列数据的添加,其语法格式如下:

AddItem(cItem[,nIndex][,nColumn])

说明:该方法给 RowSourceType 属性为 0 或 1 的列表框按索引号添加一项。其中 CItem 和 NColumn 表示要添加的数据项的内容和要加入的列。NIndex 表示索引号,如果指定的 NIndex 不存在,则该项数据添加到列表框的末尾;如果指定的 NIndex 已经存在,则将数据项插入到这个位置,原来的内容下移一个位置。例如,设计一表单,包含一个命令按钮和一个列表框,命令按钮的 Click 事件代码如下:

```
thisform.list1.addItem("第一项")
thisform.list1.addItem("第二项")
thisform.list1.addItem("第三项")
```

运行表单,当单击命令按钮,表单如图 3.24 所示。

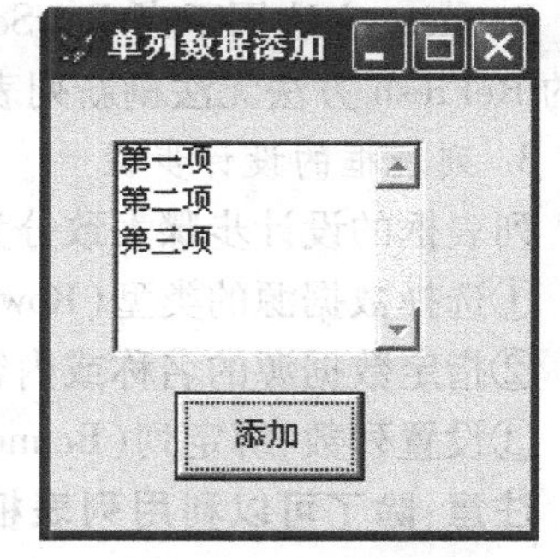

图 3.24 列表框中单列数据的添加

一般 AddListItem 方法程序向列表框中添加多列数据项,其语法格式如下:

addlistitem(cItem[,nitemid][,ncolumn])

说明：该方法给 RowSourceType 属性为 0 或 1 的列表框按 ID 号添加一项。其中 CItem 和 NColumn 表示要添加的数据项的内容和要加入的列。NItemID 表示要添加数据项的 ID 号。如果指定的 NItemID 不存在，则该项数据添加到列表框的末尾；如果指定的 NItemID 已经存在，则用 CItem 覆盖当前 NItemID 指定的数据项的内容。例如，设计一表单，包含一个命令按钮和一个列表框，命令按钮的 Click 事件代码如下：

```
thisform.list1.columncount = 4                    && 列表框列数
thisform.list1.columnwidths = "80,40,40,80"       && 每列的宽度(单位:象数点)
thisform.list1.addlistitem("王峰",1,1)            && 第 1 行第 1 列放"王峰"
thisform.list1.addlistitem("男",1,2)              && 第 1 行第 2 列放"男"
thisform.list1.addlistitem("学生",1,3)            && 第 1 行第 3 列放"学生"
thisform.list1.addlistitem("曹松",2,1)            && 第 2 行第 1 列放"曹松"
thisform.llist1.addlistitem("计算机专业",2,4)&& 第 2 行第 4 列放"计算机专业"
```

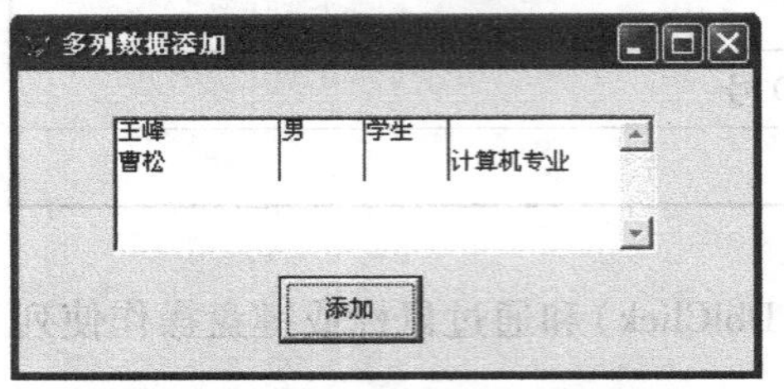

图 3.25　列表框中多列数据的添加

运行表单，当单击命令按钮，表单如图 3.25 所示。

本例中，"输出"按钮的"Click"事件代码中的命令 thisform.list1.addlistitem(" ",1,1)就是为列表框的 1 行 1 列的位置添加数据项，内容为空格。其循环体中，列表框的每一行数据的添加均采用了本方法。

(2)RemoveItem 和 RemoveListItem 方法

RemoveItem 和 RemoveListItem 方法分别按索引号和 ID 号从 RowSourceType 属性为 0 或 1 的列表框中删除数据项。例如，从列表框中删除索引号为 1 和 ID 号为 2 的数据项，可以使用如下代码：

```
thisform.list1.removeitem(1)
thisform.list1.removelistitem(2)
```

(3)Requery 方法

Requery 方法用于当 RowSource 中的值改变时更新列表。与其他控件不同，使用列表框的 ReFresh 方法无法刷新列表框的数据源。

3. 列表框的设计步骤

列表框的设计步骤大致分为：

①选择数据源的类型(RowSourceType)。

②指定数据源的名称或内容(RowSource)。

③设置列数、绑定列(BoundColumn)，设定控制源(ControlSource)等。

注意：除了可以利用列表框的属性设计列表框外，还可以利用列表框生成器设置列表框。

通过设置 RowSourceType 和 RowSource 属性，可以用不同数据源中的数据项填充列表框。表 3.10 给出了常用数据源类型及其设置的示例方法。

表 3.10 列表框常用数据源的类型和示例

RowSourceType	RowSource	RowSource 实例
1-值	常量列表	"教授,副教授,讲师,助教"
2-别名	数据表别名	民族代码表 (说明:事先在数据环境中添加此表,然后在属性窗口的设置栏直接点击下拉列表选择数据表的名称)
3- SQL 语句	VFP - SQL 的 select 查询语句	select 名称 from 民族代码表 where 代码>'1' and 代码<'6' into cursor temp (说明:必须包括 into cursor 临时表)
4-查询(.QPR)	查询文件名称	查询 1(说明:由查询设计器生成的查询文件名称,或者一个 SQL-Select 查询语句的文本文件)
5-数组	数组名称	Arrname (说明:只给出名称。数组一般在表单的 Load 事件中定义为全局变量并且赋值。例如:public arrname(10))
6-字段	字段名列表	名称,代码 (说明:事先在数据环境中添加显示字段的数据表)
7-文件	通配符	*.dbf (说明:让列表框填充当前目录下的磁盘文件目录。可以为空,显示全部文件。使用此方法可以方便用户选择磁盘文件并进行操作)
8-结构	数据表名	民族代码表 (说明:用表中的字段名来填充列表。适用于为用户提供用来查找值的字段名列表)

例如,设计一表单,包含一个命令按钮和一个列表框,"显示"命令按钮的 Click 事件代码如下:

```
Thisform.List1.RowSourceType = 1
Thisform.List1.RowSource = "教授,副教授,讲师,助教"
```

运行表单,当单击"显示"命令按钮,表单如图 3.26 所示。本例数据源类型为"值",数据源给出的一组数据必须用字符串的定界符括起来,各数据源必须用","分隔;而记录类型只给出编号。

图 3.26 列表框的数据源

3.2.5 表单设计实例

【例 3.12】 设计如图 3.27 所示的表单,表单文件名为 ex3-12.scx。运行表单后单击命令按钮组中的不同按钮,标签 label1 的文本改为相应的字体,单击"关闭"按钮可以关闭表单,设计表单完成。

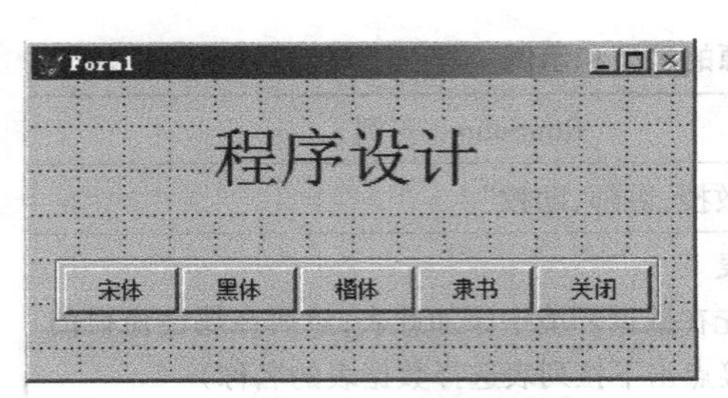

图 3.27　表单设计界面

实例操作提示：

①操作该实例前首先要设置默认路径为"e:\第 3章实例"文件夹。

②命令按钮组 Commandgroup1 的 Click 事件代码如下：

```
do case
    case this. value=1
        thisform. label1. fontname="宋体"
    case this. value=2
        thisform. label1. fontname="黑体"
    case this. value=3
        thisform. label1. fontname="楷体"
    case this. value=4
        thisform. label1. fontname="隶书"
    case this. value=5
        thisform. release
endcase
```

【例 3.13】　编写一个简易的计算器。要求在文本框 Text1 中输入数字，然后在 OptionGroup1 中选择运算符，然后在 Text2 中输入另一个数字，按回车键，则在文本框 Text3 中显示计算结果，如图 3.28 所示，其中文本框 Text3 的 readonly 属性设置为 .T. 。设计表单完成，表单文件名为 ex3-13. scx。

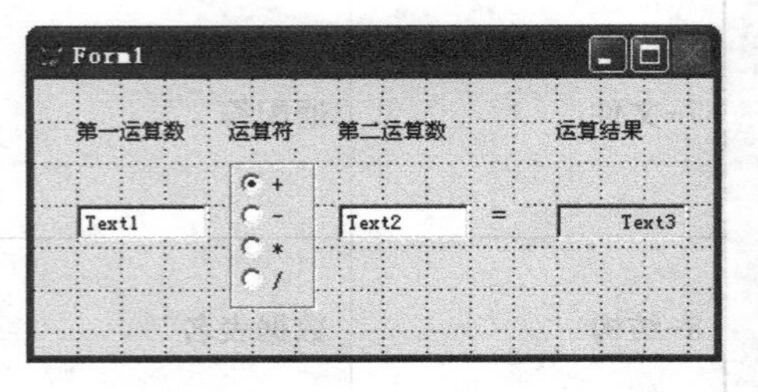

图 3.28　表单设计界面

实例操作提示：

①操作该实例前首先要设置默认路径为"e:\第 3 章实例"文件夹。

②文本框 Text2 的 LostFocus 事件代码如下：

```
x=val(thisform. Text1. value)
y=val(thisform. Text2. value)
do case
    case thisform. optiongroup1. value=1
        z=x+y
    case thisform. optiongroup1. value=2
        z=x-y
    case thisform. optiongroup1. value=3
        z=x * y
    case thisform. optiongroup1. value=4
        z=x/y
endcase
thisform. text3. value=z
```

【例 3.14】 设计如图 3.29 所示的表单,文件名为 ex3-14.scx。运行表单后单击复选框后,标签 Label1 的文本发生相应的变化。

实例操作提示:

①操作该实例前首先要设置默认路径为"e:\第 3 章实例"文件夹。

②"黑体"复选框的 Click 事件代码如下:

```
if this.value=1
    thisform.label1.fontname="黑体"
else
    thisform.label1.fontname="宋体"
endif
```

③"斜体"复选框的 click 事件代码如下:

```
if this.value=1
    thisform.label1.fontitalic=.t.
else
    thisform.label1.fontitalic=.f.
endif
```

④"红色"复选框的 click 事件代码如下:

```
if this.value=1
    thisform.label1.forecolor=rgb(255,0,0)
else
    thisform.label1.forecolor=rgb(0,0,0)
endif
```

⑤保存并运行该表单,界面如图 3.30 所示。

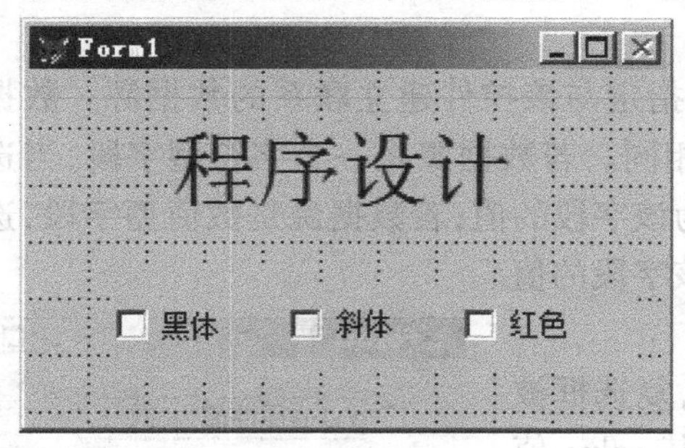

图 3.29　表单设计界面

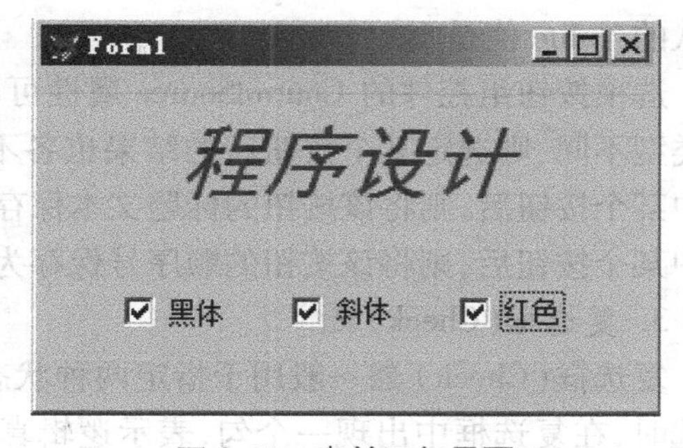

图 3.30　表单运行界面

3.2.6 命令按钮组、选项按钮组和复选框的使用

1. 命令按钮组(CommandGroup)

命令按钮组(CommandGroup)可以将若干个相关联的命令按钮组织起来,可以一次性设置共同的属性,只对特殊部分单独操作。在命令按钮组的生成器对话框中,可以设置该控件的命令按钮数目及命令按钮的布局。常用命令按钮组属性如表 3.11 所示。

表 3.11 命令按钮组的常用属性

属 性	说 明
ButtonCount	组中命令按钮的数目
BackStyle	命令按钮组是否具有透明或不透明的背景。一个透明的背景与组下面的对象颜色相同,通常是表单或页面的颜色。默认为不透明
Value	用数字 n 表示鼠标单击的是第 n 个按钮

通常为共同主题的若干命令按钮设置一个命令按钮组,再对其中的每个命令按钮的 Click 事件编写程序代码。允许让组中所有命令按钮响应一个 Click 事件(命令按钮组),各按钮的 Click 事件代码集中在一个按钮组的 Click Event 代码窗口中。命令按钮组的 Value 属性指明单击了哪个按钮。

2. 选项按钮组(OptionGroup)

选项按钮组(OptionGroup)是包含若干个选项按钮(默认 2 个)的容器对象,它允许用户指定几个操作选项中的一个。例如,利用选项按钮组可以指定是向文件或打印机输出结果还是进行打印预览。它是单选的,即选定了一个按钮,原来所选的按钮就释放,始终只能有一个按钮被选中。

使用 ButtonCount 属性可以设置组中按钮的个数。编辑选项按钮组的方法是单击鼠标右键,在弹出的快捷菜单中选择"编辑……"命令,使其进入编辑状态(选项按钮组的周围显示绿框),然后单击其中的选项按钮,拖动到合适的位置,并设置 Caption 属性值,作为该选项按钮的标题。

选项按钮组的 Value 属性表示选中了第几个按钮,如果全部按钮都未选,其值是 0;第一个按钮被选中(中间有"•"),其值为 1;第一个按钮被选中,其值为 2……系统启动后,默认的 Value 值是 1。

选项按钮组控件的 ControlSource 属性可以指定与该控件建立联系的数据源。数据源的类型不同,则选定某个按钮后的结果也各不相同。若数据源是一个字符型字段,当选定其中某个按钮后,则将该按钮的标题文本保存为该字段的值;若数据源是数值型字段,选定其中某个按钮后,则将该按钮的顺序号保存为该字段的值。

3. 复选框(Check)☑

复选框(Check)☑一般用于指定两种状态,复选框被勾选时,在复选框中出现一个勾,表示逻辑真,其 value 值为 1,否则表示逻辑假,其 value 值为 0。另外,复选框还可以表示"无效"态,呈灰色显示,其值为 2 或者 .NULL.(通过键盘 Ctrl+0 输入空值)。复选框的 3 种状态如图 3.31 所示。

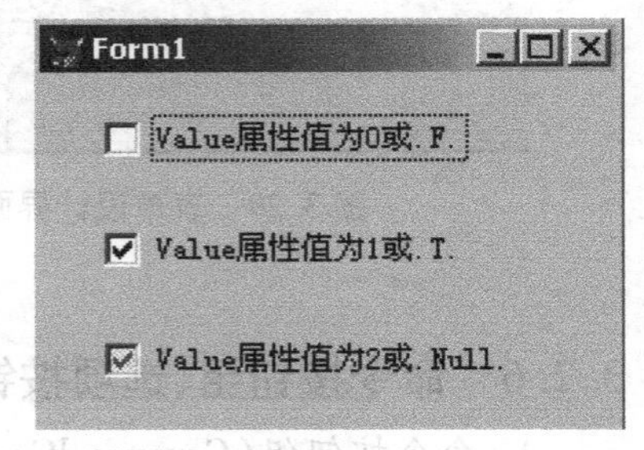

图 3.31 复选框的状态图示

3.3 数组在程序中的应用

3.3.1 表单设计实例

【例3.15】 设计如图3.32(a)所示表单,文件名为ex3-15.scx。表单运行后,单击"输出"命令按钮,在标签Label1中随机输出5个3位数,并在文本框中显示最大数,如图3.32(b)所示。

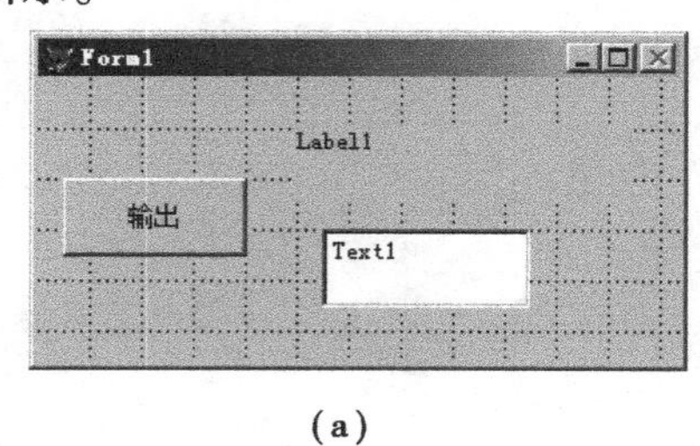

(a)

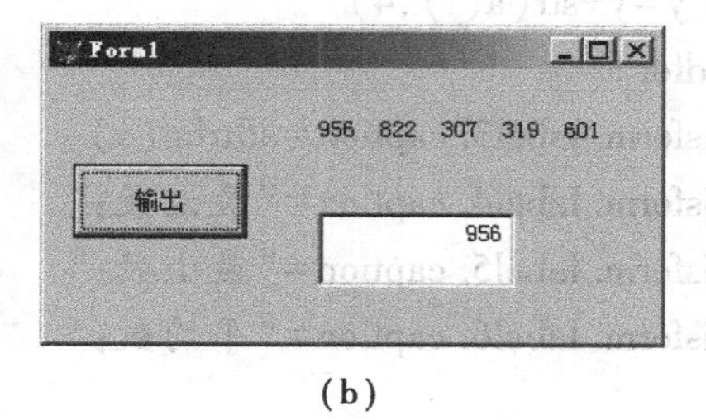

(b)

图3.32 表单设计及运行界面

实例操作提示:

①操作该实例前首先要设置默认路径为"e:\第3章实例"文件夹。

②"输出"按钮的"Click"事件代码如下:

```
dimension A(5)
X=""
for I=1 to 5
    a(I)=int(rand()*900)+100
    x=x+str(a(I),5)
endfor
thisform.label1.caption=X
for i=2 to 5
    if a(1)<a(i)
        a(1)=a(i)
    endif
endfor
thisform.text1.value=a(1)
```

【例3.16】 随机产生2~10个两位整数,输出其中的最大数、最小数和平均值。设计表单完成,文件名为ex3-16.scx。

分析:随机产生两位整数,可以用随机函数Rand()来实现。利用数组对产生的整数求最大值、最小值及平均值。

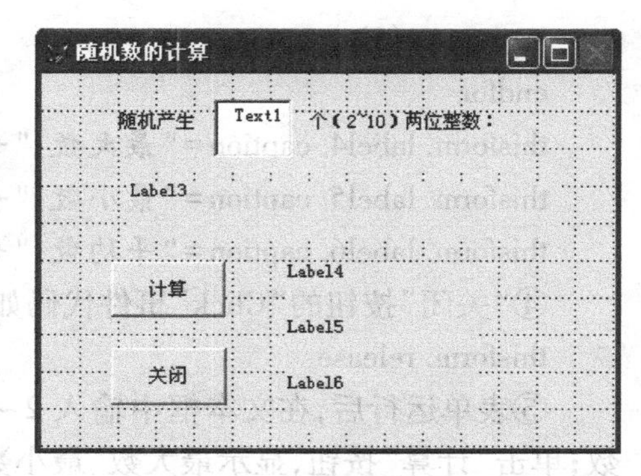

图3.33 表单设计界面

实例操作提示:

①表单设计界面如图3.33所示。

②文本框 Text1 的“Valid”事件代码如下：

```
public x,a(10)                          && 将变量 x、数组 a 定义为全局变量
x=thisform. text1. value
if x>=2 and x<=10
   y=""
   for i=1 to x
      a(i)= int(rand() *90)+10           && 随机产生两位整数
      y=y+str(a(i),4)
   endfor
   thisform. label3. caption=alltrim(y)
   thisform. label4. caption="最大数:"
   thisform. label5. caption="最小数:"
   thisform. label6. caption="平均数:"
else
   messagebox("输入错误,应该是 2~10 个整数,请重新输入!")
   thisform. text1. value=0
   thisform. text1. setfocus            && 将光标定位到文本框 Text1 中
endif
```

③“计算”按钮的“Click”事件代码如下：

```
min=100
max=10
s=0
for i=1 to x
    if a(i)>max
        max=a(i)
    endif
    if a(i)<min
        min=a(i)
    endif
    s=s+a(i)
endfor
thisform. label4. caption="最大数:"+str(max,3)
thisform. label5. caption="最小数:"+str(min,3)
thisform. label6. caption="平均数:"+str(s/x,5,1)
```

④“关闭”按钮的“Click”事件代码如下：

```
thisform. release
```

⑤表单运行后，在文本框中输入 2～10 的一个数，按回车键，显示随机产生的两位整数；单击“计算”按钮，显示最大数、最小数和平均数；单击“关闭”按钮，关闭表单。显示结果如图 3. 34 所示。

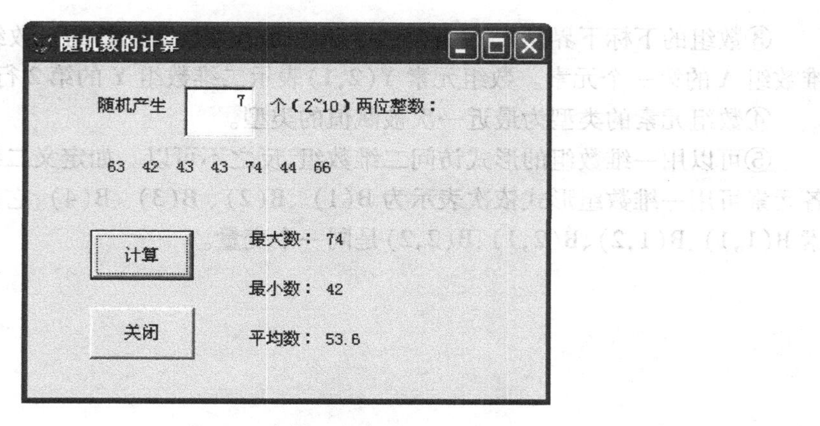

图 3.34　表单运行界面

3.3.2　数组的使用

1. 数组的定义

格式 1:DIMENSION　<数组名 1>(<下标上界 1>[,<下标上界 2>])[,<数组名 2>(<下标上界 3>[,<下标上界 4>])…

格式 2:DECLARE <数组名 1>(<下标上界 1>[,<下标上界 2>])[,<数组名 2>(<下标上界 3>[,<下标上界 4>])…

格式 3:PUBLIC <数组名 1>(<下标上界 1>[,<下标上界 2>])[,<数组名 2>(<下标上界 3>[,<下标上界 4>])…

功能:定义一个或多个一维数组或二维数组。

说明:

①下标上界是一数量值,下标的下界由系统统一规定为 1。【例 3.15】中的 a(5)和【例 3.16】中的 a(10)为一维数组。

②前两种格式定义的数组在局部范围内(某程序段内)有效;格式 3 定义的数组在全部范围内(所有程序段内)有效。数组一旦定义,数组的每个元素的初值均为逻辑值 .F. 。

③在定义数组时,数组名不能与同一环境下的简单变量同名。

④数组元素的赋值与简单的内存变量完全相同。给数组名赋值,可以将该数组的所有元素赋相同的值。

例如:dimension　w(3)

　　W=5

表示数组 W 中的所有元素 w(1)、w(2)、w(3)的值都为 5。

2. 数组元素的引用

数组一旦定义后即可引用,其方法是:

数组名(下标表达式 1 [,下标表达式 2])

说明:

①数组下标应使用圆括号定界,二维数组的下标之间使用逗号隔开。

②数组下标可以是常量、变量和表达式,如 A(1)、A(b1)、A(a+b)。

③数组的下标下界是1,也就是说数组下标值是从1开始的。数组元素A(1),表示一维数组A的第一个元素。数组元素Y(2,1)表示二维数组Y的第2行、第1列的元素。

④数组元素的类型为最近一次被赋值的类型。

⑤可以用一维数组的形式访问二维数组,反之不可以。如定义二维数组B(2,2),其中各元素可用一维数组形式依次表示为B(1)、B(2)、B(3)、B(4),它们分别与二维数组元素B(1,1)、B(1,2)、B(2,1)、B(2,2)是同一个变量。

4 数据库基础知识

4.1 学生成绩管理系统概述

4.1.1 学生成绩管理系统的功能

学生成绩管理系统是学校教务管理乃至学校管理的一个重要组成部分,传统的管理方法不仅浪费人力、物力、财力,而且常由于管理不规范导致各种错误的发生。因此实现一个智能化、系统化、信息化的学生成绩管理系统是十分必要的,它将大大减轻学生管理的劳动强度,提高现代化学生管理的水平。该系统涉及学生的基本信息管理、学生成绩信息管理、课程信息管理。

本章为成绩管理系统的设计、实现、测试等提供了重要依据,可供用户、项目管理人员、系统分析人员、程序设计人员以及系统测试人员阅读和参考。

根据用户需求,学生成绩管理系统分为学生信息管理、学生成绩管理、课程管理、教师管理和用户管理 5 个功能模块,该系统可以实现如下功能:

1. 学生信息管理模块

学生信息管理模块主要是对学生信息(如学号、姓名、性别、专业等)进行管理。本模块又分为 3 个子模块:

◇浏览学生信息

◇维护学生信息

◇查询统计打印学生信息

2. 学生成绩管理模块

学生成绩管理模块主要是对学生成绩进行管理。本模块又分为 3 个子模块:

◇录入学生成绩

◇修改/删除学生成绩

◇查询统计学生成绩

3. 课程管理模块

课程管理模块主要对学生所学课程信息进行管理。本模块又分为 2 个子模块:

◇添加学生选修课程信息

◇对已有的课程信息进行修改/删除

本模块只有管理员才能使用，普通用户不能进入。

4. 教师管理模块

◇添加教师信息

◇修改、删除教师信息

5. 系统维护管理模块

本模块只有管理员才能使用，普通用户不能进入。主要对使用本系统的用户进行如下管理：

◇添加新用户

◇删除用户

◇密码修改

根据系统功能分析，学生成绩管理系统的总体功能层次结构图如图 4.1 所示。

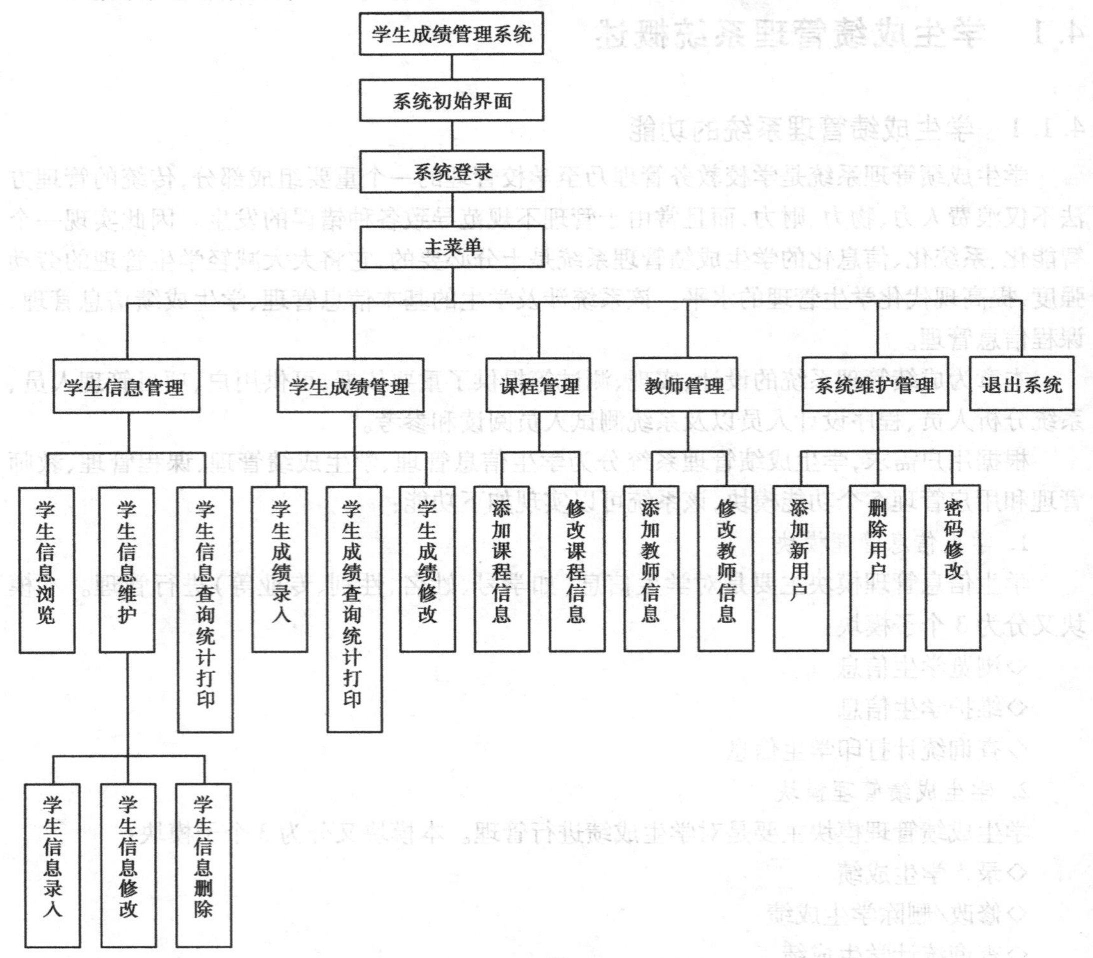

图 4.1　学生成绩管理系统功能模块

4.1.2 学生成绩管理系统的数据信息及表示

根据学生成绩管理系统的功能需求，所涉及的数据表如下：

1. 学生表 Student. dbf

学生表 Student. dbf 存储数据的字段名及数据类型如表 4.1 所示，部分实例如图 4.2 所示。

表 4.1 学生表 student. dbf 结构

字段名	数据类型	存储大小	是否允许为空	说 明	备 注
学号	C	8	否	文本	主关键字
姓名	C	10		文本	
性别	C	2		文本	
出生日期	D	8		日期	
专业	C	20		文本	
照片	G	4		通用型	
简历	M	4		长文本信息	
学院	C	20		文本	

Student

学号	姓名	性别	出生日期	专业	学院	照片	简历
2012010001	张成栋	男	05/12/94	计算机科学	计算机学院	gen	memo
2012010002	王芳	女	09/25/95	计算机科学	计算机学院	Gen	Memo
2012010003	江珊珊	女	12/15/95	计算机科学	计算机学院	gen	memo
2012011001	成龙	男	07/10/94	食品质量管理	食品学院	gen	memo
2012011002	杨洋	男	11/20/94	食品质量管理	食品学院	gen	memo
2012013001	龚丽丽	女	05/15/96	车辆工程	工程学院	gen	memo
2012013002	李民明	男	03/22/94	车辆工程	工程学院	gen	memo
2012014001	刘明	男	07/18/95	城市规划	园艺园林学院	gen	memo
2012014002	王汉成	男	05/20/94	城市规划	园艺园林学院	gen	memo
2012014003	杨丽丽	女	06/26/95	城市规划	园艺园林学院	gen	memo

图 4.2 student. dbf 表实例

2. 课程表 Kec. dbf

课程表 Kec. dbf 存储数据的字段名及数据类型如表 4.2 所示，部分实例如图 4.3 所示。

表 4.2 课程表 Kec. dbf 信息表结构

字段名	数据类型	存储大小	是否允许为空	说 明	备 注
课程号	C	10	否	字符型	主关键字
课程名	C	20		字符型	
学时	N	4		数值型	
学分	N	4		数值型	

续表

字段名	数据类型	存储大小	是否允许为空	说 明	备 注
教师号	C	10		字符型	
选修否	L	1		逻辑型	

Kec

课程号	课程名	学时	学分	教师号	选修否
1001	高等数学	80	4	2220110001	F
1002	大学英语	120	8	2220110002	F
1003	法律基础	45	2	2220110003	T
1004	计算机基础	80	4	2220110004	F
2001	机械设计	80	3	2220120005	T
2002	食品营养学	60	2	2220120003	T
2003	园林设计	80	3	2220120004	F
2004	网络工程	80	3	2220120002	T

图 4.3 Kec. dbf 表实例

3. 教师表 Jiaos. dbf

教师表 Jiaos. dbf 存储数据的字段名及数据类型如表 4.3 所示，部分实例如图 4.4 所示。

表 4.3 教师表 Jiaos. dbf 结构

字段名	数据类型	存储大小	是否为空	说 明	备 注
教师编号	C	10	否	文本	主关键字
教师姓名	C	10		文本	
职称	C	10		文本	
院系	C	20		文本	

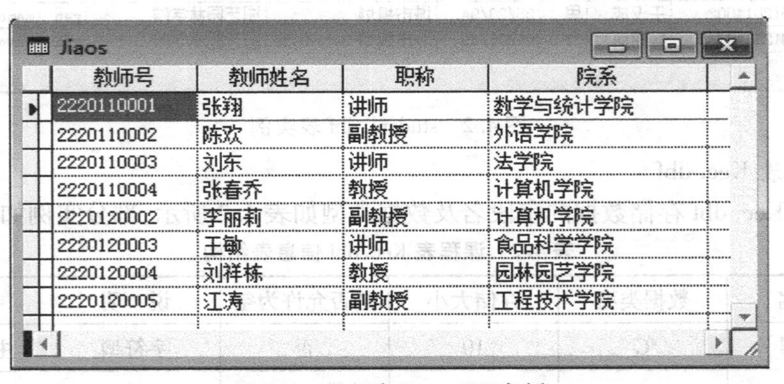
Jiaos

教师号	教师姓名	职称	院系
2220110001	张翔	讲师	数学与统计学院
2220110002	陈欢	副教授	外语学院
2220110003	刘东	讲师	法学院
2220110004	张春乔	教授	计算机学院
2220120002	李丽莉	副教授	计算机学院
2220120003	王敏	讲师	食品科学学院
2220120004	刘祥栋	教授	园林园艺学院
2220120005	江涛	副教授	工程技术学院

图 4.4 教师表 Jiaos. dbf 实例

4. 成绩表 Chengj. dbf

成绩表 Chengj. dbf 存储数据的字段名及数据类型如表 4.4 所示，部分实例如图 4.5 所示。

表 4.4 成绩表 Chengj. dbf 结构

字段名	数据类型	存储大小	是否允许为空	说　明	备　注
学号	C	10	否	文本	外部关键字
课程号	C	10	否	文本	
成绩	N	3		数值型	

Chengj

学号	课程号	成绩
2012010001	1001	86
2012010002	1001	92
2012010003	1001	76
2012010001	1002	90
2012010001	2004	83
2012010003	1003	78
2012010003	1002	54
2012011001	1001	45
2012011001	1003	84
2012011002	1002	75
2012011002	2002	95
2012011001	2002	58
2012013001	1001	46
2012013001	1002	80
2012013001	1003	68
2012013001	2001	75
2012013002	1002	85
2012013002	2001	90
2012014001	1001	65
2012014001	2003	92
2012014001	1003	36
2012014002	2003	94
2012014002	1001	85
2012014002	1003	78
2012014003	2003	63
2012014003	1001	66
2012014003	1004	86
2012013002	1004	45
2012010003	1004	52
2012011001	1004	72

图 4.5 Chengj. dbf 表实例

5. User 表

User 表存储数据的字段名及数据类型如表 4.5 所示，部分实例如图 4.6 所示。

表 4.5 User. dbf 信息表

字段名	数据类型	字符大小	是否允许为空	说　明	备　注
用户编号	C	12	否	文本	
用户姓名	C	10	否	文本	
密码	C	10	否	用户密码	

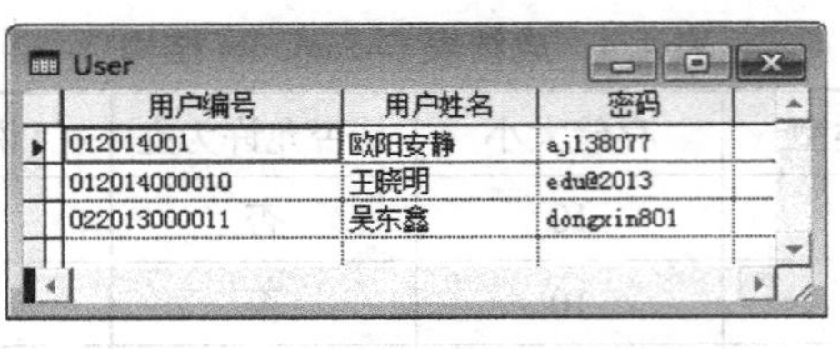

用户编号	用户姓名	密码
012014001	欧阳安静	aj138077
012014000010	王晓明	edu@2013
022013000011	吴东鑫	dongxin801

图 4.6　User. dbf 表实例

4.2　建立数据库

4.2.1　建立学生成绩管理数据库

【例 4.1】　建立学生成绩管理数据库“Stdatabase. dbc”。

分析：

操作该实例前首先要设置默认路径，即在 E 盘建立“学生成绩管理”文件夹，启动 VFP，将该文件夹设置为默认路径。

操作提示：

①选择“文件”→“新建”命令，弹出“新建”对话框，选择“数据库”，然后单击“新建文件”按钮，出现“创建”对话框，在数据库名文本框中输入“Stdatabase”，单击“保存”按钮，弹出如图 4.7 所示的数据库设计器窗口，该数据库创建完成。说明：如果数据库设计器窗口中没有数据库设计器工具栏，可以先选择“显示”→“工具栏”命令，在“工具栏”对话框中选中“数据库设计器”。

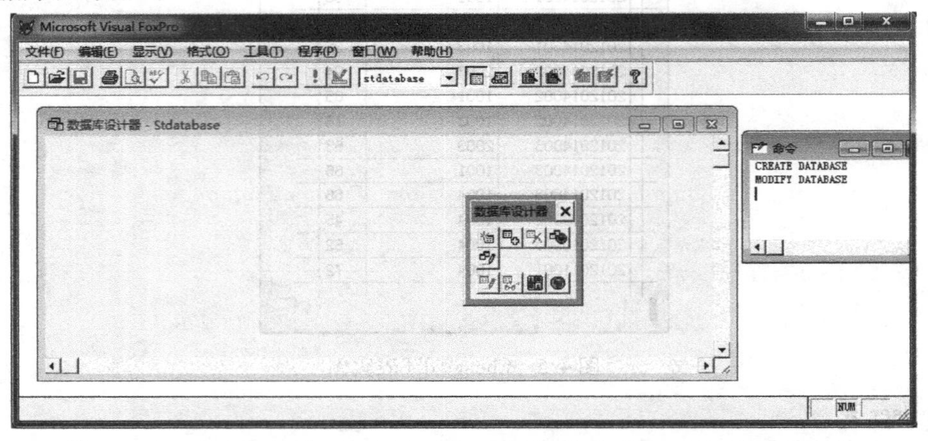

图 4.7　数据库设计器窗口

②关闭该数据库，在命令窗口中输入：close database。

4.2.2　数据库的基本操作

1. 数据库与数据表

在 VFP 中，表是处理数据、建立关系数据库和应用程序的基本单元，它用来存储收集的各种信息。表由若干行与若干列组成，表中的每一行称为一个记录，每一列称为一个字段。在计算机内存储为一个表文件,其扩展名为.DBF。

VFP 管理的表分为自由表和数据库表。在逻辑上不与其他表发生联系而单独管理的独立表称为自由表;将相互联系的若干个表放入一个数据库容器内进行管理,这些表称为数据库表。数据库表与自由表相比增加了特殊的功能和属性,如可以使用长表名和长字段名,可以为表中的字段设置默认值,可以设置字段、记录的有效性规则,可以设定表间的永久关系等。

注意:可将自由表添加到数据库中,使该表成为数据库表,但一个表只能同时属于某一个数据库。也可将属于某个数据库的表从该数据库中移出,不与数据库相联系而成为自由表。

在 VFP 中,数据库不仅存储表,而且也存储表与表之间的关联、基于表的视图和查询以及有效管理数据库的存储过程。数据库对应磁盘上一个扩展名为.DBC 的文件,并且在建立数据库的同时,系统自动生成一个与数据库同名的.DCT 数据库备注文件和.DCX 的数据库索引文件。

2. 创建数据库的方法

(1)用菜单方式建立数据库

使用 VFP 主窗口中的菜单命令建立数据库的步骤如下:

①打开"文件"→"新建"命令(或者在工具栏上单击"新建"按钮),弹出"新建"对话框。

②在"新建"对话框中选择"数据库"选项后,单击"新建文件"按钮,出现"创建"对话框。

③在"创建"对话框中给出新建数据库的名称。如在【例 4.1】中输入"Stdatabase",并单击"保存"按钮出现如图 4.7 所示的"数据库设计器"窗口,完成一个空数据库的建立。

(2)建立数据库

用命令方式建立数据库:CREATE DATABASE[<数据库名>]

3. 修改数据库

打开数据库设计器修改数据库的命令为:MODIFY DATABASE[<数据库名>]。在【例 4.1】中,通过菜单方式建立数据库的同时会打开数据库设计器修改数据库,命令窗口中会出现对应的两条命令,如图 4.7 所示。

4. 打开数据库

打开数据库的操作可以通过菜单方式和命令方式进行,通过菜单方式打开数据库的操作这里不再详述。

打开数据库的命令为:OPEN DATABASE[<数据库文件>]。

5. 关闭数据库

关闭一个已打开的当前数据库的命令为:CLOSE DATABASE。

6. 向数据库中添加表

一个新的数据库创建好之后,里面是空的,没有包含任何相关表或其他对象。向数据库中添加表实际上是建立表文件与数据库容器之间的双向链接关系—在数据库中保存指向表文件的前链,在表中保存指向数据库容器的后链。可以在一个打开的数据库中创建表,也可以向数据库中添加已有的表,把表和数据库联系起来。

(1)用菜单方式向数据库添加表

在 VFP 主窗口上选择"数据库"→"添加表"选项,在其后打开的对话框中选择表文件,单击"确定"按钮,将选择的表添加到该数据库中。

说明:一个表只能同时属于一个数据库,如果该表已在其他数据库中,就必须将该表从原数据库中移出后才能将其添加到当前数据库。

(2)向数据库添加表

向数据库添加表的命令为:ADD TABLE<表名>。

7. 从数据库中移去表

当把一个表添加到数据库中时,VFP 将修改此表文件的头记录,该记录拥有此表的数据库的路径和文件名。这个路径和文件名信息称作"后链",因为它把该表连向拥有该表的数据库。

因此,从数据库中移去表时,不仅要从数据库文件中移去表及有关的数据词典信息,同时也要更新后链信息,以反映表变成自由表的新状态。可以通过菜单命令或使用 REMOVE TABLE 命令从数据库中移去表。从数据库中移去表时,还可以选择是否从磁盘上永久删除该表文件。

(1)用菜单方式从数据库中移出表

操作提示:

①在"数据库设计器"中选定要移出的表。

②选择"数据库"→"移去"命令。在出现的对话框中单击"移去"按钮将选择的表从数据库中移去,如图 4.8 所示。

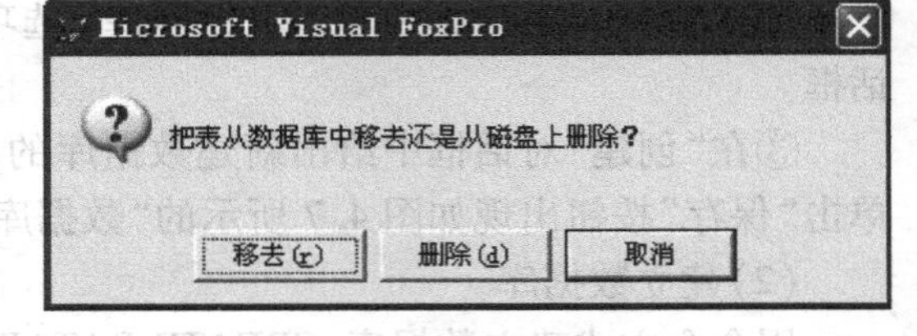

图 4.8 从数据库移出表对话框

(2)从数据库中移出表

从数据库中移出表的命令为:REMOVE TABLE<表文件>[DELETE]

8. 删除数据库

从磁盘上删除数据库的命令为:DELETE DATABASE[<数据库名>][DELETETABLES][recycle]。

4.3 数据表的创建

4.3.1 建立学生成绩管理数据库的数据表

【例 4.2】 打开学生成绩管理数据库"Stdatabase.dbc",并在数据库中建立"Student.dbf"。

分析:

操作该实例前,将"e:\学生成绩管理"文件夹设置为默认路径。

操作提示:

①选择"文件"→"打开"命令,弹出"打开"对话框,在文件类型的下拉列表中选择"数据库",在"名称"列表框中会出现当前路径下所有的数据库,找到 Stdatabase.dbc 并双击,即可打开数据库设计器窗口。单击"数据库设计器"工具栏上的"新建表"按钮,弹出"新

建表”对话框，单击“新建表”按钮，弹出“创建”对话框，在“输入表名”的文本框中输入“student”，单击“保存”按钮，弹出表设计器窗口，输入表4.1所示的字段。

②在字段名下方的方框中输入“学号”，类型选择“字符型”，宽度设置为8，然后依次输入表4.1中的其他字段，如图4.9所示。

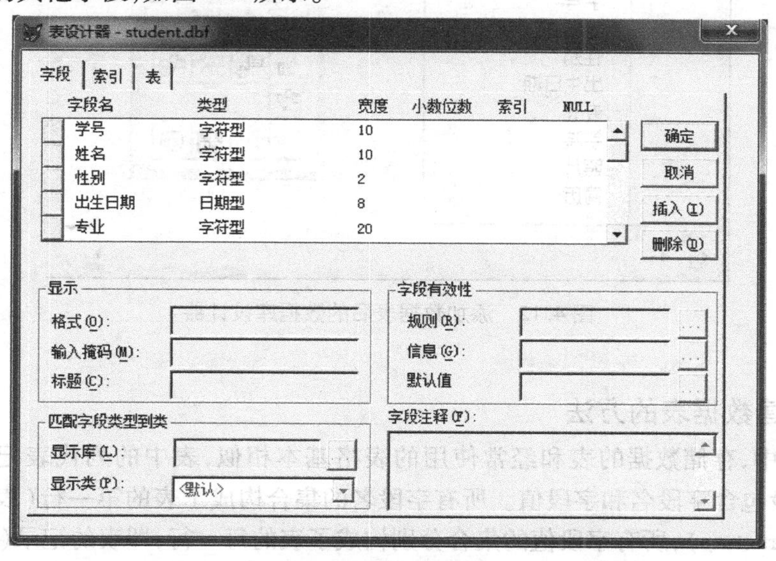

图4.9　表设计器窗口

③单击“确定”按钮，弹出如图4.10所示的对话框，单击“是”按钮，弹出记录输入窗口，依次输入表4.1的数据记录，如图4.11所示。

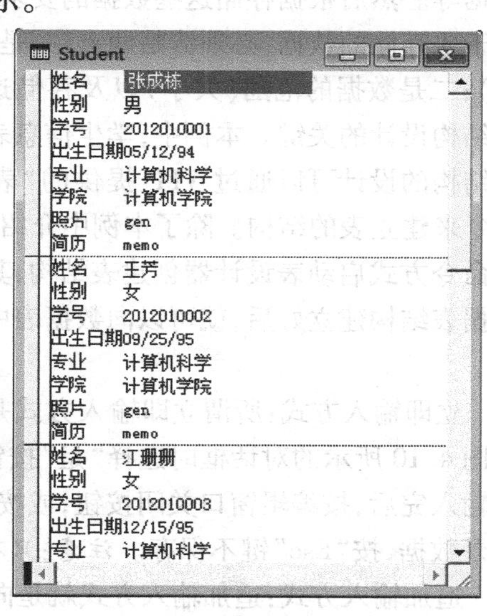

图4.10　数据输入提示对话框

图4.11　记录输入窗口

④单击记录输入窗口的关闭按钮☒或按“Ctrl+W”快捷键，即可完成学生信息表(Student.dbf)的建立。打开“Stdatabase.dbc”数据库，数据库设计器如图4.12所示。

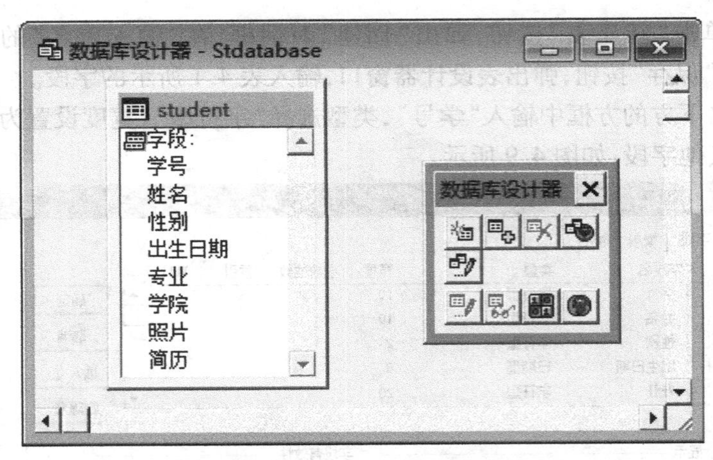

图 4.12　添加数据表后的数据库设计器

4.3.2　创建数据表的方法

在 VFP 中,存储数据的表和经常使用的表格基本相似,表中的列代表记录中的字段(Field),字段包含字段名和字段值。所有字段名的集合构成了表的第一行(表头),即数据表的结构(Structure);所有字段值的集合分别构成了表的每一行,即表的记录(Record)。

要创建一个存储数据的新表,首先必须对有关用户的需求进行分析,也就是应清楚表中存储的数据的用途,以便明确如何使用表中的数据、该收集什么样的数据以及如何收集这些数据等。然后根据存储这些数据的要求来设计表的结构。

对于要存储的数据,必须清楚两点:一是它们的数据类型(如字符数据,数值数据,日期数据等);二是数据的范围(大小)以及存储这些数据的有效数据空间的最小值和最大值,这是表结构设计的关键。本例中,学生信息表(student.dbf)表结构的设计如表 4.1 所示。

表结构的设计可以通过 VFP 提供的“表设计向导”和“表设计器”来实现,也可以用 SQL 命令来建立表的结构。除了本例中介绍的用“表设计器”来创建表结构的方法外,还可以通过命令方式启动表设计器创建表结构,其命令为:Create <表文件名>。

数据表结构建立好后,就可以向数据表中输入记录了。VFP 提供了以下两种记录输入方式:

➢ 立即输入方式:所谓立即输入方式是指用表设计器建立好表结构后,如本例中当出现如图 4.10 所示的对话框时选择“是”按钮,即进入如图 4.11 所示的界面输入数据。记录数据输入完后,按编辑窗口关闭按钮,或按“Ctrl+W”/“Ctrl+End”快捷键后就自动保存输入的记录数据,按“Esc”键不保存。注意:只有第一次建表才能采用这种方式。

➢ 追加输入方式:追加输入方式就是向已存在的表的末尾追加记录。要向打开的数据表中追加新记录,可以用菜单操作方式和命令操作方式。该部分内容将在第 5 章详细介绍。

注意:备注型和通用型字段的内容不能直接输入到表中。

备注型字段数据的输入方法是:在该记录的备注字段(Memo)处双击鼠标,或当光标移到备注字段后按“Ctrl+PgDn”/“Ctrl+PgUp”/“Ctrl+Home”快捷键,系统打开一文本编辑窗口,在该窗口即可输入相应的备注字段的内容。输入完后可单击窗口关闭按钮,或按"Ctrl+W"快捷键保存内容,系统返回到记录输入界面。这时备注字段将变为 Memo(第一个字母为大写),表示该记录的备注字段已有数据。如果按"Esc"键,将不保存输入内容并返回到记录输入界面。

通用型字段包含一个嵌入或链接的 OLE 对象。有两种接收数据的方式,即链接 OLE 对象和嵌入 OLE 对象。

- 链接 OLE 对象方式:先将链接的对象放入剪贴板中,然后用鼠标双击该通用型字段,即进入通用型字段编辑窗口,再选择"编辑"→"选择性粘贴"选项,即进入"链接"对话框。
- 嵌入 OLE 对象方式:操作方法同上,只是选择"编辑"→"插入对象"选项,弹出"插入"对话框。选择要插入的对象,如图 4.13 所示。OLE 对象编辑完成后,同样可以单击窗口关闭按钮或按"Ctrl+W"快捷键保存内容,返回到记录输入界面。这时通用型字段从没有数据的"gen"变成有数据的"Gen"。

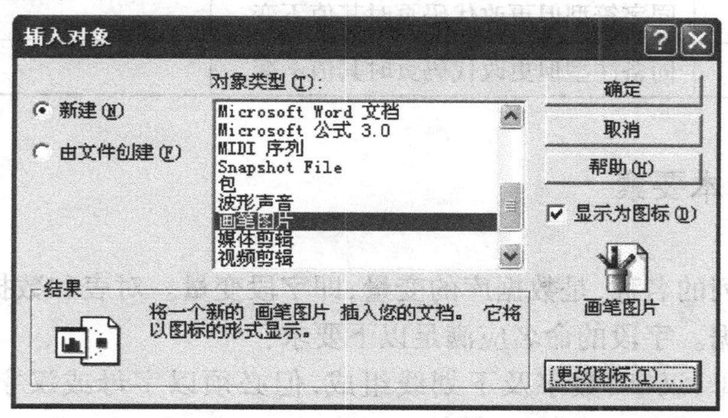

图 4.13　插入对象对话框

4.3.3　数据类型

为了正确存储数据、处理数据和有效利用存储空间,创建表时必须定义字段的数据类型。字段的数据类型决定了:

①该字段可以存放哪种类型的值。如不能在数值型字段存放文本数据。

②该字段存放数据占用的存储空间大小。如货币型数据的值用 8 个字节存储。

③该字段可进行哪种操作。如对于备注型和通用型数据不能进行排序和建立索引等。

VFP 支持的 13 种数据类型的含义、构成及特点如表 4.6 所示。

表 4.6　字段类型的含义和宽度

数据类型	含义及构成	宽度限制/bit	存储字节/B
字符型	ASCII 码字符及汉字	实际宽度	≤254
数值型	实数	≤20	8

续表

数据类型	含义及构成	宽度限制/bit	存储字节/B
货币型	表示货币的特殊数值	≤20	8
浮点型	同数值型	≤20	8
日期型	表示年、月、日的数字	8	8
日期时间型	表示年、月、日、时、分、秒	14	14
双精度型	同数值型,但小数点不固定	≤20	8
整型	同数值型但不带小数点	≤10	4
逻辑型	真(.T.)和假(.F.)	1	1
备注型	不定长的字符文本	不受限制	4
通用型	标记 OLE(对象链接与嵌入)	不受限制	4
字符型(二进制)	同字符型但更改代码页时其值不变		实际宽度
备注型(二进制)	同备注型但更改代码页时其值不变		不受限制

4.3.4 字段的基本要素

(1)字段名

字段名是表中列的名称,是数据库的变量,即字段变量。对表和数据库操作时,可根据字段名引用表中数据。字段的命名应满足以下要求:

①字段名由字母、汉字、数字及下划线组成,但必须以字母或汉字开头,中间不能有空格。

②数据库表的字段名最长为 128 个字符(自由表字段名长度不得超过 10 个字符)。

(2)字段类型和宽度

字段类型决定存储在字段中的值的数据类型,字段宽度决定存储数据的宽度和取值范围。VFP 中可使用的字段类型如表 4.6 所示,常用的有字符型、数值型、日期型、逻辑型、备注型、通用型等几种。

(3)空值(NULL)

选择是否允许字段为空。字段空值与空字符串、数值 0 具有不同的含义,是指尚未输入具体数值的数据。如果字段不允许为空,则输入数据时必须输入相应的数据,否则被设置为默认值(例如,数值型被默认为 0)。允许字段为空时,可暂时不输入数据,而且不会出错。

(4)显示控制(数据库表所具有的属性)

显示控制用来定义字段的显示格式、输入掩码和字段标题。格式为字段在表单、浏览窗口等界面中的显示格式;输入掩码用来限制或控制用户输入的格式,以避免一些错误格式的输入;而标题可以设定字段名显示时的文字内容,默认为字段名。

(5)字段有效性检验(数据库表所具有的属性)

字段有效性检验用来定义字段的有效性规则、违反规则的提示信息和字段的默认值。有效性检验可以防止用户输入错误数据。

(6)字段注释(数据库表所具有的属性)

为字段添加注释便于数据库维护。注释只起提示作用,不会对具体操作带来任何影响。

4.3.5 数据表的基本操作

1. 数据表的打开

在 VFP 中,使用表时必须先打开,操作完成后要关闭。表打开实质上就是将存储在外部存储器上的表文件调入内存;表关闭就是将表文件从内存保存到外部存储器上,同时释放占用的内存和工作区。

可以通过下述方法来打开表文件:

(1)用菜单打开表

选择“文件”→“打开”命令,弹出“打开”对话框,在“文件类型”列表中选取“表(*.dbf)”项,再选择所要打开的表文件,单击“确定”按钮后就打开选中的表。表文件打开后,就可以对其进行操作,如浏览表中的记录,向表中追加新记录,修改表结构等操作。

(2)用命令打开表

打开表的命令为:USE [<表名>][IN 工作区号|Alias<别名>]

2. 数据表的关闭

对数据表的操作完成后,应将表关闭,关闭表有多种命令。

- 关闭当前工作区打开的表的命令为:USE
- 关闭当前打开的所有表的命令为:CLOSE ALL

3. 表结构的修改

在创建数据表结构时,难免会考虑不周或出错,在使用过程中就会发现某些字段设计不符合要求等问题,所以就要对表结构进行必要的修改。在 VFP 中,利用表设计器来修改表结构。

(1)用菜单修改表结构

选择“显示”→“表设计器”命令,即可打开“表设计器”窗口对表结构进行修改。

(2)启动表设计器的命令为:MODIFY STRUCTURE

4. VFP 命令格式及使用规则

命令格式:

<命令动词> [<命令短语>…]

命令短语及说明如表 4.7 所示。

表 4.7 命令短语及说明

命令短语	具体内容	含 义
<范围>子句	all	表示数据表的所有记录
	record n	指定第 n 条记录
	next n	从当前记录开始的 n 条记录
	rest	从当前记录到文件结束的所有记录
fields 子句	fields<字段名表>	说明操作数据表的各字段名,之间用“,”隔开。不选择该子句,则命令对表中所有字段进行操作
for 子句	for<条件>	在规定的范围中,按条件检查全部记录,即从第一条记录开始,满足条件的记录就执行该命令,不满足就跳过该记录,继续搜索下一记录,直到最后一条记录。若省略<范围>则默认为 all
whille 子句	whille<条件>	在规定的范围中,只要条件成立,就对当前记录执行该命令,并把记录指针指向下一条记录,一旦遇到使条件不满足的记录,就停止搜索并结束该命令的执行。即遇到第一个不满足条件的记录时,就停止执行该命令,即使后面还有满足条件的记录也不执行。若省略范围则默认为 rest

5. 表的复制

(1)表结构的复制

格式:COPY STRUCTURE TO <文件名> [FIELDS <字段名表>]

功能:将当前数据表的结构复制到指定的数据表文件中去,新表的字段数和字段顺序由“fields <字段名表>”子句决定。

(2)表结构和记录的复制

格式:COPY TO <文件名>[<范围>][FIELDS<字段名表>][FOR|WHILE<条件>]

功能:将当前表中在指定范围内满足条件的记录,按指定的字段复制生成一新表文件。

4.3.6 数据库表的约束机制

1. 设置表的字段属性

将表文件添加到数据库后,数据库表就具有自由表所没有的属性,这些属性作为数据库的一部分存在,只要表仍属于这个数据库,这些属性就将和表一块存在,直到表从数据库中移去为止。数据库表的字段属性设置包括设置字段标题、设置字段注释、设置字段默认值、设置字段输入掩码和显示格式以及如何设置字段有效性规则来控制输入字段的输入内容等。而设置数据库表的字段默认值、输入掩码、显示格式以及字段有效性规则等是关系数据库域完整性约束规则的实现。

（1）设置字段标题

要设置数据库表的字段属性，首先应打开“数据库表设计器”，通过“数据库表设计器”来设置字段的标题。可用下述方法打开“数据库表设计器”。

①打开学生成绩管理数据库“Stdatabase. dbc”。

②在“数据库设计器”中单击学生表（Student. dbf）。

③单击鼠标右键，在弹出的快捷菜单中选择“修改”命令，即打开“表设计器”，如图4. 14所示。

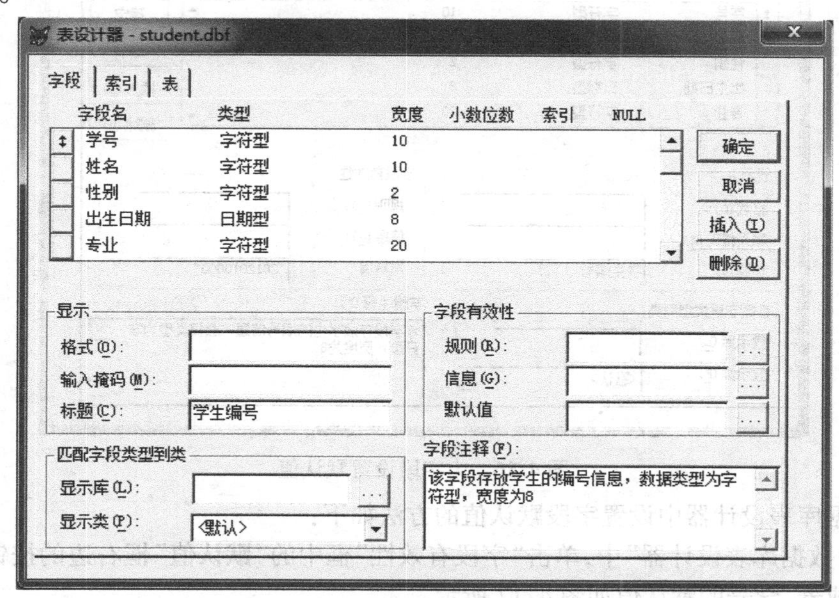

图 4. 14　数据库表设计器

在数据库表设计器中设置字段标题的方法如下：

①从“数据库表设计器”中，选择要设置字段标题的字段，如“学号”字段，然后在“显示”框的“标题”输入框中输入要显示的字段标题，如“学生编号”，如图 4. 14 所示。

②单击“确定”按钮，返回数据库设计器。

设置字段标题后，在“浏览”窗口中查看表时，显示的是设置的字段标题而不是字段变量名，如图 4. 15 所示。为字段设置了标题，并不改变原字段变量名，在对表操作时，必须使用字段变量名而不是使用字段标题。

Student

姓名	性别	学生编号	出生日期	专业	学院	照片	简历
张成栋	男	2012010001	05/12/94	计算机科学	计算机学院	gen	memo
王芳	女	2012010002	09/25/95	计算机科学	计算机学院	gen	memo
江姗姗	女	2012010003	12/15/95	计算机科学	计算机学院	gen	memo
成龙	男	2012011001	07/10/94	食品质量管理	食品学院	gen	memo
杨洋	男	2012011002	11/20/94	食品质量管理	食品学院	gen	memo
龚丽丽	女	2012013001	05/15/96	车辆工程	工程学院	gen	memo
李民明	男	2012013002	03/22/94	车辆工程	工程学院	gen	memo
刘明	男	2012014001	07/18/95	城市规划	园艺园林学院	gen	memo
王汉成	男	2012014002	05/20/94	城市规划	园艺园林学院	gen	memo

图 4. 15　为字段设置标题

(2)设置字段默认值

如果向数据表中输入数据时,某个字段的数据重复很多,那么可以在“数据库表设计器”中为该字段设置默认值。以提高输入数据的效率。比如图书表的书号的默认值设置为2012010000,如图 4.16 所示。

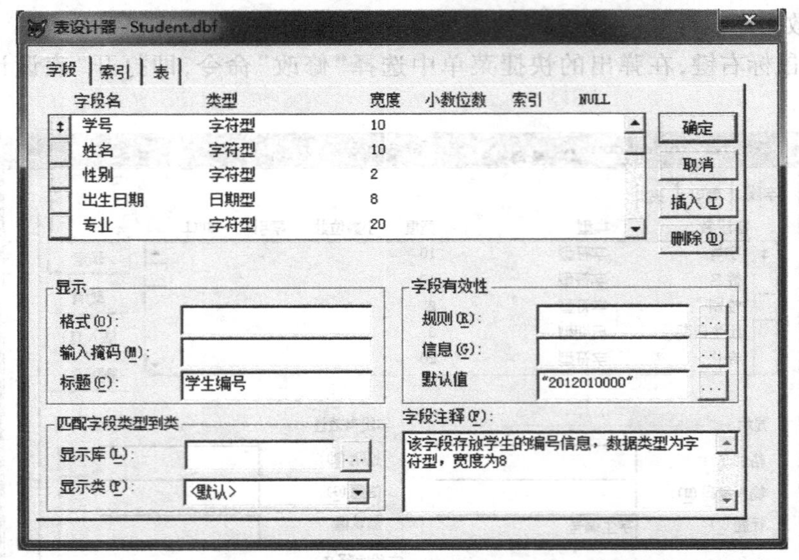

图 4.16 为字段设置默认值

在数据库表设计器中设置字段默认值的方法如下:

①从“数据库表设计器”中,单击“字段有效性”框中的“默认值”框右边的按钮,弹出表达式生成器,学号的默认值如图 4.17 所示。

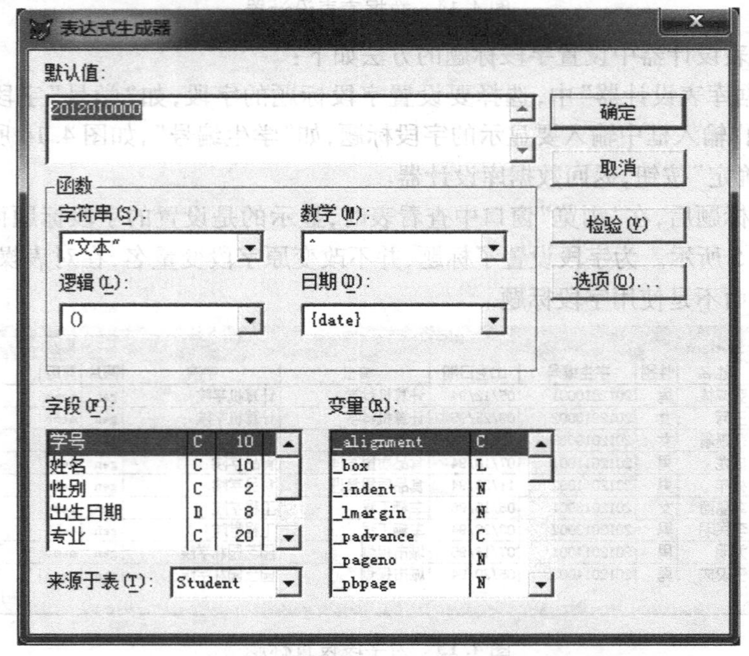

图 4.17 设置字段默认值的表达式生成器

②单击“确定”按钮,返回数据库设计器。

(3)设置字段有效性规则和错误提示信息

对于数据库表,可以设置字段有效性规则来控制输入到这些字段中的数据。字段有效性规则实际上是一个逻辑表达式。当字段的值发生变化时,字段级规则将把所输入的值与所定义的规则表达式进行比较,如果输入的值不满足规则要求,则不能输入。例如,学号字段的值只能是以“2012”开头,因此可以为该字段设置一个有效性规则来限制输入的内容,用户只有输入“2012”开头的学号才有效,否则输入无效。

可以按以下步骤为“学号”字段建立有效性规则和错误提示信息:

①打开“数据库表设计器”,选择要设置规则的字段,如选择“学号”字段。

②在“字段有效性”栏中的“规则”框中直接输入有效性规则或单击右侧按钮,打开“表达式生成器”对话框来建立有效性规则。例如,为“学号”字段设置有效性规则为:

left(学号,4)= "2012"

③在“信息”输入框中,输入错误提示信息。注意,输入的提示信息一定要加字符串的定界符。

如输入“学号只能是2012开头,输入有错,请重新输入!”的错误提示信息,当用户输入的字段数据不符合“规则”中定义的要求时将显示错误提示信息。

④设置完规则和错误提示信息后,单击“确定”按钮,返回“数据库设计器”。

字段级规则在字段值改变时发生作用。当字段设置了有效性规则后,在对数据表进行输入数据时,如果输入的数据不符合规则的要求,将出现提示对话框,如图4.18所示。

图4.18 设置字段有效性规则和效果

2. 设置长表名

新建表时必须指定一个文件名,这个文件名就是数据库表或自由表的缺省表名。对于数据库表,除了缺省表名外,还可以指定一个长表名。长表名最多包含128个字符,并可以用它来代替短表名。长表名与缺省表名的构成规则是一样的,都必须以字母或下划线字符开始,并由字母、数字和下划线字符所组成,而且表名中不能有空格。

同设置字段属性一样,打开数据库表设计器,通过“表”选项卡来设置长表名,如图4.19所示。

只要定义了长表名,在VFP的数据库设计器、查询设计器、视图设计器或“浏览”窗口的标题栏中都将显示这个长表名。如图4.20是Student.dbf表在学生成绩管理数据库中的显示。

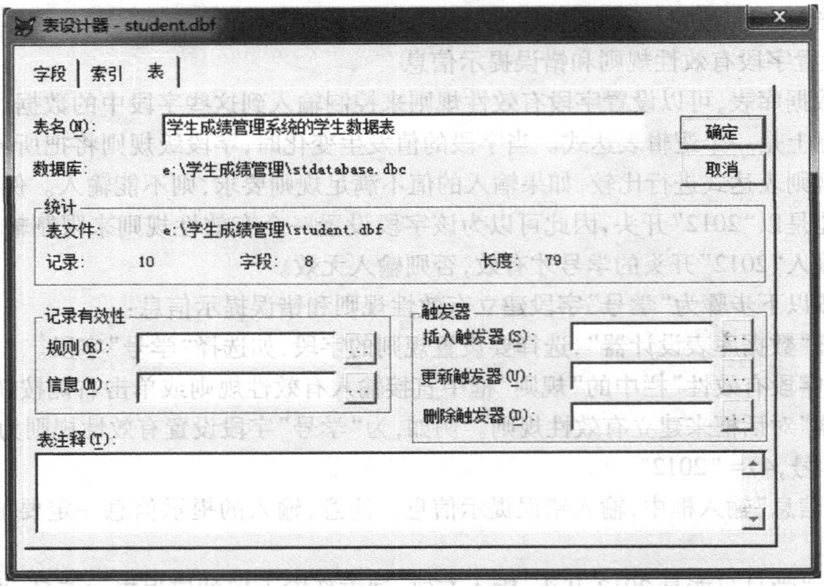

图 4.19　设置长表名

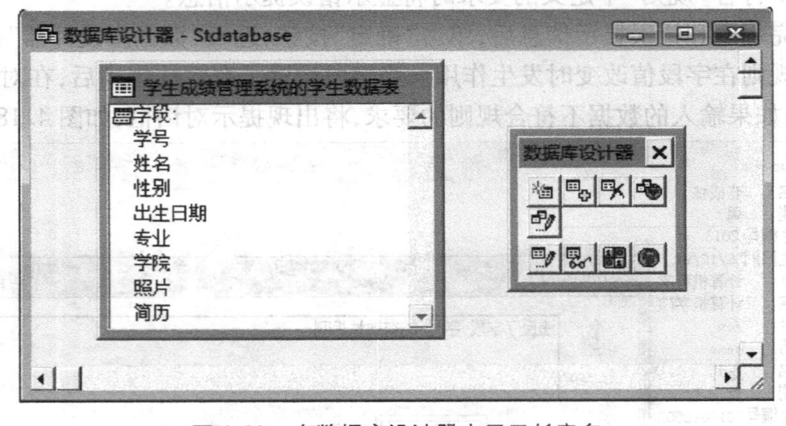

图 4.20　在数据库设计器中显示长表名

3. 设置记录有效性规则和错误提示信息

记录有效性规则用于控制输入到数据库表中记录的数据是否合法和有效。同字段级规则一样,记录级规则在记录值改变时被激活。当记录指针移开记录时,VFP 会检查记录级规则。如果该记录中的值没有变化,则在移走记录指针时,不检查记录级规则。记录级有效性规则的调用在字段级有效性规则之后,但在触发器之前。

设置表的记录级有效性规则的具体操作提示为:

①打开“数据库表设计器”后,选择“表”选项卡。

②在“记录有效性”栏的“规则”输入框中直接输入规则,该规则通常是一个逻辑表达式或函数,当输入记录值时,若该表达式或函数返回一个逻辑假(.F.),说明输入非法。

③在“信息”输入框中输入错误提示信息,该信息是一个字符串,必须有定界符。

④单击“确定”按钮。

例如,在 Student.dbf 表中,出生日期不允许是 2000 年以后,则可设置下列记录级规则。

iif(year(出生日期)<=2000,.t.,.f.)

在设置了记录级规则后,如果输入的记录不满足规则的要求,则出现如图 4.21 所示的提示框,则用户无法离开输入界面,直到输入了合法的记录数据为止。

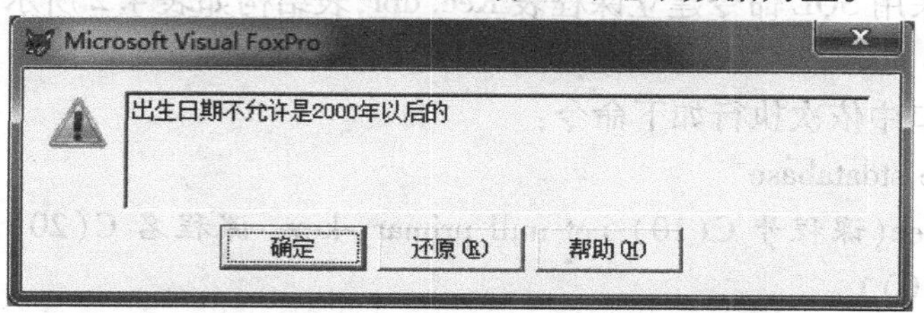

图 4.21 记录有效性规则提示框

4. 设置触发器

触发器是绑定在表上的表达式,当表中的任何记录被指定的操作命令修改时,触发器被激活。触发器用于处理数据发生变化时要执行的操作。例如,可以用触发器记录表中数据的更改情况,强制执行参照完整性检查等。触发器可以作为指定表的属性而建立并存储。如果将表从数据库中移去,那么与其相关的触发器也将被删除。触发器作为表中数据有效性检查机制之一,是在字段有效性规则、记录有效性规则之后执行的。

对于每个表 VFP 定义了 3 种事件触发器,即插入触发器、更新触发器和删除触发器。插入触发器是记录插入时激活的,更新触发器是在记录更新时激活的,删除触发器是在记录删除时激活的。触发器每次启动后都将返回真或假。

设置触发器的具体操作是启动"数据库表设计器",选择"表"选项卡,在插入、更新、删除三个触发器输入框中分别输入触发器表达式即可。

例如,为 Student.dbf 表设置一个更新触发器,如图 4.22 所示,只能修改 1994 年出生的学生记录。则当对 1994 年出生的学生记录修改时,就会激活更新触发器。

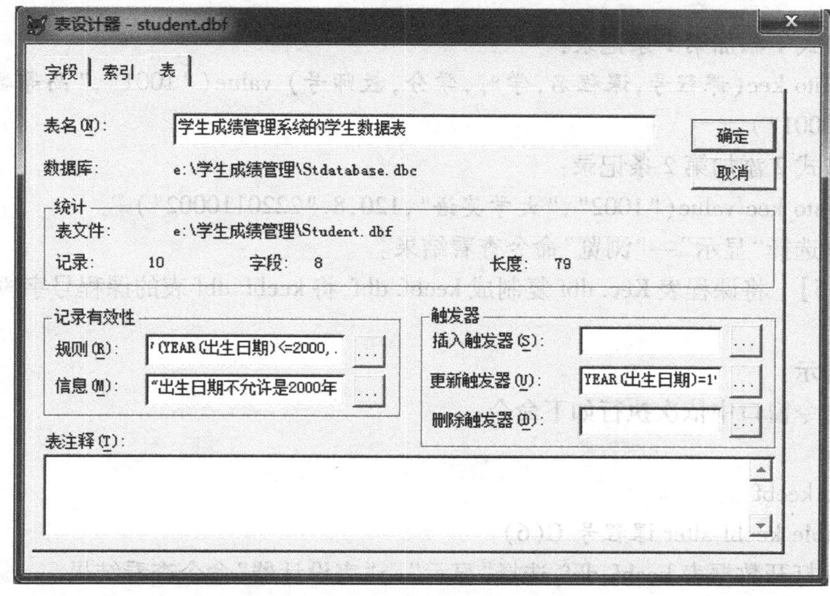

图 4.22 更新触发器的设置

4.3.7 用SQL命令建立、修改课程表

【例4.3】 采用SQL命令建立课程表Kec.dbf,表结构如表4.2所示。

操作提示:

①在命令窗口中依次执行如下命令:

open database stdatabase

create table kec(课程号 C(10) not null primary key, 课程名 C(20),学时 I(4),学分 I(4),教师号 C(10))

②选择"显示"→"浏览"命令,结果如图4.23所示。

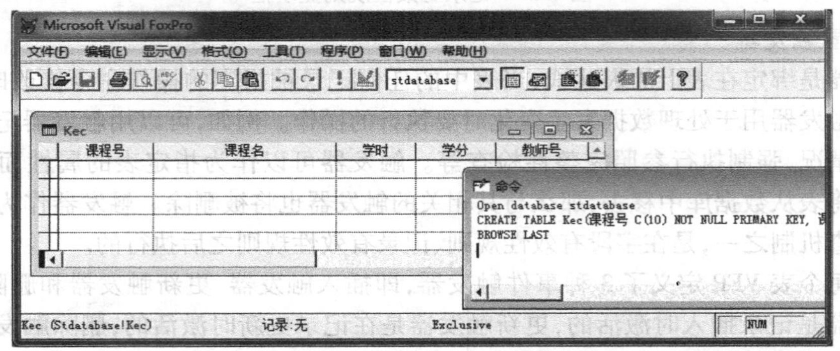

图4.23 浏览无记录的课程表Kec.dbf

【例4.4】 在课程表中添加记录,数据如图4.3所示。

操作提示:

①在命令窗口中依次执行如下命令(以下两种格式均可,读者可以继续添加剩下的记录):

根据格式1添加第1条记录:

insert into kec(课程号,课程名,学时,学分,教师号) value("1001","高等数学",80,4,"2220110001")

根据格式2添加第2条记录:

insert into kec value("1002","大学英语",120,8,"2220110002")

②可以选择"显示"→"浏览"命令查看结果。

【例4.5】 将课程表Kec.dbf复制成kecbf.dbf,将kecbf.dbf表的课程号字段的宽度改为6。

操作提示:

①在命令窗口中依次执行如下命令:

use kec

copy to kecbf

alter table kecbf alter 课程号 C(6)

②可以打开数据表kecbf.dbf,选择"显示"→"表设计器"命令查看结果。

【例4.6】 为【例4.5】中产生的数据表Kecbf.dbf表增加一个字段:选修否 L。

操作提示：

①在命令窗口中执行如下命令：

alter table kecbf　add 选修否 L

②可以打开数据表 kecbf. dbf,选择“显示”→“表设计器”命令查看结果。

【例 4.7】 将数据表 kecbf. dbf 表的教师号字段改为教师工号。

操作提示：

①在命令窗口中执行如下命令：

alter table kecbf　rename 教师号 TO 教师工号

②可以打开数据表 kecbf. dbf,选择“显示”→“表设计器”命令查看结果。

【例 4.8】 将 Kecbf. dbf 表的选修否字段删除。

操作提示：

①在命令窗口中执行如下命令：

alter table kecbf drop 选修否

②可以打开数据表 kecbf. dbf,选择“显示”→“表设计器”命令查看结果。

4.3.8　SQL 语言简介

1. SQL 语言的特点

结构化查询语言(Structured Query Language,SQL)首先由 Boyce 和 Chamberlin 在 1974 年提出,1979 由 IBM 公司首次成功地使用在关系型数据库管理系统 System R 上。SQL 语言简洁易学,功能丰富,使用方便,备受用户欢迎。现在已成为关系型数据库通用的查询语言,适用于绝大多数的关系数据库系统。

SQL 语言的功能主要包括数据定义、数据控制、数据操作和数据查询等,其中,数据定义是对关系模式一级的定义;数据控制是对数据访问权限的授予或撤销;数据操作是对关系中的具体数据进行增加、删除和更新等操作;数据查询是对关系中的数据进行检索。

SQL 语言具有以下的特点：

①SQL 是一种一体化的语言,它包括了数据定义、数据控制、数据操作和数据查询等方面的功能,它可以完成与数据库相关的全部工作。查询是 SQL 语言最重要的组成部分。

②SQL 语言是一种高度非过程化的语言,它没有必要告诉计算机“如何”去做,用户只需要告诉计算机“做什么”,SQL 语言就可以将要求交给系统自动完成。

③SQL 语言非常简洁。虽然 SQL 语言功能较强,但它只有为数不多的几条命令,表4. 8 中给出了各类命令动词。另外 SQL 语言也非常简单,它很接近英语自然语言,因此容易学习和掌握。

表 4. 8　SQL 命令动词

SQL 功能	命令动词
数据查询	select
数据定义	create、drop、alter
数据操作	insert、update、delere
数据控制	grant、revoke

SQL 语句可以进行表的定义,即表结构的创建、修改和删除,从而实现对表结构的设计及维护等操作。

2. 创建表

表结构可以通过 VFP 表设计器建立,也可以通过 SQL 的 CREATE TABLE 命令建立。

格式:

CREATE TABLE|DBF <表名> [FREE]

(<字段名 1> <类型> [(宽度[,小数位数])]

[,<字段名 2> <类型> [(宽度[,小数位数])]

[MULL][NOT MULL][DEFAULT <表达式>][PRIMARY KEY]

[…])

功能:生成一个由表名所标识的表。它可以由一个或几个字段组成,其中:数据类型可以用全称(例如:Data)或代表类型的字母(例如:D)表示,表 4.9 列出了在 CREATE TABLE 命令中可以使用的数据类型及说明。

表 4.9 数据类型说明

字母类型	字段宽度	小数位	说 明
C	N	–	字符型字段的宽度为 n
D	–	–	日期类型(Data)
T	–	–	日期时间类型(DataTime)
N	N	D	数值字段类型宽度为 n,小数位为 d(Numeric)
F	N	d	浮点数值字段类型宽度为 n,小数位为 d(Float)
I	–	–	整数类型(Integer)
B	–	–	双精度类型(Double)
Y	–	–	货币类型(Currency)
L	–	–	逻辑类型(Logical)
M	–	–	备注类型(Memo)
G	–	–	通用类型(General)

说明:

①该命令中字段名和类型间一定有空格。

②该命令中 NOT NULL 是指书号字段值不能为空值,PRIMARH KEY 是将书号字段定义为主关键字,不能有重复值。

③用 MODIFY STRUCTURE 显示与用 VFP 命令建立的结构完全相同。

3. 用 SQL 命令插入记录

格式 1:INSERT INTO <表名>[(字段名 1,字段名 2,…)] VALUES (<表达式 1>,<表达式 2>…)

该命令在指定的表尾添加一条新纪录,其值为 VALUES 面的表达式的值。

当需要插入表中所有字段的数据时,表名后面的字段名可以缺省,但插入数据的格式及顺序必须与表的结构完全吻合；若只需要插入表中某些字段的数据，就需要列出插入数据的字段名，当然相应表达式的数据位置应与之对应。如【例 4.4】中添加记录的命令，其中第 2 条命令即缺省了表名后面的字段名。

格式 2：INSER INTO <表名> FROM ARRAY <数组名>

VFP 中要求数组各元素与表中各字段顺序对应。如果数组中元素的数据类型与对应的字段类型不一致，则新记录的字段值为空；如果表中字段个数大于数组元素个数，则多余的字段为空值。

4. 修改表结构

用 SQL 语句修改表结构，无须用 USE 命令打开表。

修改表结构的命令均是以 ALTER TABLE 开头。

(1)修改字段属性

格式：ALTER TABLE <表名> ALTER <字段名 1> <类型> [(<宽度>[,<小数位数>])] ;
[ALTER <字段名 2> <类型> [(<宽度>[,<小数位数>])]]
[…]

功能：修改指定表的结构。如【例 4.5】中利用该命令修改课程号字段的宽度。

(2)增加字段

格式：ALTER TABLE 表名> ADD <字段名 1> <类型> [(<宽度>[,<小数位数>])] ;
[ADD <字段名 2> <类型> [(<宽度>[,<小数位数>])]]
[…]

功能：为指定表增加部分字段。如【例 4.6】中利用该命令添加了选修否字段。

(3)字段改名

格式：ALTER TABLE 表名 RENAME <字段名 1> TO <新字段名 1>;
[RENAME <字段名 2> TO <新字段名 2>] […]

功能：为指定表中的部分字段改名。如【例 4.7】中利用该命令将教师号改为教师工号。

(4)删除字段

格式：RENAME 表名 DROP <字段名 1> [DROP <字段名 2>] […]

功能：删除指定表中的部分字段，如【例 4.8】中利用该命令删除了选修否字段。

4.4 多工作区操作

4.4.1 建立学生成绩管理系统的表间关系

【例 4.9】 在学生成绩管理数据库“Stdatabase. dbc”中建立学生表 Student. dbf、课程表 Kec. dbf、教师表 Jiaos. dbf、成绩表 Chengj. dbf 4 个数据表之间的永久关系。

分析：

本例中涉及 4 个数据表之间建立永久关系，必须是两个表之间分别建立。表之间的永久关系是基于索引建立的，要求两个表的索引中至少有一个是主索引或候选索引，这个表为父表。子表的索引类型决定了要建立的永久关系类型。

操作提示：

①启动 VFP，进入其主界面，选择“文件”→“打开”命令，在如图 4.24 所示的打开对话框的文件类型中选择“数据库”，选中“Stdatabase. dbc”以及勾选“独占”复选框，然后单击“确定”按钮。

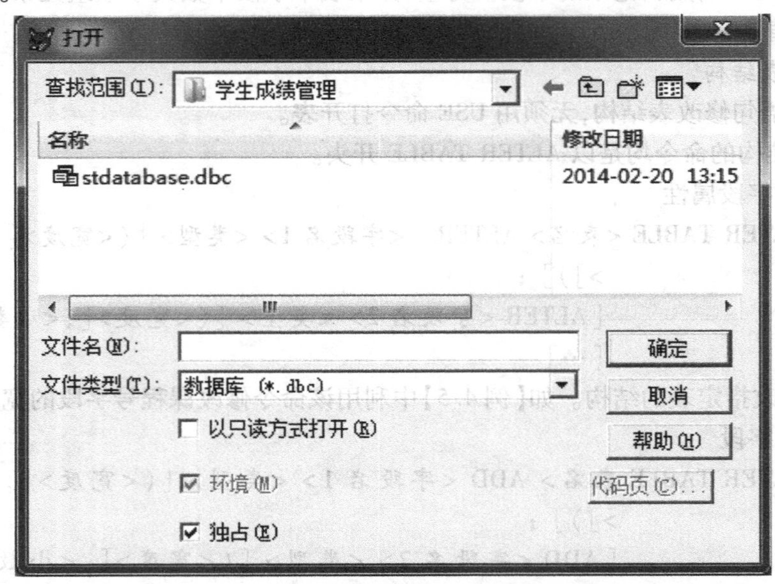

图 4.24 打开数据库文件对话框

②打开数据库设计器。在 Student. dbf 上单击鼠标右键，在弹出的快捷菜单中选择“修改”命令，打开表设计器，先为学号建立索引，如图 4.25 所示，再选择“索引”选项卡，建立如图 4.26 所示的“学号”主索引，然后单击“确定”按钮。

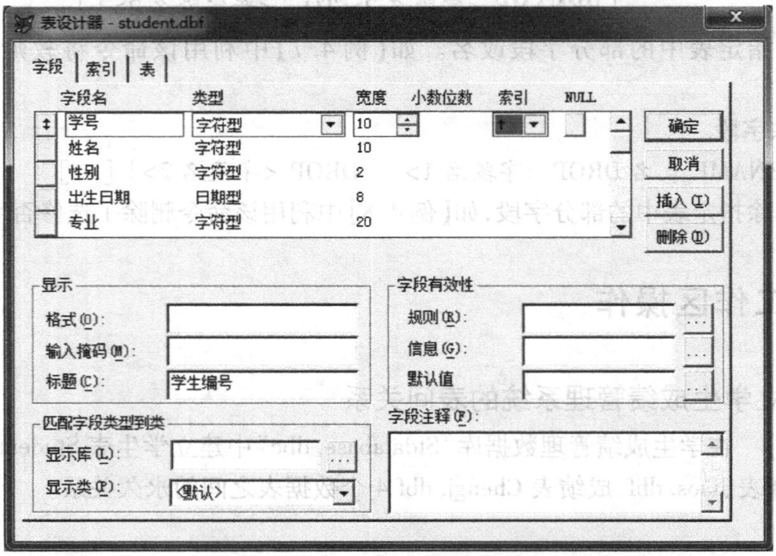

图 4.25 为学号字段建立升序索引

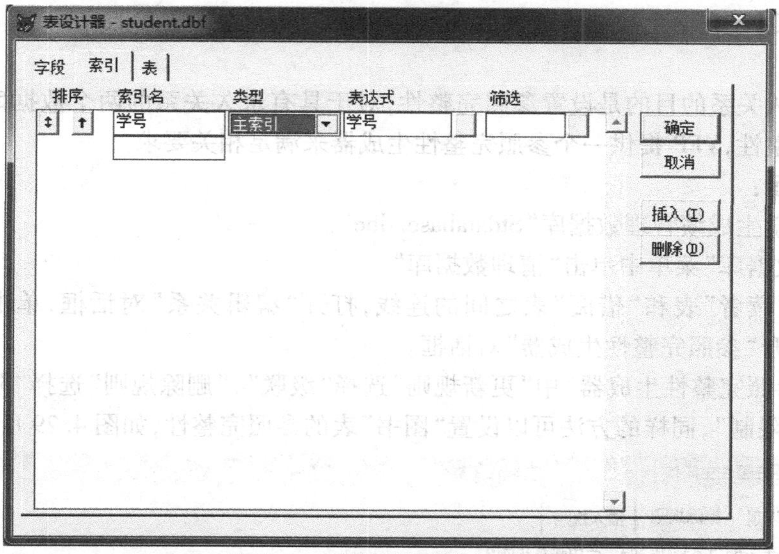

图 4.26　将学号设置为主索引

③按同样的方法为 Kec. dbf 的"课程号"和"教师号"字段分别建立主索引和候选索引；为 Jiaos. dbf 的"教师号"字段建立主索引；为 Chengj. dbf 的"学号"和"课程号"字段建立普通索引。数据库设计器如图 4.27 所示。

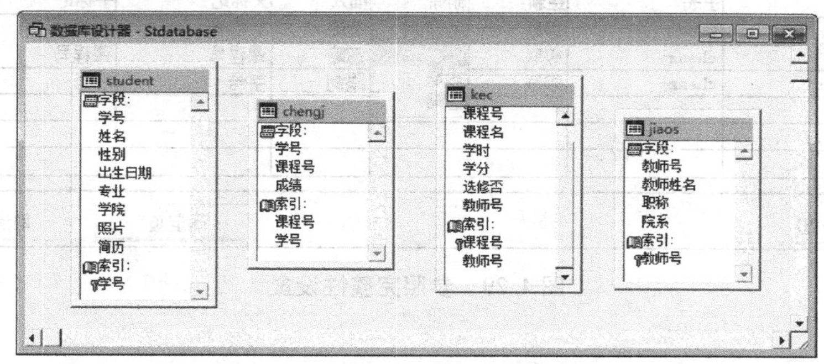

图 4.27　建立索引后的数据库设计器

④按住鼠标左键将读者表的"读者编号"主索引拖动到借阅表的"读者编号"索引上，放开鼠标左键；同样的方法，将图书表的"书号"主索引，拖动到借阅表的"书号"索引上。建立好的永久关系如图 4.28 所示。

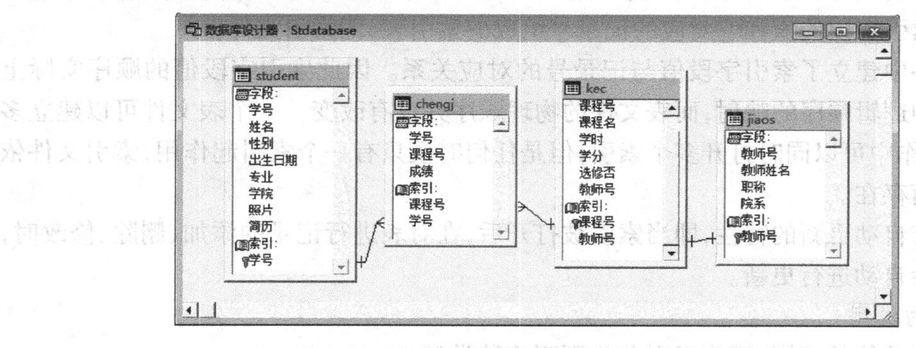

图 4.28　学生成绩管理系统表之间的永久关系

【例 4.10】 在学生成绩管理数据库"Stdatabase. dbc"中设置参照完整性。

分析：

建立永久关系的目的是设置参照完整性，对于具有永久关系的两个数据库表，为了保证数据的完整性，VFP 提供一个参照完整性生成器来满足相关要求。

操作提示：

①打开学生成绩管理数据库"Stdatabase. dbc"。

②在"数据库"菜单中单击"清理数据库"。

③双击"读者"表和"借阅"表之间的连线，打开"编辑关系"对话框，单击"参照完整性"按钮，打开"参照完整性生成器"对话框。

④在"参照完整性生成器"中"更新规则"选择"级联"，"删除规则"选择"限制"，"插入规则"选择"限制"，同样的方法可以设置"图书"表的参照完整性，如图 4.29 所示。

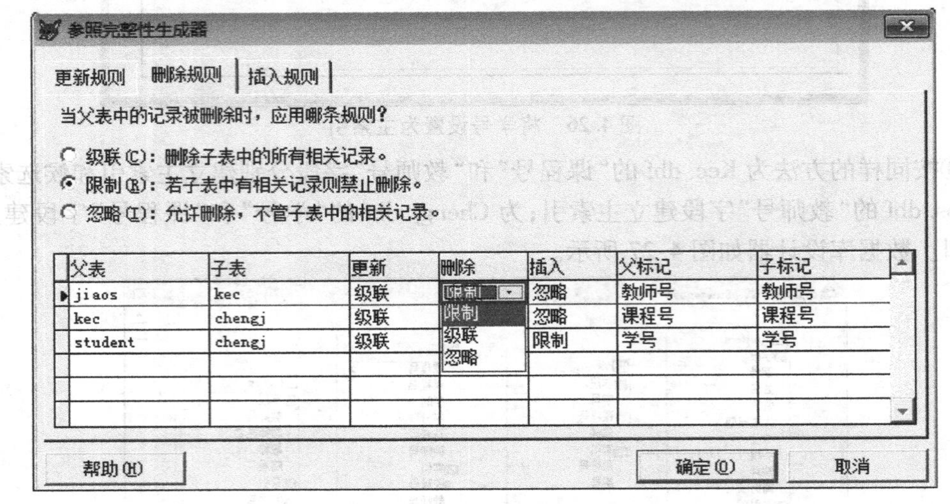

图 4.29 参照完整性设置

4.4.2 建立索引

1. 索引的概念

所谓索引，是指对表中的有关记录按指定的索引关键字表达式的值进行排列，并生成一个相应的索引文件或索引标识（该索引标识也包含在索引文件中）。建立索引就是建立一个由指定索引字段的值和它对应的记录号组成的索引表，即索引文件。

索引文件中建立了索引字段值与记录号的对应关系。因此索引字段值的顺序实际上是表文件某种逻辑顺序的映射，而表文件的物理顺序并没有改变。一个表文件可以建立多个索引，在操作中可以同时打开多个索引，但是任何时候只有一个索引起作用，索引文件依赖于表文件而存在。

索引具有自动更新的特性，即当索引被打开后，在对表进行记录的添加、删除、修改时，相应的索引会自动进行更新。

2. 索引的类型

根据索引功能的不同，可将索引分为下列 4 种类型。

(1)主索引

主索引是一种只能在数据库表中而不能在自由表中建立的索引。在指定的字段或表达式中,主索引的关键字绝对不允许有重复值。主索引主要用来在永久关系中的父表与子表之间建立参照完整性设置。一个表文件只能创建一个主索引。如果在任何已经包含了重复数据的字段中指定主索引,VFP 将产生错误信息。

(2)候选索引

候选索引与主索引类似,它的值也不允许在指定的字段或表达式中重复。候选一词是指索引的状态。因为候选索引禁止重复值,因此它们在表中有资格被选做主索引,即主索引的候选,一个表中可以有多个候选索引。

(3)唯一索引

唯一索引允许索引关键字在表中的记录有重复的值。但在创建的索引文件里不允许包含有索引关键字的重复值,若表有重复的字段值,索引文件只保留该关键字段值前面的第一条记录。

(4)普通索引

除主索引、候选索引、唯一索引之外的索引便是普通索引,普通索引允许索引关键字段有相同值。

对于以上不同功能的索引类型,需特别说明以下两点:

①普通索引、唯一索引、候选索引既可以在自由表中建立,也可以在数据库表中建立。主索引则只能在数据库表中建立。

②一个自由表或数据库表可同时建立多个普通索引、唯一索引、候选索引,但一个数据库表只能建立一个主索引。

3. 索引文件的种类

(1)单索引文件

单索引文件中只包含一个索引,索引文件的扩展名为 . idx。使用时必须先打开。该索引本书不讨论。

(2)非结构复合索引文件

非结构复合索引文件可以包含不同索引标识的多个索引,也可以为一个表建立多个非结构复合索引文件。非结构复合索引文件的文件名由用户指定,扩展名为 . cdx。使用时必须打开。该索引本书不讨论。

(3)结构复合索引文件

结构复合索引文件可以包含不同索引标识的多个索引。一个表只有一个结构复合索引文件,其索引文件名与表名同名,扩展名为 . cdx。结构复合索引文件随表的打开而打开,随表的修改而更新。在 VFP 中,主要使用结构复合索引文件。

4. 用表设计器建立结构复合索引文件

建立结构复合索引文件的方法如下:

(1)建立单个字段的普通索引

打开数据表,再打开表设计器,单击“字段”选项卡,在需要索引的字段右边对应的“索引”下拉列表中选择↑升序或↓降序。

(2)建立主索引、候选索引、唯一索引和普通索引 4 种类型的索引。该方法建立的索引

为结构复合索引,产生的结构复合索引文件名与数据表同名,扩展名为.cdx。具体步骤如下:

①打开表设计器,单击“索引”选项卡,在“索引名”框中,输入索引的名称,默认为字段名。

②在“类型”列表框中,选择索引类型。

③如果要使用降序排序,用鼠标单击位于索引名左边的升、降序按钮。缺省的排序顺序为升序。

④在“表达式”框中输入用于索引的字段名。或单击表达式框右边的按钮启动“表达式生成器”来建立索引表达式。

⑤如果要对满足条件的记录索引,可在“筛选”框中输入筛选表达式。

⑥单击“确定”按钮,在弹出的提示对话框中单击“是”按钮。如【例 4.9】中为学生表 Student.dbf、课程表 Kec.dbf、教师表 Jiaos.dbf 设置的主索引。

5. 命令方式建立结构复合索引文件

格式:INDEX ON <索引关键字表达式> TAG <索引标识名> [FOR|WHILE <条件>] [ASCENDING|DESCENDING]

说明:

①第一次建立索引时,将产生一个与数据表同名而其扩展名为.cdx 的结构复合索引文件。结构一词是指:VFP 把该文件当作表的固有部分来处理,并在使用表时自动打开。如果结构复合索引文件丢失了,数据表文件就不能打开。

②结构复合索引文件一旦建立,将随着数据表文件的打开而同时自动打开,但对记录的操作顺序不影响。

③“索引标识名”作为索引的标识,存放在.cdx 文件中。一个.cdx 文件可以包含多个标识名,但各标识名应不相同。

④ASCENDING|DESCENDING 指定记录的排序方式,前者为升序(默认),后者为降序。

6. 索引的使用

索引的作用和功能是多方面的,其中最主要的一个作用就是利用索引进行索引查询。要实现索引查询,必须满足一定的条件。具体地讲,除表文件必须打开外,还必须确定相应的主控索引。

一个表可以同时打开多个索引,但任何时刻只能有一个索引起作用。所谓主控索引标识,就是指结构复合索引文件所包含的多个索引标识中当前正起作用的索引标识,简称主控索引。

(1)设置主控索引

当打开了多个独立索引文件或结构复合索引文件中包含多个索引标识时,需要指定当前起作用的索引。

格式:SET ORDER TO <单索引文件名>|[TAG]<索引标识名>

功能:指定相应的索引为主控索引。

(2)删除索引标识

格式:DELETE TAG ALL | <索引标识 1>[,<索引标识 2>…]

功能:删除打开的复合索引文件的索引标识。

说明：

①ALL 子句用于删除复合索引文件的所有索引标识。

②该命令只能删除打开的复合索引文件的索引标识。

4.4.3 工作区的概念

1. 工作区与别名

工作区实际上就是一个带有编号的内存区域，VFP 通过它来标识一个打开的表，在一个工作区中只能打开一个表。在 VFP 中，除了用编号表示工作区外，还可以用别名来标识该工作区。

VFP 提供了 32 767 个工作区，这 32 767 个工作区分别用 1~32 767 的数字来标识。此外，系统为前 10 个工作区指定的别名为字母 A~J。若在某工作区打开表时没有指定别名，则该表名即为表的别名；若打开表时同时指定了别名，则可以用此别名来引用该表或工作区。打开表时指定别名的方法请参看下面的 USE 命令。

格式：USE<表名>ALIAS<别名>

功能：打开一个表文件，并为该表定义一个别名。

当前正在操作的工作区称为当前工作区，只有当前工作区打开的表文件才处于激活状态，系统默认 1 号工作区为当前工作区。用户可以根据需要改变当前工作区。

2. 选择当前工作区

格式：SELECT <工作区号>|<别名>

功能：选择一个工作区为当前工作区。

说明：

①命令“SELECT 0”表示选择尚未使用的编号最小的工作区为当前工作区。

②当前工作区改变时，不会改变各工作区的记录指针位置。

③在打开数据表的同时可以选择工作区，其命令为：USE <表名> IN <工作区>。该命令不会改变当前工作区。

4.4.4 建立数据表之间的永久关系

表之间的永久关系在数据库设计器中显示为表索引之间的连接线，是基于索引建立的，要求两个表的索引中至少有一个是主索引或候选索引，这个表为父表。**子表的索引类型决定了要建立的永久关系类型。如果子表的索引类型是主索引或候选索引，则建立的是一对一关系。如果子表的索引类型是普通索引，则建立的是一对多关系。**如在【例 4.9】中学生表 Student. dbf 和成绩表 Chengj. dbf、课程表 Kec. dbf 和成绩表 Chengj. dbf 之间建立的是一对多的永久关系，教师表 Jiaos. dbf 和课程表 Kec. dbf 之间建立的是一对一的永久关系。

在数据库中建立的永久关系将作为数据库的一部分存储在数据库文件中。当用户使用查询文件、视图文件或表格文件时，这些数据表的关联便自动链接起来。但这种永久关联并不能控制关联表内记录指针间的定位关系，如果需要实现各表之间指针的同步移动，则要使用 set relation 命令建立“临时关系”。

4.4.5 设置参照完整性

对于具有永久关系的两个数据库表，当更新、删除、插入一个表中的数据时，通过参照引用相互关联的另一个表中的数据，来检查对表的数据操作是否正确。

参照完整性属于表间规则。对于建立了永久关系的数据库中的各相关表而言，在对其记录进行更新、删除、插入时，如果只改变某个表中的数据而与之相关的表中的数据不改变时，就可能导致各相关表中数据的不一致性，从而影响到数据的完整性。数据完整性出现问题时，通常会在子表中出现孤立的记录。

VFP 中，可能导致子表出现孤立记录并引发数据完整性问题的常见操作如下：

①修改了父表中的关键字值后，子表中相关记录的字段值却没有修改。

②删除了父表中的某个记录后，子表中的相关记录却没有删除。

③向子表插入或追加新记录，父表中却无关键字值与其相对应。

参照完整性规则的内容如表 4.10 所示。

表 4.10 参照完整性规则内容

规则 内容	更新规则	删除规则	插入规则
	当父表中的关键字值被修改时	当父表中的记录删除时	当在子表中插入或更新记录时
级联	用新的关键字值更新子表中所有相关记录	删除子表中的所有相关记录	
限制	若子表中有相关记录则禁止更新	若子表中有相关记录则禁止删除	若父表中不存在匹配的关键字值，则禁止插入
忽略	不做参照完整性检查，允许更新，不管子表中的相关记录	不做参照完整性检查，允许删除，不管子表中的相关记录	不做参照完整性检查，允许插入

4.4.6 数据表间的关联

1. 什么是关联

所谓关联，是指将 2 个或多个在不同工作区打开的表文件联系起来，以便当一个工作区的记录指针改变时，与之关联的工作区的记录指针也自动改变。建立关联后，称发出关联命令工作区的表称为父表，被关联工作区的表称为子表。本例中，表单 Form1 的 Load 事件代码为 3 个数据表建立了关联，关联后借阅表的指针移动会带动图书表和读者表的指针移动到相匹配的记录上。

建立表间的临时关系有以下几种方式：

- 一对一的关系：作为关联字段的字段值，父表和子表都没有重复值。当父表指针移动时，父表的一条记录与子表的一条记录相关联。
- 一对多的关系：作为关联字段的字段值，父表没有重复值，子表有重复值。父表的一条记录与子表的多条记录相关联。

● 多对一的关系:作为关联字段的字段值,子表没有重复值,父表有重复值。父表有多条记录与子表的一条记录对应,但子表的一条记录只能和父表的一条记录相关联。

● 多对多的关系:父表的多条记录与子表的多条记录相关联。在 VFP 中,不能直接处理多对多关系。

2. 使用命令建立关联

格式:SET RELATION TO <表达式 1> INTO <别名 1> [,<表达式 2> INTO <别名 2> …] [ADDITIVE]

功能:以当前表为父表与一个或多个工作区的子表建立关联。

说明:

①发出关联命令所在的工作区的表是父表,被关联的子表用<别名>表示,可以是工作区别名、工作区编号以及表别名。子表必须先对关联字段索引(单索引或复合索引),父表可以不建索引。当父表指针移动时,子表指针按照索引顺序移动到与父表关键字相匹配的第一条记录;若没有匹配的记录,子表指针指向文件尾。

②<表达式>是关联的关键字,一般使用表之间具有相同类型和宽度的同名字段,不同名的字段只要类型、宽度以及数值相同也可建立关联。

③关联后,在父表工作区移动记录指针,带动子表指针作同步移动;反之,子表的指针移动不会带动父表指针移动。

④[ADDITIVE]在建立新的关联后,保留以前的关联,用于 3 个或 3 个以上的数据表之间建立多重关联。

⑤关联后,当前工作区的字段名可直接使用,被访问工作区的字段名前必须加别名。

⑥"SET SKIP TOset skip to <别名>"在关联命令后使用,是建立一对多的关联。

⑦"SET RELATION TO RECNO( )+N into<别名>"把记录号作关键字建立关联。建立这类关联,子表可以不必索引。

⑧建立关联是建立表之间是临时关系,当数据表关闭或重新打开时,关联会自动取消。"SET RELATION TO"命令可以关闭关联。

5 数据表的基本操作

5.1 基于数据表的表单设计

5.1.1 建立系统登录表单

【例 5.1】 建立如图 4.6 所示的数据表 User. dbf,设计如图 5.1 所示的学生成绩管理系统的登录表单,文件名为 login. scx。将表单中的组合框与数据表中的用户姓名字段绑定。表单执行后,选择一用户名,输入密码,如果密码正确(与数据表中的密码字段对应),单击"进入系统"按钮,可以调用系统主表单"Stmain. scx"(该表单的设计在第 7 章完成);如果密码不正确,最多允许输入 3 次,每次给出错误提示,如果 3 次均不正确则直接退出系统,返回操作系统。单击"退出"按钮,可以退出本系统,返回操作系统。

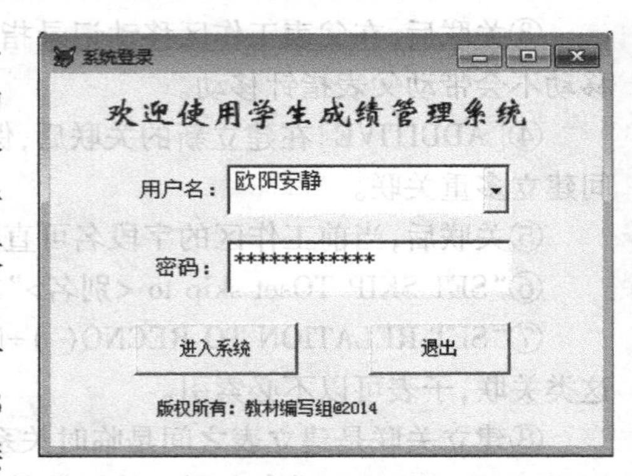

图 5.1 运行结果

分析:

①该数据表可以不属于学生成绩管理数据库,可以建立为自由表,并将该表添加到表单环境中。

②例题中要求表单执行后,选择一用户名,因此最好选择组合框控件,将用户编号和用户姓名与组合框 Combo1 绑定。在该对话框中可以只选择姓名字段,或只选择用户编号,为了避免错误的选择用户,最好两个字段都选择。

③运行表单后,可以通过组合框选择一用户,要在文本框 Text1 中输入密码,因此文本框的 PasswordChar 属性可以设置为" * "。

④单击"进入系统"按钮,如果用户名和密码正确,可以调用系统主表单"stmain. scx",如果密码不正确,最多允许输入 3 次,每次给出错误提示,这里选择分支结构的嵌套来完成判断;单击"退出"按钮,可以退出本系统,返回操作系统,即执行命令 quit。

操作提示：

①按前面的方法建立数据表 User. dbf。

②设计表单界面，其中包括 4 个标签，其 Caption 属性如图 5.1 所示；1 个文本框，其 PasswordChar 属性设置为“ * ”；1 个组合框；2 个命令按钮。

③在表单空白处单击右键，在弹出的快捷菜单中选择“数据环境”，弹出“打开”对话框，选择 user. dbf，单击“确定”按钮，在弹出的“添加表或视图”对话框中可以选择并添加多个数据表，在这里选择“关闭”按钮，则数据表成功添加到表单中，如图 5.2 所示。

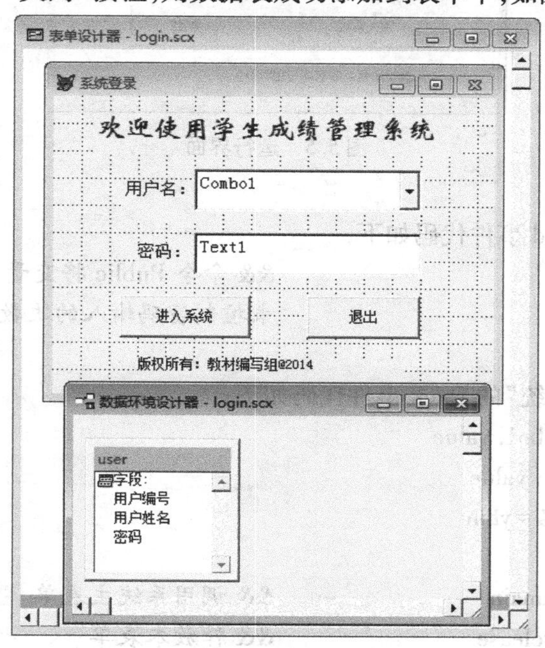

图 5.2 表单的数据环境

④关闭数据环境设计器，右键单击组合框 Combo1，选择“生成器”，弹出如图 5.3 所示的“组合框生成器”。

⑤选择“用户姓名”，单击“▸”按钮，再选择“用户编号”，单击“▸”按钮，如图 5.4 所示，单击“确定”按钮。

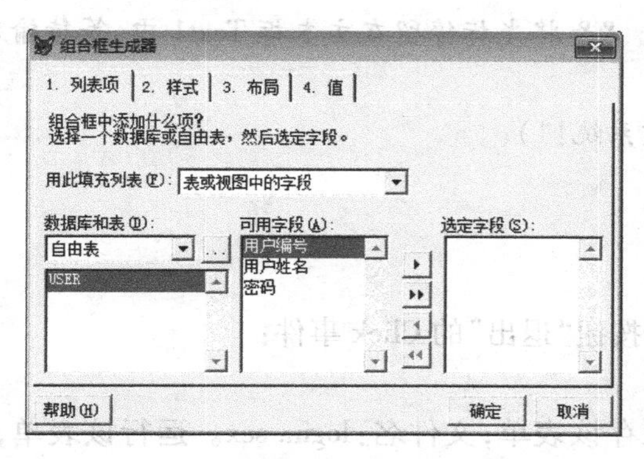

图 5.3 表单添加数据表后的组合框生成器

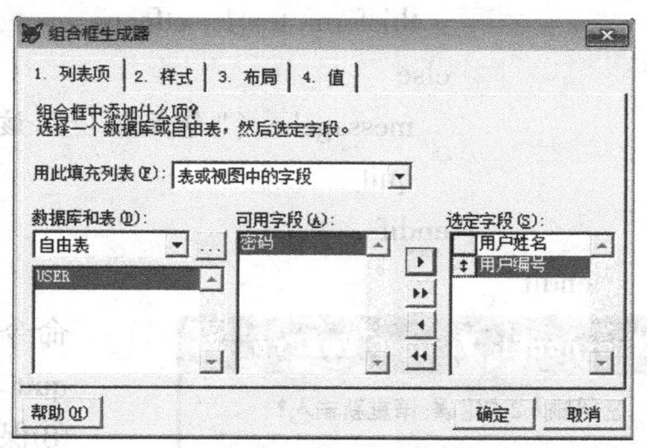

图 5.4 选定字段后的组合框生成器

⑥单击常用工具栏上的“!”按钮，如图 5.5 所示。

图 5.5　运行界面

⑦添加事件代码。

表单 Form1 的 Load 事件代码如下：

```
public n                                && 命令 Public 将变量 n 定义为全局变量，用
                                        来控制密码输入的次数
n=1
```

命令按钮“进入系统”的 Click 事件代码如下：

```
yhm=thisform. combo1. value
mm=thisform. text1. value
locate for 用户姓名=yhm
if 密码=mm
    do form stmain                      && 调用系统主表单
    thisform. release                   && 释放本表单
else
   if n<=3
     messagebox("密码输入"+str(n,1)+"次错误，请重新输入!")
     n=n+1
     thisform. text1. value=""
     thisform. text1. setfocus          && 将光标停留在文本框 Text1 中，等待输入
   else
     messagebox("您无权使用该系统!")
     quit
   endif
endif
```

图 5.6　密码提示

命令按钮“退出”的 Click 事件：

```
quit
```

⑧保存该表单，文件名：login. scx。运行该表单，如果密码错误给出相应的提示，如图 5.6 所示。

5.1.2 表单设计方法与步骤

VFP 的可视化开发环境将 Windows 编程的复杂性隐蔽起来,使得开发者可以将主要精力放在应用功能的实现上,从而大大提高了应用软件的开发效率。

VFP 应用软件界面主要包括表单、工具栏和菜单。VFP 表单实际是软件的窗口界面。在 VFP 可视化开发环境下建立应用软件的一般步骤如下:

①建立一个表单或者表单集,设置它们的外观尺寸,以形成 Windows 软件界面。

②为表单(集)设置数据环境,数据环境规定表单与数据表的相关性。

③根据软件功能要求,在表单中分配一些控件对象。原则是美观、清晰、符合操作习惯。

④设置每一个控件的关键属性值,如外观特征、数据控制源、标题、是否可见等。

⑤设置表单中各个控件的默认操作顺序。

⑥设计对象的事件驱动程序,也就是这些事件一旦发生,将完成什么功能。

⑦将其他的菜单、工具栏与表单或表单集联系在一起,用一个主程序驱动,就构成一个完整的 Windows 应用程序。

表单的创建可以采用两种方法:表单向导和表单设计器。表单向导可以建立两种固定格式的表单:为单个表创建操作数据的表单和为两个相关表创建操作数据的表单。表单向导可以帮助初学者直观认识表单的形成,但没有实用价值。本节主要介绍利用表单设计器创建表单,其主要操作提示为:

(1)启动表单设计器新建表单

以下 3 种方法都可以打开表单设计器,同时打开一个默认表单文件,初始表单名称是"Form1"。

➢ 在项目管理器中选择"文档"选项卡中的"表单"选项,再单击"新建"按钮,在弹出的"新建表单"对话框中单击"新建表单"按钮。

➢ 选择"文件"→"新建"命令,则弹出"新建"对话框,在该对话框中选择"表单(F)"按钮,再单击"新建文件"按钮。

➢ 在命令窗口输入:create form。

打开表单设计器后,VFP 主菜单和工具栏中自动产生"表单"菜单和如图 5.7 所示的表单工具栏。

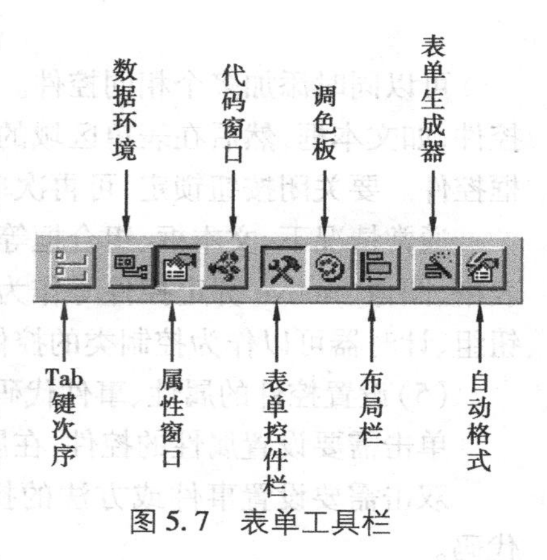

图 5.7 表单工具栏

(2)设置数据环境

通过把与表单相关的表或视图放进表单的数据环境中,可以自动建立控件与表或视图中的字段关联,方便表单设计和运行期间的数据管理。

在主窗口中选择"显示"→"数据环境"命令,将打开数据环境设计器窗口。第一次打开数据环境设计器窗口时,要求打开一个数据表,可以向数据环境设计器窗口添加、移去数据表或者视图。

完成数据环境的设置后,数据设计器窗口就会显示可用的表和字段。常用控件的控制源属性(ControlSource)就会显示可用的表和字段。例如文本框控件的 ControlSource。

(3)快速生成控件

表单是一个容器对象,需要向其中添加控件。在表单中快速生成控件的方法如下:

➢ 选择“表单”→“快速表单”命令。

➢ 在“表单设计器”工具栏中的选择“表单生成器”按钮。

以上两种方法均可打开“表单生成器”对话框,从“字段选取”选项卡中选定需要在表单中显示和编辑的字段;在“样式”选项卡中选择控件样式,然后单击“确定”按钮即可在表单中生成控件。

另外,也可以在“数据环境设计器”中,将一个表或者一个字段,或者若干字段,直接拖动到表单上,快速生成控件。

说明:将字符、数值、日期型字段逐一拖到表单上,产生文本框控件;将逻辑型字段拖到表单上,产生复选框控件;将备注型字段拖到表单上,产生编辑框控件;将通用型字段拖到表单上,产生 ActiveX 绑定控件;将一个表或者若干字段同时拖到表单上,产生表格控件。

(4)手工添加控件

在如图 5.8 所示的表单控件工具栏中单击一个控件按钮,然后将鼠标移到表单中,单击鼠标左键并拖动,该控件就被添加到表单中。

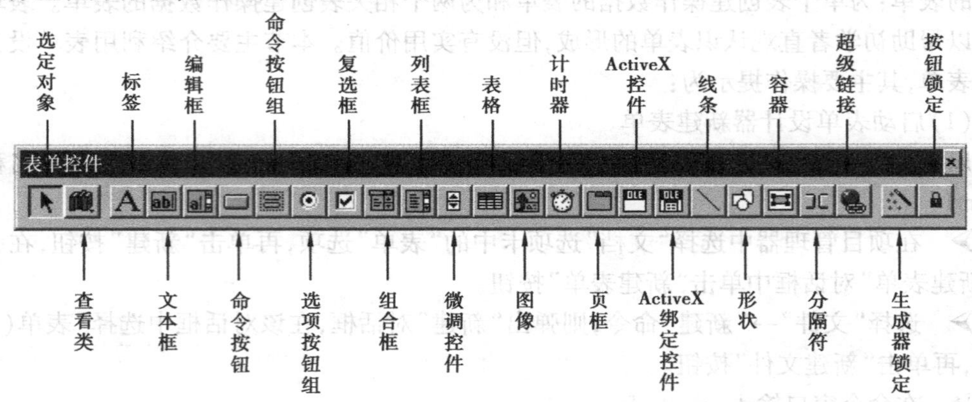

图 5.8 表单控件工具栏

可以同时添加多个相同控件。具体操作如下:单击“按钮锁定”,单击一个需要添加的控件,如文本框,然后在表单区域的不同位置,单击鼠标左键并拖动,就自动产生多个文本框控件。要关闭按钮锁定,可再次单击“按钮锁定”。

通常情况下,文本框、组合框等可以作为输入类的控件;标签、文本框、编辑框、列表框、表格、图像、Active 绑定控件等作为输出类的控件;命令按钮、命令按钮组、复选框、选项按钮组、计时器可以作为控制类的控件。

(5)设置控件的属性、事件代码

单击需要设置属性的控件,在属性窗口中根据需要设置。

双击需要设置事件或方法的控件,在出现的代码窗口中选择相应的事件,编写事件代码。

(6)保存和运行表单

选择“文件”→“保存”命令,或者单击常用工具栏中的“保存”按钮,或者直接按组合键:Ctrl+S(保存);Ctrl+W(保存并退出),均可以保存表单文件。在“另存为……”对话框中输入这个表单文件的名称,默认为“表单 1”。

表单设计好后,可以运行它以测试其功能。运行表单的方法有:

➢ 选择“表单”→“执行表单”(热键是:Ctrl+E)命令。

➢ 单击常用工具栏的“运行”按钮!。

➢ 在命令窗口执行命令:DO FORM<表单文件名>。

5.2 记录指针的定位

5.2.1 建立浏览学生信息表单

【例 5.2】 建立一个浏览学生信息的表单,如图 5.9 所示,保存为“Stbrowse. scx”,表单运行时,选择组合框中的记录号后则记录指针指向该记录。单击“首记录”按钮能够将记录指针移动到“Student. dbf”的第一条记录,单击“末记录”按钮能将记录指针移动到“Student. dbf”的最后一条记录;单击“上一条”按钮能够将记录指针移动到当前记录的前一条记录,单击“下一条”按钮能够将指针移动到当前记录的后一条记录。

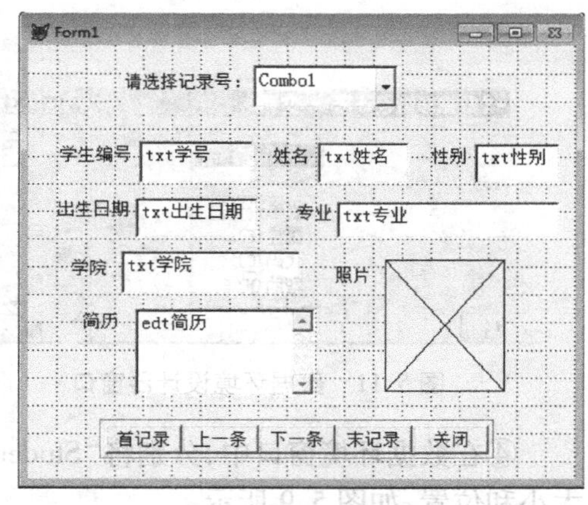

图 5.9 学生信息浏览表单

分析:

①该表单每次只显示“Student. dbf”表的一条记录,单击“首记录”按钮显示第一条记录,单击“末记录”按钮显示最后一条记录。单击“上一条”按钮使记录指针在当前位置的基础上往前移动一条记录,表单上的控件就能将新记录的值显示出来,而“下一条”按钮是要往后移动记录指针。

②在数据环境中添加“Student. dbf”表,将“Student. dbf”表的所有字段拖放到表单上,自动生成与该字段关联的控件,表单运行时各字段的值就能直接显示在表单上。

③通过把数据环境中数据表的字段直接拖放到表单上建立控件,就是将这个控件的 ControlSource 属性设置为该字段。

④数据表字段的值改变后并不能立即显示在控件上,需要使用 ReFresh 方法刷新表单中各控件显示的内容。

操作提示:

①新建一个表单,在表单上新建 1 个标签,分别设置其 Caption 属性为“请选择记录号”。

②添加一个组合框,选择组合框,单击鼠标右键,在弹出的快捷菜单中选择“生成器”选项,打开组合框生成器对话框。选择“列表项”选项卡,在“此填充列表”中选择“手工输

入数据”,在“列”中选择“1”,然后在列1中一次输入“1,2,3,4,5,6,7,8,9,10”,如图5.10所示。

③在表单空白地方单击鼠标右键,在弹出的快捷菜单中选择“数据环境”选项,弹出如图5.11所示的数据环境窗口。在数据环境窗口中单击鼠标右键,在弹出的快捷菜单中选择“添加”选项,弹出如图5.12所示的“添加表或视图”对话框,选择“Stdatabase.dbc”数据库中的“Student.dbf”表后,单击“添加”按钮,再单击“关闭”按钮,则将“Student.dbf”表添加到该表单的数据环境中。

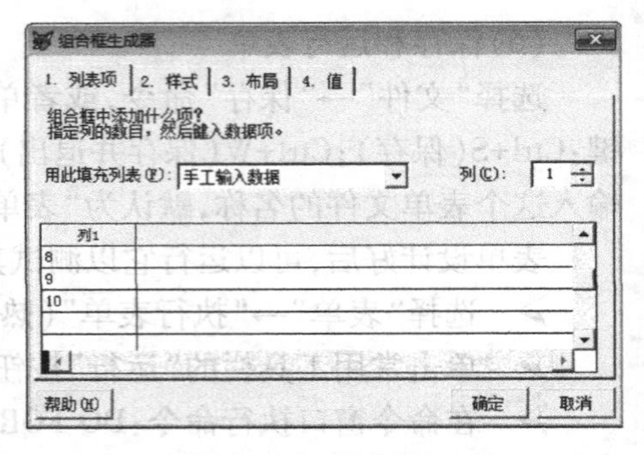

图5.10 组合框生成器对话框

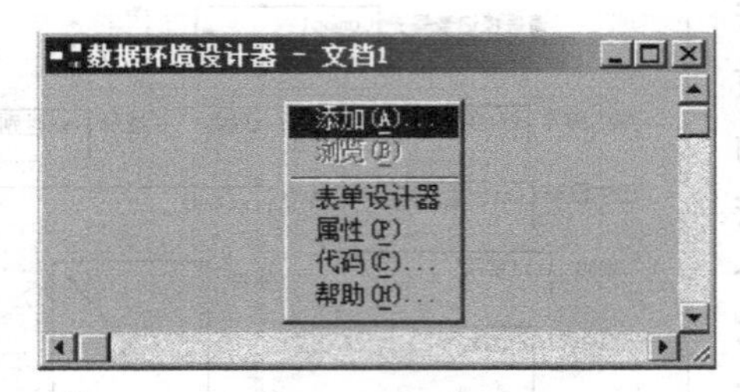

图5.11 数据环境设计器窗口

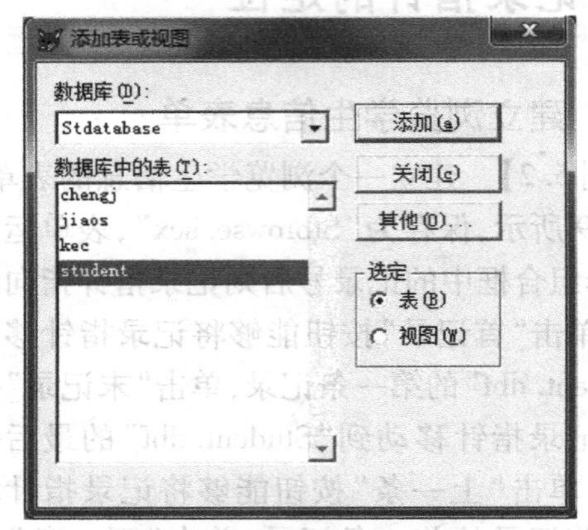

图5.12 添加表和或图对话框

④在数据环境窗口中,分别将“Student.dbf”表的字段逐一拖到表单上,调整各控件的大小和位置,如图5.9所示。

⑤在表单中添加“命令按钮组”,选中“命令按钮组”,单击鼠标右键,在弹出的快捷菜单中选择“生成器”选项,打开命令组生成器对话框。

⑥选择“按钮”选项卡,在“按钮数目”中选择“5”,然后在“标题”中依次输入“首记录、上一条、下一条、末记录、关闭”,如图5.13所示。

⑦选择“布局”选项卡,在如图5.14所示的命令组生成器之布局选项卡中的“按钮布局”选择“水平”后,单击“确定”按钮。

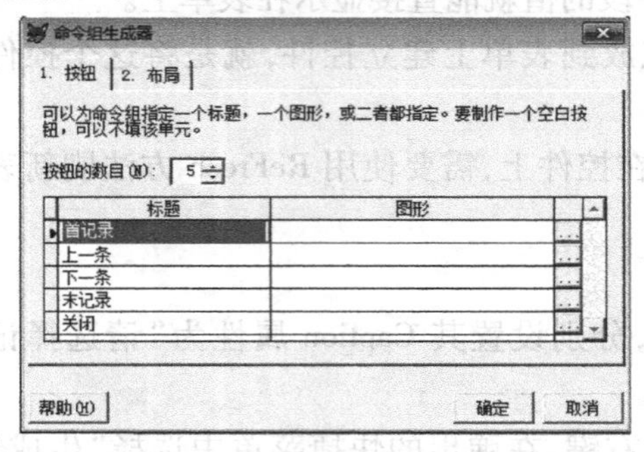

图5.13 命令组生成器之按钮选项卡

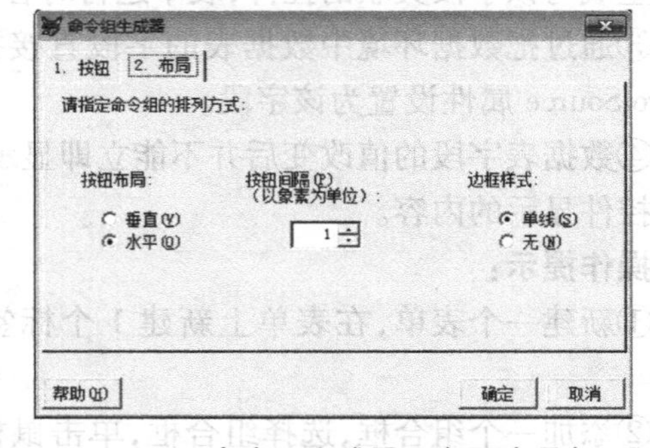

图5.14 命令组生成器之布局选项卡

⑧编写组合框的 InteractiveChange 事件代码如下：

```
jlh=alltrim(this.value)
go &jlh
thisform.refresh
```

⑨命令按钮组 CommandGroup1 的 Click 事件代码如下：

```
do case
    case this.value=1
      go top
    case this.value=2
      skip -1
      if bof()
        go top
        messagebox("已经是第一条记录。")
      endif
    case this.value=3
      skip
      if eof()
        skip -1
        messagebox("已经是末记录。")
      endif
    case this.value=4
      go bottom
    case this.value=5
        thisform.release
endcase
thisform.refresh
```

⑩保存表单，并运行结果如图 5.15 所示。

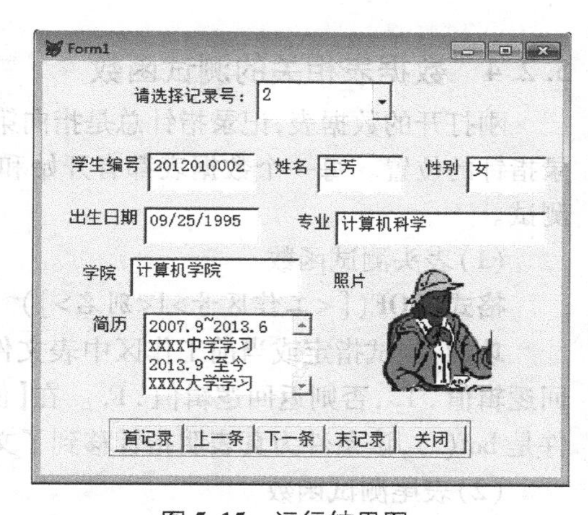

图 5.15　运行结果图

5.2.2　记录指针的绝对移动

一个数据表文件中可能包含成千上万条记录，要对哪一条记录操作，就存在记录定位的问题。在 VFP 中，对任何打开的数据表文件，都提供了一个记录指针，用于完成记录的定位。

记录指针指向的记录称为当前记录。对表中记录的操作一般都是针对当前记录进行的。刚打开的数据表，记录指针总是指向第一条记录（首记录），对数据表的操作可以改变记录指针的位置。

记录指针的绝对移动：是指将记录指针直接定位到指定的记录上。

格式：[GO[TO]]　<*数值表达式*>|TOP|BOTTOM

功能：将记录指针定位到指定的记录上。<数值表达式>的值指明记录号，即直接将指针移动到按给定的记录号上，选择 TOP 或 BOTTOM 则分别将记录指针定位到表文件的首、尾记录上。在【例 5.2】中，组合框的“InteractiveChange”事件代码 go & jlh，即是在组合框中选定一个数字后，指针会定位到与该数字相同记录号的记录上。“首记录”按钮的 Click 事件代码为 GO TOP，即是单击该按钮指针定位到首记录上。同样，“末记录”按钮的 Click 事件代码为 GO BOTTOM，即是单击“末记录”按钮指针定位到尾记录上。

5.2.3 记录指针的相对移动

记录指针的相对移动是指记录指针在当前记录的基础上向前或向后移动。

格式：SKIP [<数值表达式>]

功能：以当前记录为基准向前或向后移动记录指针。

说明：<数值表达式>的值指明记录指针移动的相对记录数；若为负数时，则表示记录指针向前移动，否则向后移动。缺省<数值表达式>，则记录指针向下移动 1 条记录。在【例 5.2】中，“上一条”按钮的事件代码为 SKIP -1，即是单击该按钮指针移到当前记录的前一条记录上。同样，“下一条”按钮的事件代码为 SKIP，即是单击该按钮指针移到当前记录的后一条记录上。

5.2.4 数据表相关的测试函数

刚打开的数据表，记录指针总是指向第一条记录（首记录），对数据表的操作将改变记录指针的位置。每一个数据表都有开始和结束标志，可以用 BOF( ) 函数和 EOF( ) 函数来测试。

(1) 表头测试函数

格式：BOF([<工作区号>|<别名>])

功能：测试指定或当前工作区中表文件的记录指针是否指向文件的起始位置，若是返回逻辑值 .T.，否则返回逻辑值 .F.。在【例 5.2】中，“上一条”按钮的事件代码中分支的条件是 bof( )，该条件为真表明指针移到了文件头即开始位置。

(2) 表尾测试函数

格式：EOF([<工作区号>|<别名>])

功能：测试指定或当前工作区中的表文件的记录指针是否指向文件结束位置，若是返回逻辑值 .T.，否则返回逻辑值 .F.。在【例 5.2】中，“下一条”按钮的事件代码中分支的条件是 EOF( )，该条件为真表明指针移到了文件尾即结束位置。

(3) 记录号测试函数

格式：RECNO([<工作区号>|<别名>])

功能：返回指定或当前工作区中的表文件当前记录的记录号。如果指定工作区上没有打开表文件，函数值为 0。如记录指针指向文件尾，函数值为表文件中记录数加 1；如果记录指针指向文件首或者无记录，即 bof( ) 为 .T.，recno( ) 返回 1。

5.3 记录的维护

5.3.1 建立学生信息录入表单

【例 5.3】 建立如图 5.16 所示的学生信息录入表单，保存为“Stappend.scx”，表单运行时在表格中输出读者表的信息，单击“append”按钮时，在读者表的末尾追加一条空白记录，并在表格中录入记录内容（记录内容自己添加）。

图 5.16 学生信息录入表单

分析：

与【例 5.2】界面有所不同，本例使用表格控件直观显示“student.dbf”表的内容，实现在原表末尾增加新记录，录入新的学生信息。

操作提示：

①创建如图 5.16 所示的表单界面，添加读者表到表单数据环境中。选择数据环境中的读者表，单击鼠标右键，在弹出的快捷菜单中选择“属性”选项，在如图 5.17 所示的属性窗口中将其 exclusive属性值设为：.T.。**数据表的 Exclusive 属性为 .T.，表示数据表是以独占方式打开，以独占方式打开的数据表才能进行添加删除修改等操作。**

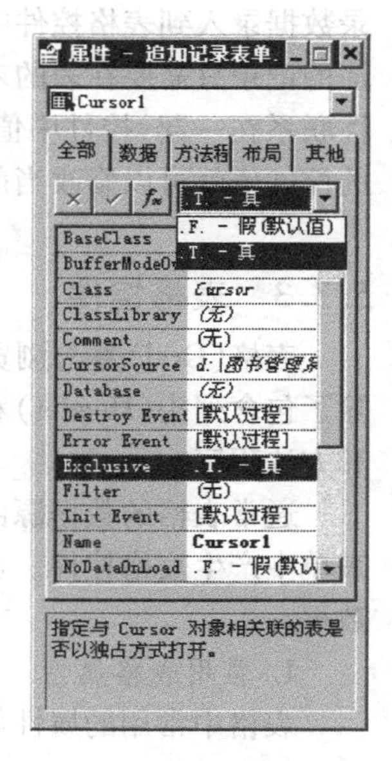

图 5.17 表的属性窗口

②关闭数据环境窗口，选择表单中的表格 grid1 将其 RecordSource 属性值设置为“Student”，RecordSourceType 属性值设置为“1—别名”。

③“Append”按钮的“Click”事件代码如下：

```
append blank
thisform.refresh
```

④“刷新”命令按钮的 Click 事件代码如下：

```
thisform.refresh
```

⑤“关闭”命令按钮的 Click 事件代码如下：

```
thisform.release
```

⑥保存表单,文件名为:stappend. scx。运行表单,单击“添加记录”按钮,可以在光标处添加新记录,如图 5. 18 所示。

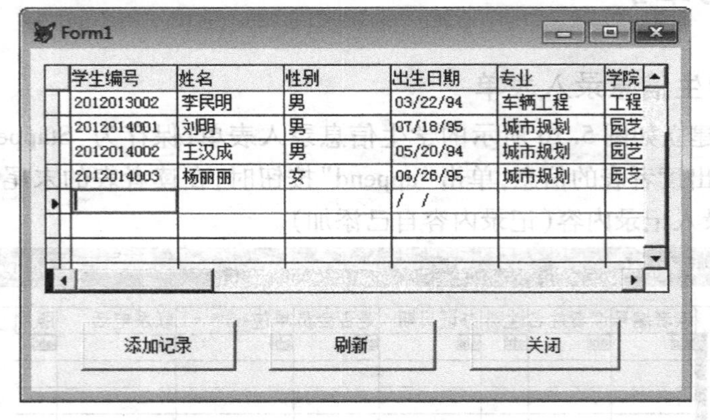

图 5. 18 表单运行界面

5. 3. 2 追加记录

追加记录的命令为 APPEND。其命令格式如下:

APPEND [BLANK]

功能:在当前表的末尾追加新记录。

说明:

①如果无 BLANK 选项,则进入全屏幕编辑窗口,在该窗口可以输入多条记录。

②若有 BLANK 选项,则直接在数据表末尾增加一条空记录,并把这条记录作为当前记录。如【例 5. 3】中,单击“添加记录”按钮,表格控件末尾出现一条空白记录,可以手工将记录数据录入到表格控件中。对数据表来说,记录出现的顺序对表的使用没有影响,因此增加的记录只需要在表的末尾即可。由于已经把各个字段名和各个控件的 ControlSource 属性联系在一起,控件中值的改变就会使得当前记录的各字段值也发生改变,即修改表单中的控件值就可以修改当前记录值,从而完成增加记录的操作。

5. 3. 3 表格控件

表格(Grid)▦与浏览窗口相似,是一个容器对象。它由若干列(Column)构成。每一列除了包含列头(Header)和进行操作的控件(默认为 Text)外,还拥有自己的一组属性、事件和方法程序。

通常表格的数据源由数据环境直接提供,如本例中将数据环境中的“读者”表拖放到表单中产生表格控件。也可以通过设置属性 RecordSource、RecordSourceType 控制表格内的数据。

1. 常用表格属性

表格中常用的属性如表 5. 1 所示。

表 5.1　表格的常用属性

对象名称	属　性	说　明
Grid	ColumnCount	指定表格中列对象的数目
	RecordSource	指定与表格建立联系的数据源
	RecordSourceType	指定与表格建立联系的数据源如何打开 0—表。自动打开 RecordSource 属性设置中指定的表 1—别名(默认值)。使用在数据环境中打开的表 2—提示。运行时,通过对话框提示打开表 3—查询(.QPR)。显示.QPR 文件的查询结果 4—SQL 说明。显示 SQL 语句的查询结果
	ReadOnly	表的数据是否为只读。默认为否
Column	ControlSource	指定与表中列建立联系的数据源。常见的是表中的一个字段
Header	Alignment	指定表格列头文本的对齐方式
	Caption	指定表格的列标题文本,默认为 Header1

如果在数据环境中添加了一个数据表(如 student. dbf),要在表格中显示该表的数据有多种方法,除了本例中的方法外,还有如下方法:

➢ 打开数据环境,按住“Ctrl”键选中数据表中的部分字段拖动到表单上,可以创建只显示部分字段的表格控件。

➢ 在表单上添加一表格控件,并将其属性 RecordSourceType 设置为 1,RecordSource 设置为数据环境中表的别名,表单运行后,表格就能显示该表记录数据。

➢ 在表单上添加一表格控件,利用表格生成器窗口,选择表中的全部或部分字段,表单运行后,表格可以显示数据表的全部或部分数据。

➢ 表格的 ColumnCount 属性的默认值是-1,能顺序显示指定表的所有字段。若显示部分字段或显示两个表的字段,则需重新设置 ColumnCount 属性值。重新设置 ColumnCount 属性值后,需用鼠标单击右键,在弹出的快捷菜单中选择“编辑”命令,在属性窗口中输入每列的列名和指定每列数据的数据源 ControlSource。

2. 在“列”中修改控件类型

可以在“列”中嵌入控件,一般是文本框、编辑框、复选框、下拉列表框、微调按钮等。例如,如果表中有一个逻辑字段,嵌入复选框控件而不是默认的文本框。当运行该表格时,直观辨认复选框为勾,则记录值是“真(.T.)”,复选框为空则记录值是“假(.F.)”。通过改变复选框的状态值可以直接修改表中记录的逻辑值。可以在“表格生成器”中修改表格列的控件。如将 Kec. dbf 表的内容通过表格控件显示,其中“是否续借”列修改为复选框,运行界面如图 5.19 所示。

将 Kec. dbf 表添加到表单的数据环境中,再将 Kec. dbf 表直接拖到表单中,产生表格控件,右键单击表格,在弹出的快捷菜单中选择“生成器”,弹出“表格生成器”对话框,单击

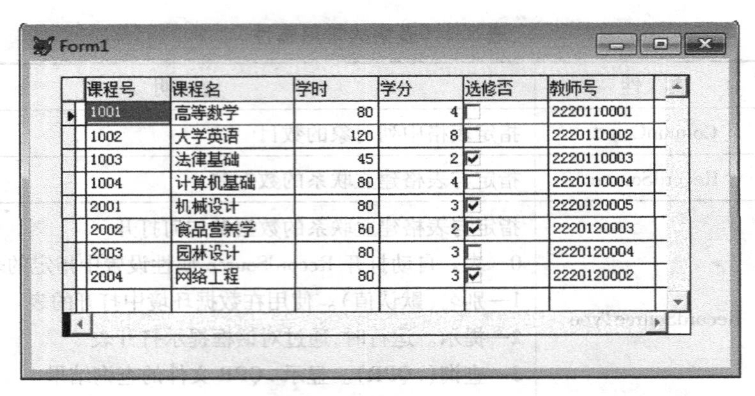

图 5.19 利用表格控件浏览借阅表的数据

"布局"选项卡,单击列表框中的列标题"选修否",在"控件类型"框中选择"复选框",即可将"选修否"这一列的文本框控件改为复选框,如图 5.20 所示。

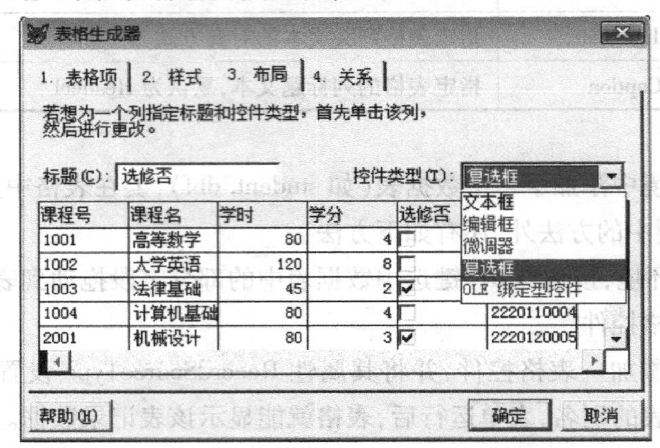

图 5.20 修改表格列的控件类型

5.3.4 建立学生信息删除表单

【例 5.4】 建立一个按记录号删除学生信息的表单,如图 5.21 所示,保存为"Stdelete. scx",表单运行时,单击"删除读者"按钮,则表格控件中的当前记录加上删除标记,单击"清除标记"按钮,能够取消当前记录的删除标记,"物理删除"按钮将数据表中有删除标记的记录全部真正删除。

分析:

①在数据环境中添加"Student. dbf"表,将"Student. dbf"表直接拖到表单上,自动生成表格控件,表单运行时每条记录将会在显示表格中。

②表单运行时,单击"删除读者"按钮,则表格控件中的当前记录加上删除标记,以及对该记录作逻辑删除;单击"清除标记"按钮,能够取消当前记录的删除标记,即恢复逻辑删除的记录;单击"物理删除"按钮,将数据表中有删除标记的记录全部真正删除。

操作提示:

①在表单空白地方单击鼠标右键,在弹出的快捷菜单中选择"数据环境"选项,弹出如

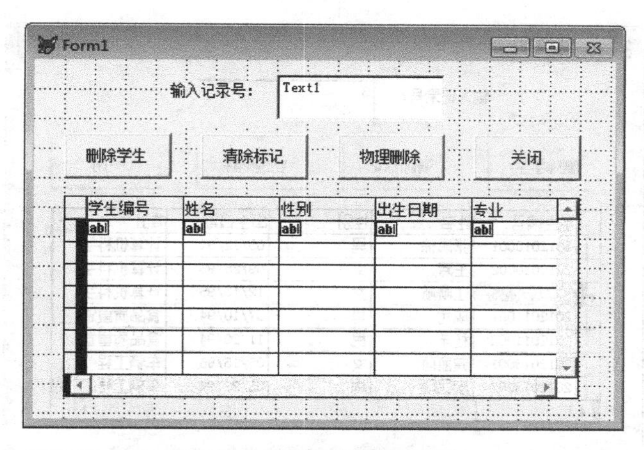

图 5.21　学生信息删除表单

图 5.11 所示的数据环境窗口，在数据环境窗口中单击鼠标右键，在弹出的快捷菜单中选择“添加”选项，在“添加表和视图”对话框中，选择“Stdatabase. dbc”数据库中的“Student. dbf”表后，单击“添加”按钮，再单击“关闭”按钮，则将“Student. dbf”表添加到该表单的数据环境中。

②将数据环境中的“Student. dbf”表拖放到表单中产生表格控件。再在表单上添加 1 个标签，1 个文本框，4 个命令按钮，其 Caption 属性设置如图 5.21 所示。

③“删除学生”命令按钮的 Click 事件代码如下：

```
delete
thisform. refresh
```

④“清除标记”命令按钮 Click 事件编写代码如下：

```
recall
thisform. refresh
```

⑤“物理删除”命令按钮 Click 事件编写码如下：

```
pack
thisform. refresh
```

⑥保存表单，文件名为：Stdelete. scx。运行表单，单击“添加记录”按钮，可以在光标处添加新记录，如图 5.22 所示逻辑删除了记录号为 3 的记录。

【例 5.5】　建立一个按条件删除学生信息的表单，如图 5.21 所示，保存为“Stdel. scx”。表单运行时，在文本框 Text1 中输入删除记录的条件，单击“删除学生”按钮，则表格控件中所有满足条件的记录加上删除标记；单击“隐藏”按钮，能够将所有加了删除标记的记录隐藏；单击“显示”按钮，能够将隐藏了的记录显示出来。

分析：

①在数据环境中添加“Student. dbf”表，将“Student. dbf”表直接拖到表单上，自动生成表格控件，表单运行时每条记录将会在显示表格中。

②表单运行时，在文本框 Text1 中输入删除记录的条件，单击“删除学生”按钮，则表格控件中所有满足条件的记录加上删除标记，即将所有满足条件的记录逻辑删除；单击“隐

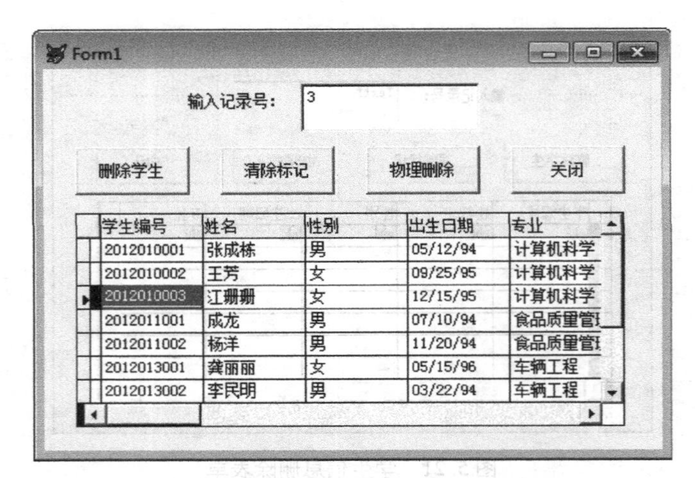

图 5.22 逻辑删除指定的学生记录

藏”按钮,能够将所有加了删除标记的记录隐藏,即表格中只显示没有被删除的记录;单击“显示”按钮,能够将隐藏了的记录显示出来,即表格中显示全部的记录,包括作了删除标记的记录。

操作提示:

①在表单空白之处单击鼠标右键,在弹出的快捷菜单中选择“数据环境”选项,弹出如图 5.11 所示的数据环境窗口。在数据环境窗口中单击鼠标右键,在弹出的快捷菜单中选择“添加”选项,在“添加表和视图”对话框中,选择“Stdatabase. dbc”数据库中的“Student. dbf”表后,单击“添加”按钮,再单击“关闭”按钮,则将“Student. dbf”表添加到该表单的数据环境中。

②将数据环境中的“Student. dbf”表拖放到表单中产生表格控件,再在表单上添加 1 个标签、1 个文本框、4 个命令按钮,其 Caption 属性设置如图 5.21 所示。

③“删除学生”命令按钮的 Click 事件代码如下:

```
tj=thisform. text1. value
delete from   student where &tj
thisform. refresh
```

④“隐藏”命令按钮 Click 事件编写代码如下:

```
set deleted on
thisform. refresh
```

⑤“显示”命令按钮 Click 事件编写码如下:

```
set deleted off
thisform. refresh
```

⑥“清除标记”命令按钮 Click 事件编写码如下:

```
tj=thisform. text1. value
recall for &tj
thisform. refresh
```

⑦“关闭”命令按钮 Click 事件编写码如下：

```
thisform. release
```

⑧保存表单，文件名为：Stdel. scx。运行表单，单击“添加记录”按钮，可以在光标处添加新记录，如图 5.23 所示逻辑删除了男同学的记录。

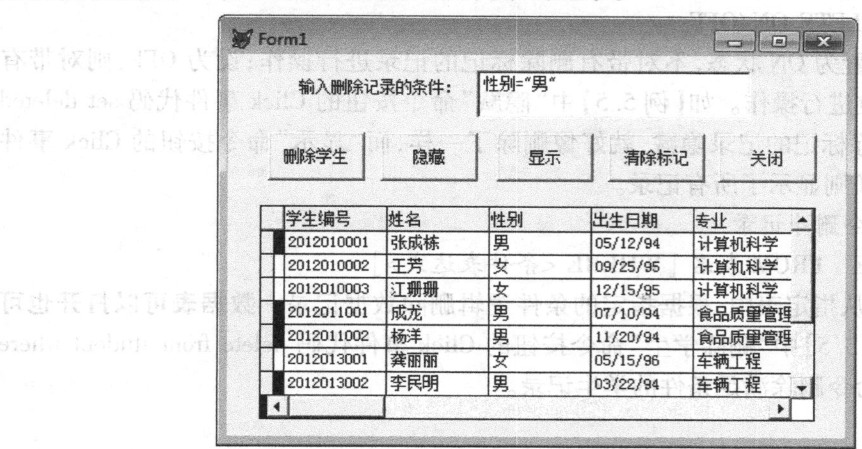

图 5.23　逻辑删除指定的学生记录

5.3.5　记录的删除与恢复

在 VFP 中，删除记录是经过两步完成的。第一步是给要删除的记录加上删除标记，称为逻辑删除，作了逻辑删除标记的记录并没有真正从数据表中删除，以后还可以恢复。在【例 5.4】中，表单运行时，表格控件上有一个三角标记指向当前记录，“删除读者”将这条记录作逻辑删除，表格控件上能看到一个黑色方块就是删除标记。如果要真正删除表中的记录，应执行第二步，删除带有删除标记的记录，称为物理删除。

1. 删除记录相关的命令

(1)用 DELETE 命令对记录作逻辑删除

格式：DELETE [范围] [FOR|WHILE <条件>]

功能：对当前数据表中在指定范围内满足条件的记录作逻辑删除。若缺省[范围]和[FOR|WHILE <条件>]选项，则只对当前记录作逻辑删除。

(2)使用命令取消逻辑删除标记

格式：RECALL [范围] [FOR <条件>]

功能：恢复数据表中指定范围内满足条件的已有逻辑删除标记的记录。如【例 5.4】和【例 5.5】中的“清除标记”按钮，前一例中是恢复当前记录，后一例中是恢复满足条件的记录。

说明：RECALL 命令只能恢复逻辑删除的记录，无法恢复物理删除的记录。

(3)用 PACK 命令对记录物理删除

格式：PACK

功能：从当前表中永久删除作了逻辑删除标记的记录，减少与该表相关的备注文件所占用的空间，即物理删除。如【例 5.4】中的“物理删除”按钮。

(4)清空数据表命令

格式:ZAP **功能**:从表中删除所有记录,只保留表的结构。

说明:ZAP 命令等价于 DELETE ALL 和 PACK 联用,但 ZAP 速度更快。

2. 隐藏或显示逻辑删除的记录

格式:SET DELETE ON/OFF

功能:如果设置为 ON 状态,不对带有删除标记的记录进行操作;设为 OFF,则对带有删除标记的记录也进行操作。如【例 5.5】中"隐藏"命令按钮的 Click 事件代码 set deleted on 将所有加了删除标记的记录隐藏,就好像删除了一样,而"显示"命令按钮的 Click 事件代码 set deleted off 则显示了所有记录。

3. 用 SQL 命令删除记录

格式:DELETE FROM 表名 [WHERE <条件表达式>]

功能:该命令从指定表中,根据指定的条件逻辑删除数据记录。**数据表可以打开也可以不打开**。在【例 5.5】中"删除学生"命令按钮的 Click 事件代码 delete from student where &tj,即利用 SQL 命令删除满足条件的学生记录。

5.3.6 建立用户密码修改表单

【例 5.6】 建立如图 5.24 所示的用户密码修改表单,在该表单中用户可以自行修改登录密码。

分析:

运行表单以后,在 Combo1 下拉列表框中选择一个用户,在 3 个文本框中分别输入原密码和新密码,单击"确定"按钮实现密码的修改。

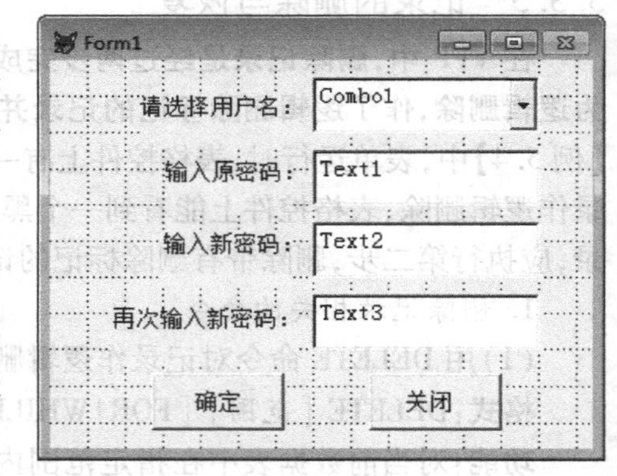

图 5.24 用户密码修改表单

操作提示:

①新建表单,将表单保存为:Uschange. scx。

②在表单空白处单击右键,在弹出的快捷菜单中选择"数据环境",将"User. dbf"表添加到表单的数据环境。选中数据环境中的"User. dbf"表,在属性对话框中修改 Cursor1 控件的 Exclusive 属性为 .T. 。

③将 4 个标签、2 个命令按钮、1 个组合框、3 个文本框控件添加到表单上,3 个文本框的 PasswordChar 属性设置为"*",标签和命令按钮的 Caption 属性如图 5.25 所示。

④在组合框 Combo1 上单击鼠标右键,选择"生成器",选中组合框生成器中的"表或视图中的字段",将"User. dbf"表的"用户姓名"和"用户编号"字段添加到"选定字段"中。

⑤"确定"命令按钮的 Click 事件代码如下:

```
if alltrim(thisform.text1.value)≠alltrim(密码);
    or alltrim(thisform.text2.value)≠alltrim(thisform.text3.value)
      messagebox("输入的密码有误,请检查。")
      thisform.text1.value=""
```

```
        thisform. text2. value=""
        thisform. text3. value=""
        thisform. text1. setfocus          && 光标定位到文本框 Text1
else
        replace 密码 with alltrim(thisform. text2. value)
endif
```

⑥“关闭”命令按钮 Click 事件编写代码如下：

```
thisform. release
```

⑦保存并运行表单，结果如图 5. 25 所示。

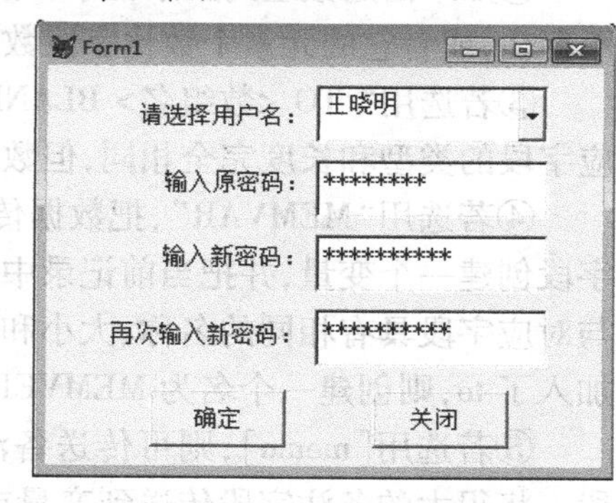

图 5. 25　运行界面

5. 3. 7　记录的修改

1. 用 REPLACE 命令修改记录

格式：REPLACE［范围］<字段 1> WITH <表达式 1>［,<字段 2> WITH <表达式 2>…］［FOR|WHILE <条件>］

功能：更新表的记录内容。缺省［范围］和［FOR|WHILE <条件>］时，只对当前记录进行修改。在【例 5. 6】中组合框直接使用“User. dbf”表的字段值填充，表单运行时，在下拉列表框内选择一个用户，表的指针就移动到这条记录，IF 语句验证文本框 1 的值与这条记录的密码是否一致，如果一致，REPLACE 命令就把这条记录的密码修改为文本框 2 中录入的值。

说明：该命令具有计算功能，是唯一的一条能用表达式修改记录数据的命令，也是程序方式中最常用的修改记录字段值的方法。命令中必须要有一个修改的字段名，否则无效。

2. 用 SQL 命令更新记录

格式：UPDATE <表名> SET <字段 1>=<表达式 1>［,<字段 2>=<表达式 2>］［WHERE<逻辑表达式>］

功能：用表达式的值修改字段的值，WHERE 子句指定更新条件，更新满足条件的一些记录的字段值，如果不加 WHERE 子句，则更新全部记录。

例如，在“Chengj. dbf”表中，将选修课程号为“1001”的学生的成绩增加 2 分。

执行如下命令：

```
update Chengj set 成绩=成绩+2 where 课程号="1001"
```

5. 3. 8　数组与表中记录间的数据交换

1. 数据表的当前记录值传送到数组

格式：SCATTER［FIELDS <字段名表>］ TO <数组名>［BLANK］|MEMVAR［BLANK］［MEMO］

功能：把数据表文件当前记录中的数据传送到数组或一组内存变量中。

说明：

①将当前记录<字段名表>中指定字段的值，按先后顺序依次传送到给定数组的各元

素,数组元素的数据类型由记录的值决定。如果省略 fields<字段名表>,则传送所有字段,备注型、通用型字段除外。

②如果指定数组的元素比字段数多,则多余数组元素的值不发生变化。如果指定数组不存在,或者它的元素个数比字段数少,则系统自动创建一个新数组或自动扩展。

③若选用“ TO <数组名> BLANK”,则自动创建一个数组,数组中各个元素与当前表相应字段的类型和长度完全相同,但数组是空的。

④若选用“MEMVAR”,把数据传送到一组变量而不是数组中。SCATTER 为表中每个字段创建一个变量,并把当前记录中各个字段的内容复制到对应的变量中。新创建的变量与对应字段具有相同的名称、大小和数据类型。在选用“MEMVER”时,不要加入 to。如果加入了 to,则创建一个名为 MEMVER 的数组。

⑤若选用[memo],则可传送备注字段的数据。默认情况下,SCATTER 不处理备注字段。将很大的备注字段传送到变量或数组时,必须有足够的内存。如果缺乏足够的内存,将产生相应的错误信息。如果某一备注字段太大,内存中装不下,那么该字段及字段列表中的其他备注字段的内容都不会传送。如果没有传送备注字段,那么对应的变量或数组元素设置为“假”(.F.)。

2. 数组中的数据传送到数据表的当前记录

格式:GATHER FROM <数组名>|MEMVAR [FIELDS <字段名表>] [MEMO]

功能:把数组或内存变量中的数据传送到当前表的当前记录中。

说明:

①数组元素需先赋值,数据的类型和格式与表中对应字段一致。

②用指定数组中的数据替换当前记录中对应字段的值。从数组的第一个元素起,各元素的内容依次替换记录中相应字段的内容。第一个数组元素的内容替换记录第一个字段的内容,第二个数组元素内容替换记录第二个字段的内容,依此类推。

③如果数组的元素少于表的字段数目,则忽略多余的字段;如果数组的元素多于表的字段数目,则忽略多余的数组元素。

④该命令不能替换通用型字段的数据,若选用[MEMO],则可以替换备注型字段的数据,否则不能替换。

⑤选用“MEMVAR”,指定一组变量,把其中的数据复制到当前记录中。变量的数据将传送给与此变量同名的字段。如果没有与某个字段同名的变量,则不替换此字段。

6 查询与统计

6.1 数据表的查询、统计命令

6.1.1 建立学生信息查询表单

【例 6.1】 设计如图 6.1 所示的表单,表单文件名为:Stloc. scx。在文本框 Text1 中输入要查询的条件,逐条显示"Student. dbf"表中的学生信息。

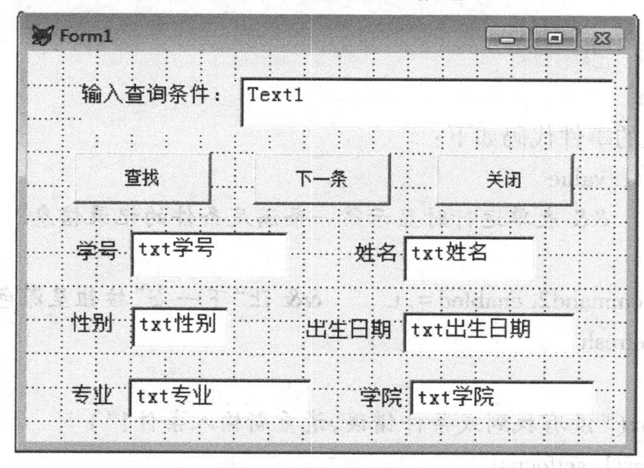

图 6.1 学生信息查询表单

分析:

①在 VFP 中,要对数据表按给定的条件进行查询时,就需要使用 locate 命令,如果没有找到,则弹出如图 6.2 所示的提示框,重新输入条件。

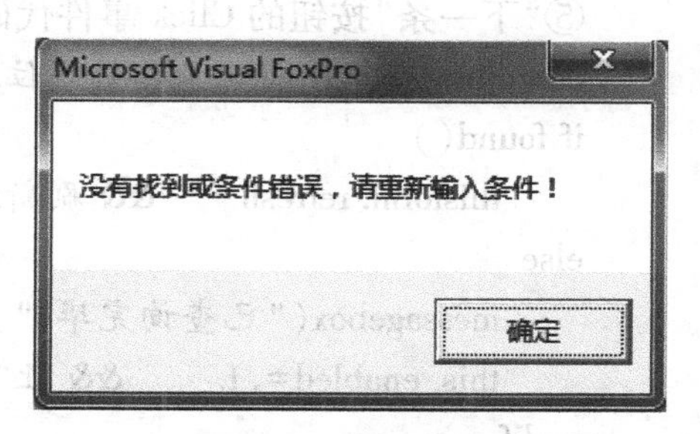

图 6.2 出错提示框

②查询满足条件的其他记录就要使用 continue 命令。

③表单运行前可以将光标定位到结束位置,让表单的初始界面呈灰色显示,如图 6.3 所示。

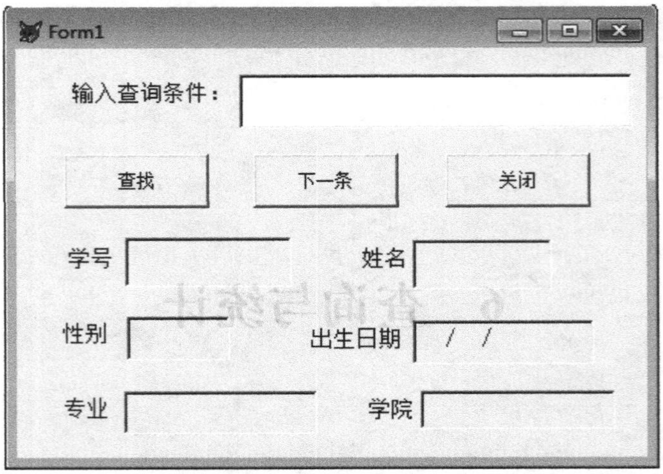

图 6.3　表单运行的初始界面

操作提示：

①新建一个表单，将“Student. dbf”表添加到数据环境中。

②在数据环境中将“Student. dbf”表的部分字段逐个拖入表单中，并添加 1 个标签、1 个文本框、3 个命令按钮，如图 6.1 所示。

③表单 Form1 的 Load 事件代码如下：

```
go bottom
skip
thisform. refresh
```

④“查找”按钮的事件代码如下：

```
tj = thisform. text1. value
locate for &tj        && 表单运行时显示第一条满足条件的记录信息
if not eof( )
     thisform. command2. enabled = . t.        && 让“下一条”按钮呈深色显示
     thisform. refresh
else
     messagebox( "没有找到或条件错误,请重新输入条件!" )
     thisform. text1. setfocus
endif
```

⑤“下一条”按钮的 Click 事件代码如下：

```
continue        && 将记录指针定位到满足条件的下一条记录
if found( )
     thisform. refresh        && 刷新表单,使其显示新记录信息
else
     messagebox( "已查询完毕!" )
     this. enabled = . f.        && 让“下一条”按钮呈灰色显示
endif
```

⑥“关闭”按钮的 Click 事件代码：thisform. release。

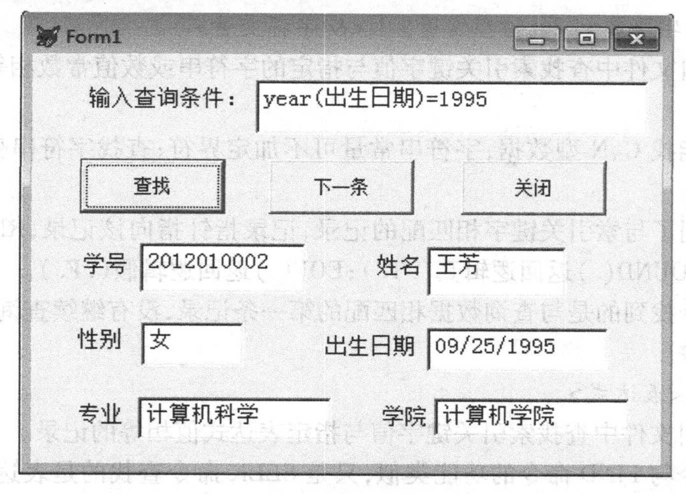

图 6.4 学生信息查询表单运行结果

⑦保存表单，文件名为“Stloc. scx”。运行表单，单击按钮，就可查找出满足条件的学生信息了，如图 6.4 所示。当单击“下一条”按钮到查找结束时，会弹出如图 6.5 所示的提示框，单击“确定”按钮后，“下一条”按钮变成灰色显示。

图 6.5 查询完毕提示框

6.1.2 顺序查询

顺序查询是一种按照记录的排列顺序，在表文件中逐个查找满足条件的记录，查询速度较慢。

1. LOCATE 命令

格式：LOCATE[范围][FOR|WHILE <条件>]

功能：按顺序搜索数据表，并将记录指针定位在满足条件的第一条记录上。

2. CONTINUE 命令

格式：CONTINUE

功能：LOCATE 命令执行后继续移动记录指针到下一条满足条件的记录。

说明：

①LOCATE 命令在指定范围内查找满足条件的第一条记录，并将该记录置为当前记录。如果找不到符合条件的记录，则显示“已到定位范围末尾”；缺省[范围]子句为 ALL。

②CONTINUE 命令只能放在 LOCATE 命令后使用；可多次执行 CONTINUE 命令。

③若 LOCATE 发现一条满足条件的记录，可使用 RECNO( ) 返回该记录的记录号，且 FOUND( ) 函数的返回值为“真”(.T.)，EOF( ) 函数的返回值为“假”(.F.)。

6.1.3 索引查询

索引查询是在数据表文件建立了索引的基础上进行的，记录将按索引关键字值升序或降序排列，查询的速度比顺序查询要快得多。

1. FIND 命令

格式:FIND<字符串>|<数值型常量> | <& 字符变量>

功能:在索引文件中查找索引关键字值与指定的字符串或数值常数相等的记录。

说明:

①FIDN 只能找 C、N 型数据,字符串常量可不加定界符;查找字符串变量前面必须用宏代换函数 &。

②FIND 找到了与索引关键字相匹配的记录,记录指针指向该记录,RECNO( )返回该记录的记录号;FOUND( )返回逻辑真(.T.);EOF( )返回逻辑假(.F.)。

③FIND 命令找到的是与查询数据相匹配的第一条记录,没有继续查询命令。

2. SEEK 命令

格式:SEEK <表达式>

功能:在索引文件中查找索引关键字值与指定表达式值相等的记录。

说明:该命令与 FIND 命令的功能类似,只是 SEEK 命令查找的是表达式,表达式可以是 C、N、D、L 型的常量、变量及其组合。查找的字符串常量必须用定界符;查找变量不使用 & 函数。

6.1.4 建立统计学生成绩情况表单

【例 6.2】 设计如图 6.6 所示的表单,表单文件名为 Cjstat.scx,统计学生成绩情况。

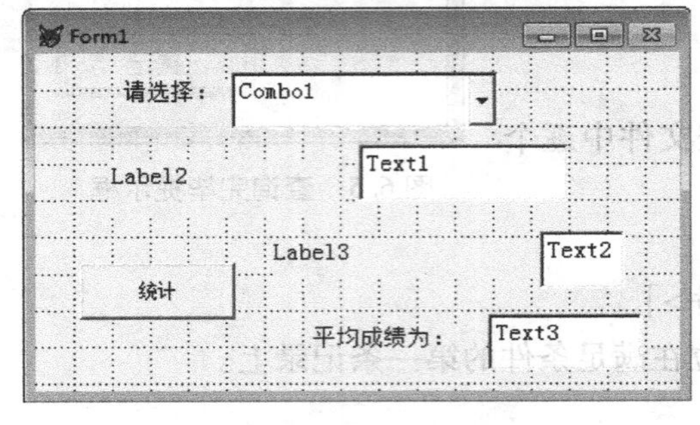

图 6.6 表单设计界面

分析:

①表单运行后,在组合框中选择“按学号统计”还是“按课程号统计”,如果选择“按学号统计”,则在标签 Label2 显示为“请输入学生的学号:”,用户输入学号后,单击“统计”命令按钮,标签 Label3 显示为“该学生所选课程总门数:”,并将统计结果显示在两个文本框中。同样,如果选择“按课程号统计”,则在标签 Label2 显示为“请输入课程号:”,用户输入学号后,单击“统计”命令按钮,标签 Label3 显示为“选该课程的总人数:”。

②利用 calculate 命令既可统计记录总数,又可统计平均成绩。

操作提示:

①设计如图 6.6 所示的表单,将“Chengj.dbf”表添加到表单的数据环境中。

②组合框 combo1 的 Interactivechange 事件代码如下:

```
tj=this.value
if tj="按学号统计"
    thisform.label2.caption="请输入学生的学号:"
else
    thisform.label2.caption="请输入课程号:"
endif
```

③“统计”按钮的 Click 事件代码如下：

```
if thisform.combo1.value="按学号统计"
    thisform.label3.caption="该学生所选课程总门数:"
    x="学号"
else
    thisform.label3.caption="选该课程的总人数:"
    x="课程号"
endif
calculate cnt(),avg(成绩) to sl,pj for &x
=alltrim(thisform.text1.value)
thisform.text2.value=sl
thisform.text3.value=pj
```

④保存表单,文件名为“cjstat.scx”,运行表单,如图 6.7 所示为按学号统计的界面。

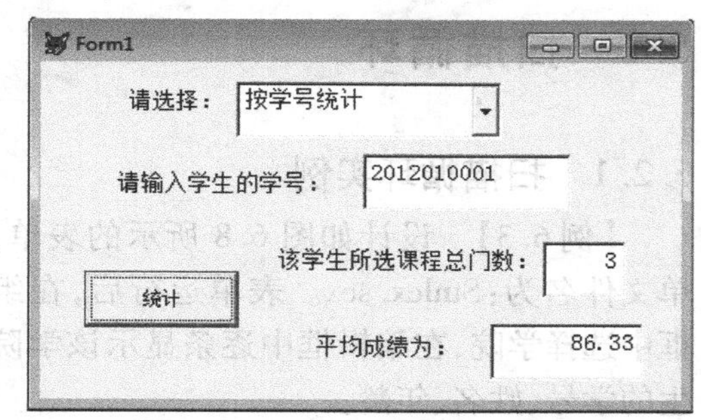

图 6.7　查询统计借阅信息

6.1.5　数据统计

1. 多功能计算命令 CALCULATE

格式:CALCULATE<表达式表>[范围][FOR|WHILE<条件>][TO<内存变量表>]

功能:对表中的字段或包含字段的表达式作统计计算。<表达式表>可以是下列函数的任意组合，这些函数仅用于 CALCULATE 命令。

说明:

①这里的<表达式>是指具有统计意义的函数。这些函数是:

CNT( ):统计记录数。

SUM(<数值表达式>):对当前表数值字段求和。

AVG(<数值表达式>):对当前表数值字段求平均。

MAX(<表达式>):对当前表的 C、N、D 字段求最大值。

MIN(<表达式>):对当前表的 C、N、D 字段求最小值。

②SUM( )、AVG( )这样的函数形式只能放在该命令后使用。

③MAX( )、MIN( )这样的函数形式放在该命令后是指对当前表字段列方向求最大/小值。

2. 分类汇总

格式:TOTAL TO<汇总表文件名> ON <关键字段> [范围] [FIELDS <字段名表>] [FOR|WHILE<条件>]

功能:对数值型字段按指定的关键字段进行分类求和,结果存入指定的汇总表文件中。

说明:

①执行该命令要生成一个新的表文件。

②使用该命令前,用于汇总的数据表必须按<关键字段>进行排序或索引。

③[FIELDS <字段名表>]:指定汇总字段,汇总字段必须是数值型字段。若该项缺省则对所有数值型字段求和。

④[范围]缺省时是对表中所有记录进行操作。

⑤汇总表文件中的一个记录值是按下述原则确定的：

将当前表中“关键字段”值相同的记录汇总成一条记录；在该记录中，属于“字段名表”指定的数值型字段的值由各条同类记录对应字段之值求和产生；其余字段的值取同类记录中第一条记录对应字段的值。

6.2 扫描循环

6.2.1 扫描循环实例

【例 6.3】 设计如图 6.8 所示的表单，表单文件名为：Stnlcx. scx。表单运行后，在组合框中选择学院，在编辑框中逐条显示该学院学生的学号、姓名、年龄。

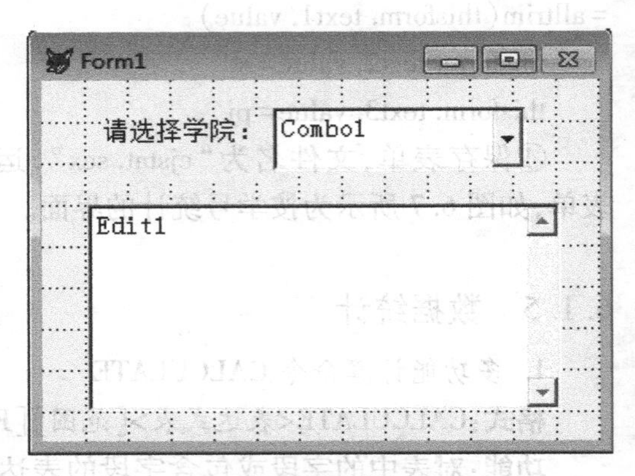

图 6.8 查询统计借阅信息

分析：

①指针移动到满足条件的每条记录上，将该记录的学号、姓名、年龄添加到编辑框中。因此，可以利用循环结构完成。

②编辑框接收的是字符型，因此，每条记录的学号、姓名、年龄要连接成一个字符表达式，才能在编辑框中完成“累加”。

③可以根据表达式 year(date( ))-year(出生日期)计算年龄。

操作提示：

①设计如图 6.8 所示的表单，其中组合框通过手工添加学院，如图 6.9 所示。

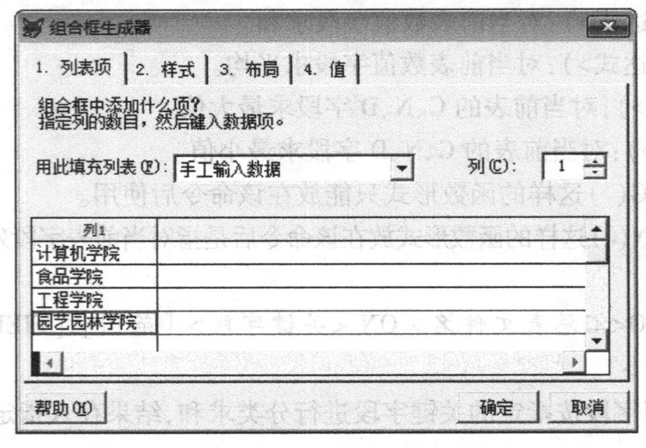

图 6.9 手工添加学院

②组合框 Combo1 的 Interactivechange 事件代码如下：

```
use student
xy=alltrim(this. value)
```

```
thisform.edit1.value="学号              姓名          年龄"
scan for 学院=xy
      nl=year(date())-year(出生日期)
      jl=学号+space(3)+姓名+str(nl,4)
      thisform.edit1.value=thisform.edit1.value+chr(13)+jl
endscan
use
```

③保存表单,文件名为“stnlcx.scx”,表单运行界面如图6.10所示。

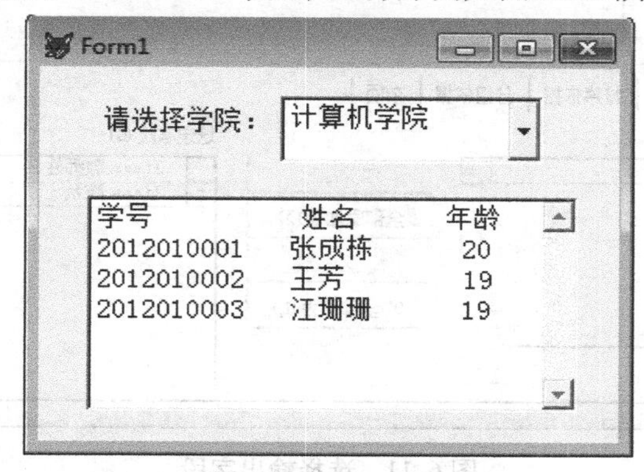

图6.10 表单运行结果

6.2.2 扫描循环

扫描循环SCAN…ENDSCAN只能对数据表中的指定记录逐个进行某种处理。

格式:SCAN [范围] [FOR|WHILE <条件表达式>]

<语句序列>

ENDSCAN

功能:在当前数据表中扫描指定范围内满足条件的所有记录,找到一条满足条件的记录就执行一遍<语句序列>,直到对所有满足条件的记录执行完为止。在命令中当[范围]缺省时为ALL。SCAN语句每循环一次可将记录指针自动指向下一条记录,所以不在循环体里添加SKIP命令。如在【例6.3】中,利用该循环结构完成了在编辑框中的输出。

6.3 利用查询设计器创建查询

6.3.1 利用查询设计器建立学生成绩查询

【例6.4】 创建一个查询文件jscx.qpr,查询职称为副教授的教师信息。

操作提示:

①选择“文件”→“新建”命令,在“新建”对话框中选中“查询”,单击“新建文件”按钮,在弹出的“新建查询”对话框中单击“新建文件”按钮,进入“查询设计器”窗口并同时打开了“添加表或视图”对话框,在该对话框中选择“Jiaos”,单击“添加”按钮,再单击“添加表或

视图"对话框的"关闭"按钮。

②在"字段"选项卡的"可用字段"中，选择需要的字段，"添加"到"选定字段"列表框中，或双击字段添加，结果如图 6.11 所示。

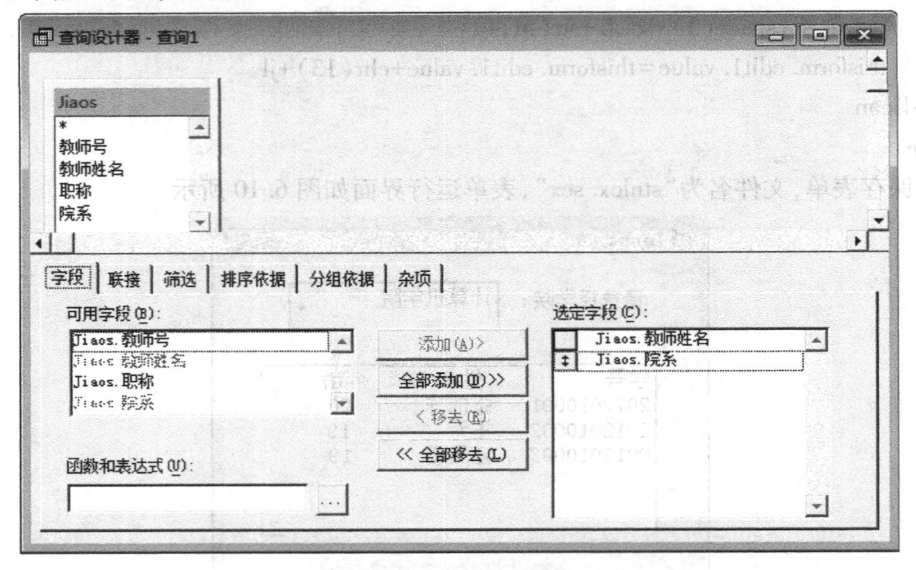

图 6.11 选择输出字段

③选择"筛选"选项卡，单击"字段名"下的组合框，选择筛选的字段"Jiaos. 职称"，在"条件"组合框中选择"="，在"实例"文本框中输入：副教授，如图 6.12 所示。

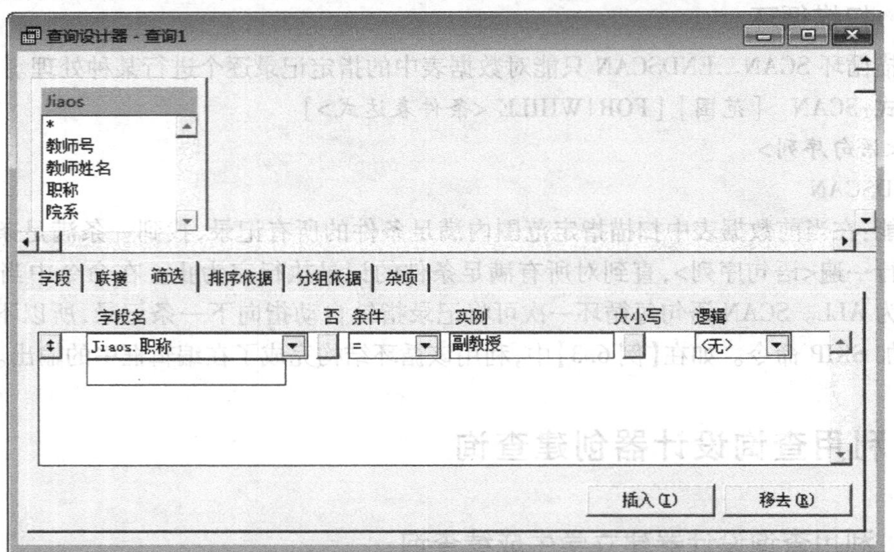

图 6.12 设置筛选条件

④在查询设计器工具栏上单击查询去向工具按钮，弹出“查询去向”对话框，选择“浏览”，如图 6.13 所示。

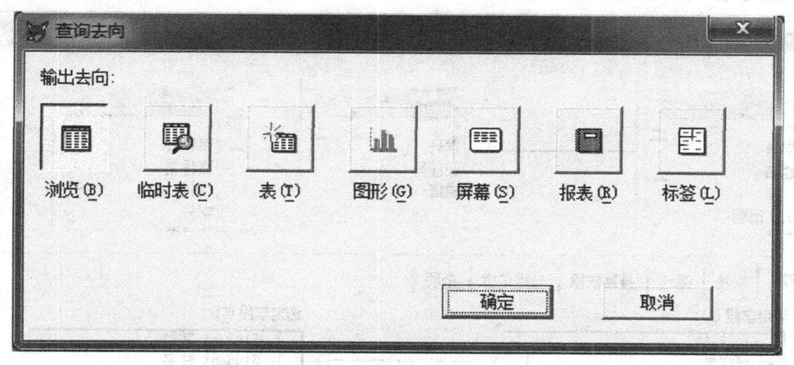

图 6.13　设置查询去向

⑤选择“文件”→“保存”或“另存为”命令，进入“另存为”对话框，输入查询文件名 stcjcx，单击“保存”按钮，得到查询文件 jscx. qpr。

⑥单击运行按钮或选择“查询”→“运行查询”命令或者关闭查询设计器后，在命令窗口中执行命令：do jscx. qpr，均可运行查询，该查询运行结果如图 6.14 所示。

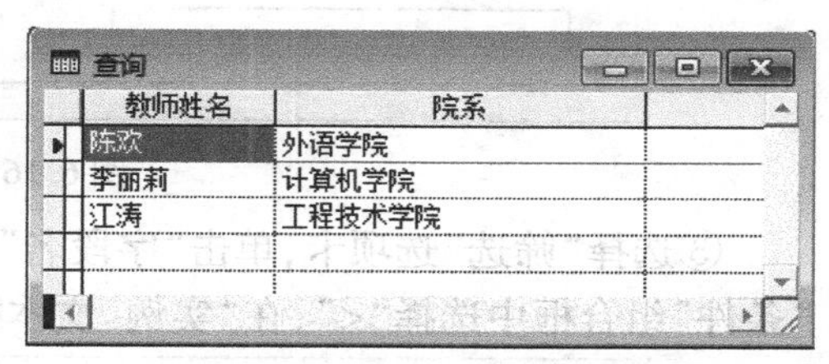

图 6.14　查询运行结果

【例 6.5】　创建一个查询文件 stcjcx. qpr，查询不及格学生的成绩信息，包括课程名和学生姓名，并按“学号”字段排序。

操作提示：

①选择“文件”→“新建”命令，在“新建”对话框中选中“查询”，单击“新建文件”按钮，在弹出的“新建查询”对话框中单击“新建文件”按钮，进入“查询设计器”窗口并同时打开了“添加表或视图”对话框。在该对话框中选择“Jiaos”，单击“添加”按钮，再选择“Chengj”，单击“添加”按钮，弹出如图 6.15 所示的“联接条件”对话框，单击“确定”按钮，再在“添加表或视图”对话框中选择“Kec”，单击“添加”按钮，弹出“联接条件”对话框，单击“确定”按钮，再单击“添加表或视图”对话框的“关闭”按钮。

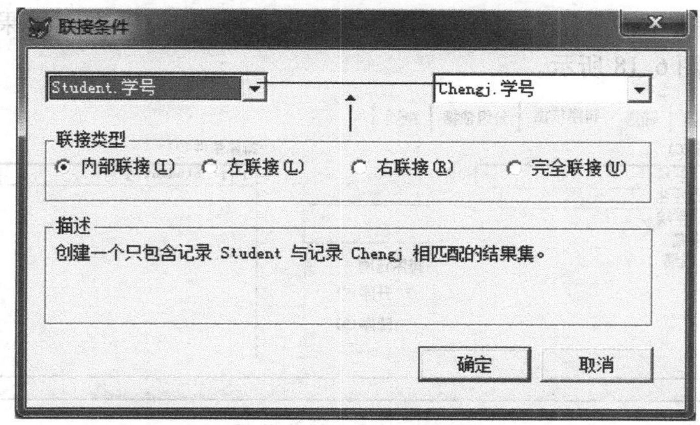

图 6.15　设置联接条件

②在“字段”选项卡页面的“可用字段”中，选择需要的字段，“添加”到“选定字段”列表框中，或双击字段添加，结果如图 6.16 所示。

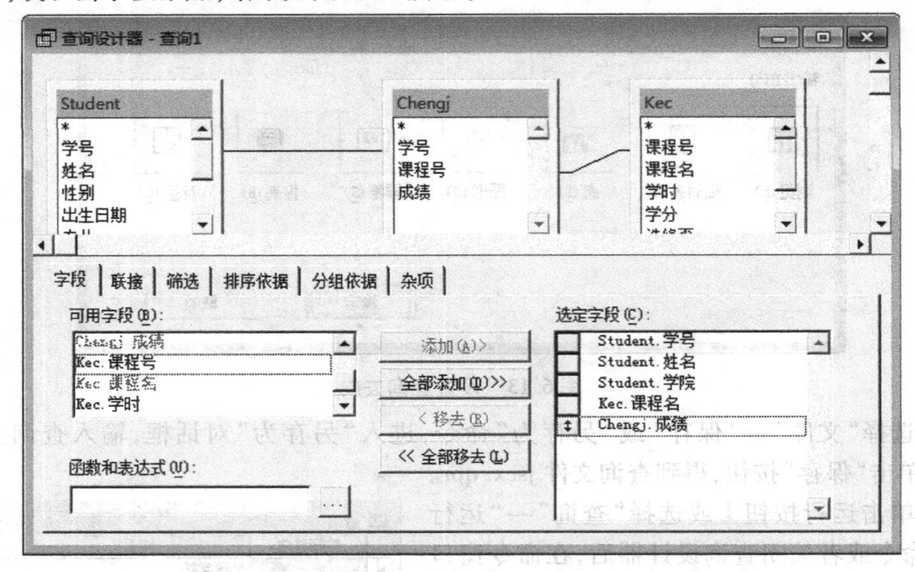

图 6.16　选择输出字段

③选择“筛选”选项卡，单击“字段名”下的组合框，选择筛选的字段“Chengj. 成绩”，在“条件”组合框中选择“<”，在“实例”文本框中输入：60，如图 6.17 所示。

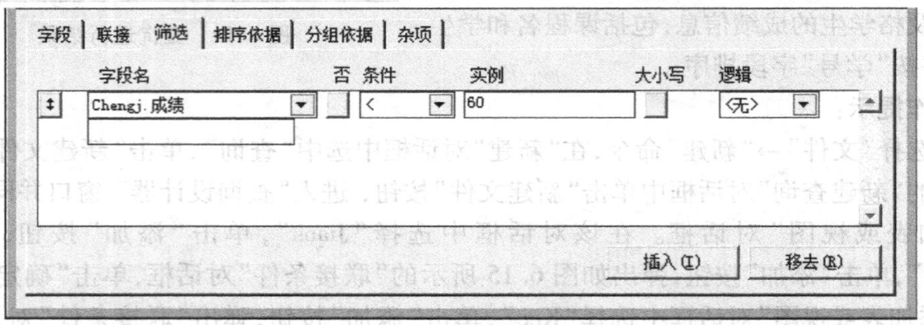

图 6.17　设置筛选条件

④选择“排序依据”选项卡，双击字段“Student. 学号”，设置查询结果按“Student. 学号”升序排序，如图 6.18 所示。

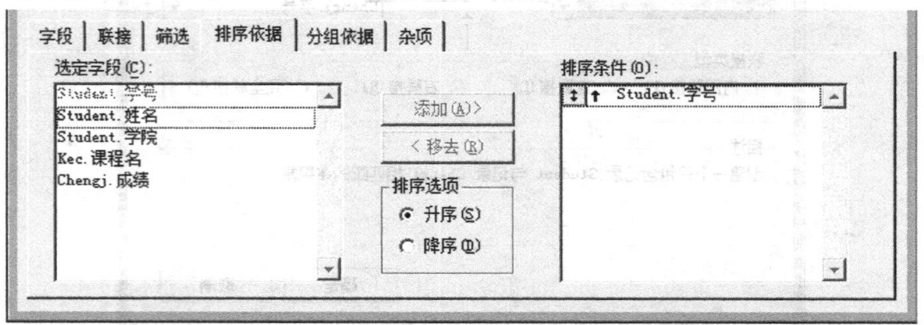

图 6.18　设置排序依据

⑤在查询设计器工具栏上单击查询去向工具按钮，弹出“查询去向”对话框，选择“浏览”，在表名中输入“stcjcx”，如图 6.19 所示。

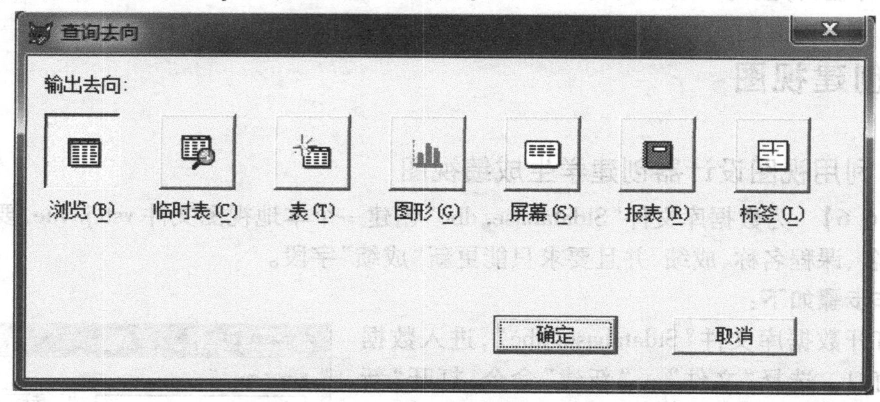

图 6.19　设置查询去向

⑥选择“文件”→“保存”或“另存为”命令，进入“另存为”对话框，输入查询文件名 stcjcx，单击“保存”按钮，得到查询文件 stcjcx. qpr。

⑦单击运行按钮!或选择“查询”→“运行查询”命令，该查询运行结果如图 6.20 所示。

查询

学号	姓名	学院	课程名	成绩
2012010003	江珊珊	计算机学院	大学英语	54
2012011001	成龙	食品学院	食品营养学	58
2012013001	龚丽丽	工程学院	高等数学	46
2012013002	李民明	工程学院	计算机基础	45
2012014001	刘明	园艺园林学院	法律基础	36

图 6.20　不及格学生查询结果

6.3.2　查询设计器的使用

1. 修改查询文件

格式：MODIFY QUERY <查询文件名>

利用查询设计器不仅可以创建单表查询，还可以创建多表查询。

2. 运行查询

➢　选择“查询”→“运行查询”命令；

➢　使用 DO<查询文件名>. qpr 也可以运行查询文件以得到查询结果。

3. 查询结果的输出

在 VFP 中，根据目的需要可将查询结果按以下几种格式输出：

➢　浏览：将查询结果输出到浏览窗口（此为默认输出）。

➢　临时表：将查询结果保存于一个临时表（只读）中。

➢　表：将查询结果保存于一个数据表中，用户可随意处理这个表。

➢　图形：将查询结果用图形方式输出。

➢　屏幕：将查询结果输出到屏幕上。

➢ 报表:将查询结果输出到一个报表文件(.frx)。
➢ 标签:将查询结果输出到一个标签文件(.lbx)。

6.4 创建视图

6.4.1 利用视图设计器创建学生成绩视图

【例 6.6】 为数据库文件"Stdatabase.dbc"创建一个本地视图文件 vstcj.vue,要求显示学号、姓名、课程名称、成绩,并且要求只能更新"成绩"字段。

操作步骤如下:

①打开数据库文件"Stdatabase.dbc",进入数据库设计窗口。选择"文件"→"新建"命令,打开"新建"对话框,选择"视图",单击"新建文件"按钮,进入"视图设计器"窗口,并同时打开"添加表或视图"对话框,如图 6.21 所示。

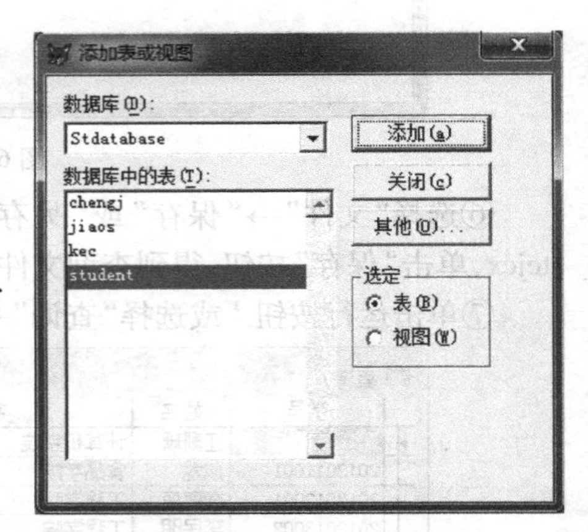

图 6.21 "添加表或视图"对话框

②分别将表 Student.dbf、Chengj.dbf 和 Kec.dbf 添加到视图设计器中,单击"关闭"按钮,返回到"视图设计器"窗口。

③在"视图设计器"窗口中,进行如下设置:

➢ 在"字段"选项卡选择字段:Student. 学号、Student. 姓名、Student. 专业、Kec. 课程名、Kec. 选修否和 Chengj. 成绩。

➢ 在"更新条件"选项卡中的"表"中选择可更新表:xkcjb,在"字段名"中选择 xkcjb 的更新关键字和字段:成绩,并将字段名前面的关键字标识(小钥匙)、字段更新标识(小粉笔)均加上"√"。

➢ 在"SQL where 子句包括"中选择"关键字和可更新字段",在"使用更新"中选择"SQL update",然后选择"发送 SQL 更新",如图 6.22 所示。

④选择"文件" 菜单下"保存"命令,输入视图名称:vstcj。打开数据库设计器,在数据库"Stdatabase.dbc"中会添加一个视图文件 vstcj.vue,如图 6.23 所示。

⑤打开相应的数据库,在"数据库设计器"窗口中双击视图对象,可以在"浏览"窗口中显示视图内容。

⑥打开视图,选中某个学生记录中的"成绩"字段值,进行更改。关闭视图后,原数据表中数据就被更新了。

6.4.2 利用视图向导创建不及格学生视图

【例 6.7】 用视图向导为数据库"Stdatabase.dbc"创建一个本地视图 Vbjg.vue,浏览不及格学生情况,该视图中包含"姓名""课程号"和"成绩"等字段内容。

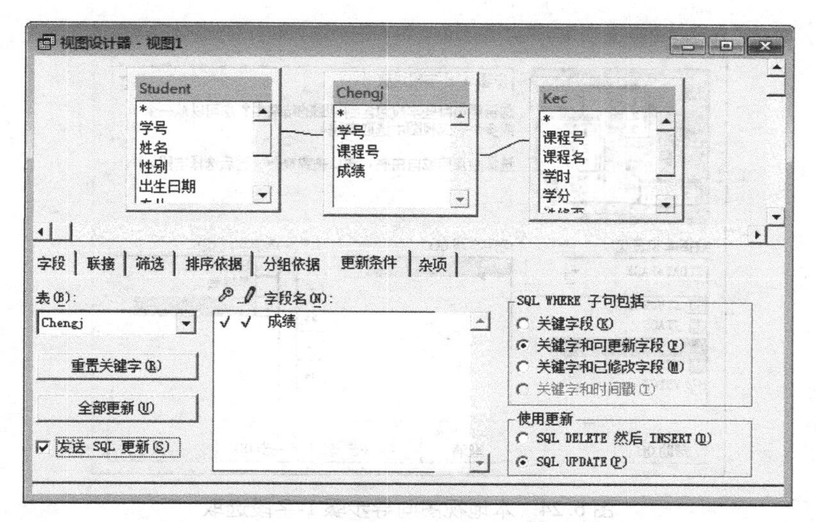

图 6.22 “视图设计器”界面

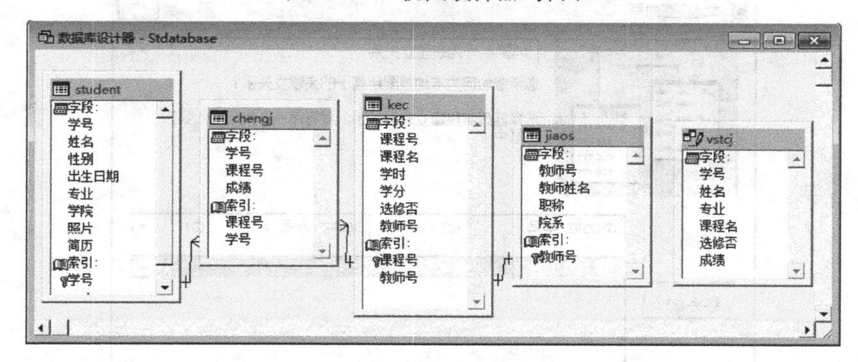

图 6.23 数据库中的视图对象

操作步骤如下：

①打开数据库文件“Stdatabase. dbc”，进入数据库设计窗口。

②单击“文件”菜单下“新建”命令，打开“新建”窗口。选择“视图”，单击“向导”按钮，进入“本地视图向导”“步骤 1-字段选取”窗口，如图 6.45 所示。单击“Student”表，从“可用字段”中选择字段“姓名”；单击“Chengj”表，从“可用字段”中选择字段“课程号”、“成绩”，如图 6.24 所示。

③单击“下一步”按钮，进入“本地视图向导”的“步骤 2-为表建立关系”对话框。将匹配字段涉及的每个关系加到列表框中，如图 6.25 所示。

④单击“下一步”按钮，进入“视图向导”“步骤 2a-字段选取”对话框中，选择“仅包含匹配的行”。

单击“下一步”按钮，进入“视图向导”“步骤 3-筛选记录”对话框。“字段”选择“Chengj. 成绩”，“操作符”选择“小于”，“值”填入“60”，如图 6.26 所示。

⑤单击“下一步”按钮，进入“视图向导”“步骤 4-排序记录”对话框。将“可用字段”栏中的“Student. 姓名”以降序添加到“选定字段”栏，如图 6.27 所示。

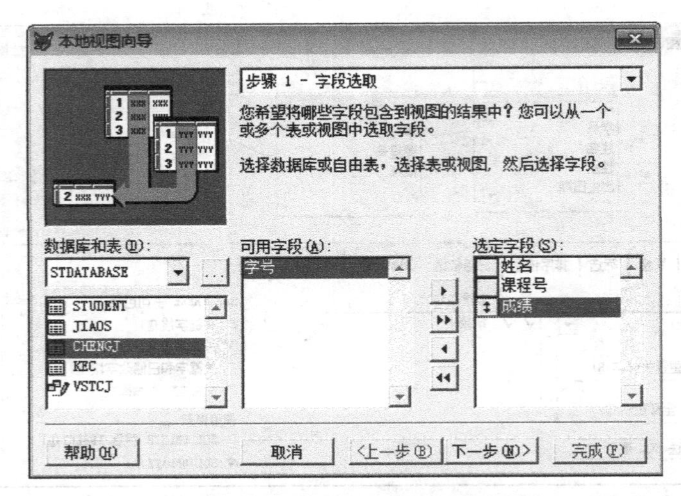

图 6.24　本地视图向导步骤 1-字段选取

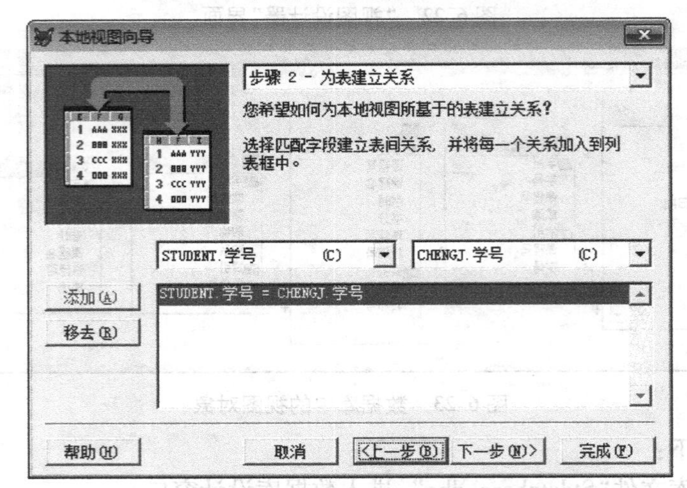

图 6.25　本地视图向导步骤 2-为表建立关系

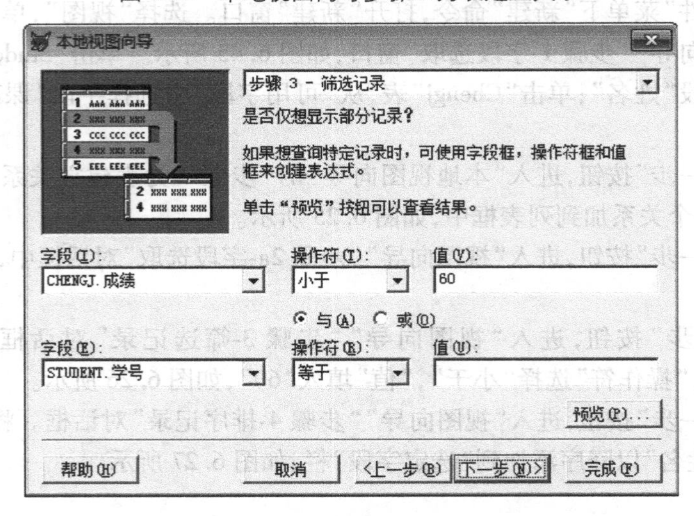

图 6.26　本地视图向导步骤 3-筛选记录

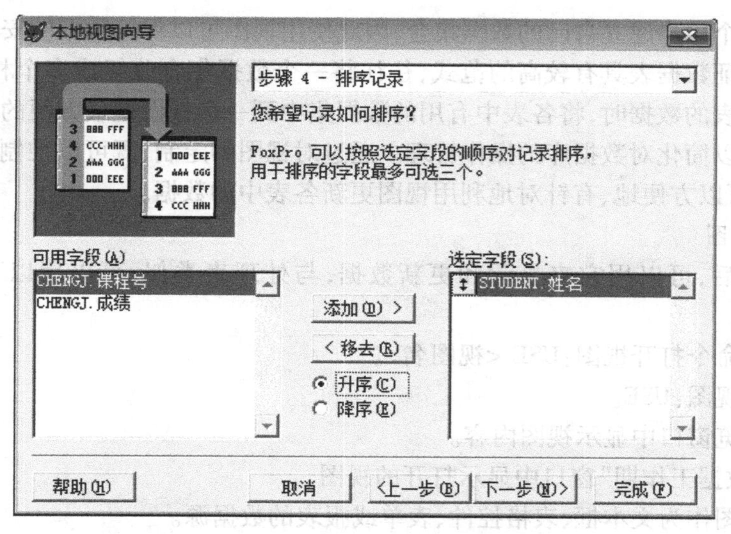

图 6.27 本地视图向导步骤 3-排序记录

⑥单击“下一步”按钮,进入“步骤 4a-限制记录”对话框。再单击“下一步”按钮,进入“步骤 5-完成”对话框。选择“保存本地视图并浏览”,单击“完成”按钮,进入“保存”对话框,输入视图名称 Vbjg,单击“确认”按钮,则视图文件 Vbjg. vue 生成,在数据库中双击该视图可以进入浏览窗口,如图 6.28 所示。

Vbjg

姓名	课程号	成绩
成龙	1001	45
成龙	2002	58
龚丽丽	1001	46
江珊珊	1002	54
江珊珊	1004	52
李民明	1004	45
刘明	1003	36

图 6.28 浏览视图文件 Vbjg

6.4.3 视图的概念和作用

1. 视图的概念

视图与查询相似,它们都可以从一个或多个相关联的表中提取信息,但查询是以只读方式访问表文件,而视图却是以读写方式访问表文件,因此可以通过修改视图中记录的值来实现对源表的数据更新。视图可以看成是从一个或多个数据表中导出的一张“虚拟表”,因为其中并不存放真正的数据,即视图中的数据取自源表,每次打开视图时,都要从源表中重新提取数据。视图是不能单独存在的,它依赖于数据库,是数据库的一部分,只有在打开数据库时才能创建和使用视图。

根据数据库中数据的来源,视图可以分为本地视图和远程视图。其中,本地视图指由本地表而生成的视图。远程视图指通过开放式数据库连接性从远程数据源所建立的视图。

创建视图的过程与创建查询的过程类似,即可通过视图设计器创建,如【例 6.6】;又可以利用视图向导创建,如【例 6.7】。创建视图的命令是:create view <视图文件名>,系统会自动将扩展名“. vue”加上。

2. 视图的作用

建立视图的作用有以下 3 点:

①数据库系统是供多用户使用的,不同的用户只能查看与自己相关的一部分数据,视

图可以为每一个用户建立自己的数据集合,因此使用视图可以保障数据的安全与完整。

②为了保证数据表具有较高的范式,往往将一个数据集合分解成多个相关的数据表。而在使用多个表的数据时,将各表中有用的数据集中到一个视图是最方便的办法。

③视图可以简化对数据库的操作管理。通过对视图的定制,既可以控制用户对相关数据的更新,也可以方便地、有针对地利用视图更新各表中的数据。

3. 使用视图

视图建立后,可以用它来显示和更新数据,与处理表类似,可以用以下操作来使用视图:

- 使用命令打开视图:USE <视图名>。
- 关闭视图:USE。
- 在浏览窗口中显示视图内容。
- 在“数据工作期”窗口中显示打开的视图。
- 将视图作为文本框、表格控件、表单或报表的数据源。

6.5 使用 SQL 语句查询表数据

6.5.1 简单查询实例

【例 6.8】 查询显示“Student. dbf”表中所有的学生信息。

操作提示:

在命令窗口中输入如下 SQL 语句:

```
select * from student
```

执行该命令后,运行结果如图 6.29 所示。查询时用“ * ”表示所有字段。

学号	姓名	性别	出生日期	专业	学院	照片	简历
2012010001	张成栋	男	05/12/94	计算机科学	计算机学院	gen	memo
2012010002	王芳	女	09/25/95	计算机科学	计算机学院	Gen	Memo
2012010003	江珊珊	女	12/15/95	计算机科学	计算机学院	gen	memo
2012011001	成龙	男	07/10/94	食品质量管理	食品学院	gen	memo
2012011002	杨洋	男	11/20/94	食品质量管理	食品学院	gen	memo
2012013001	龚丽丽	女	05/15/96	车辆工程	工程学院	gen	memo
2012013002	李民明	男	03/22/94	车辆工程	工程学院	gen	memo
2012014001	刘明	男	07/18/95	城市规划	园艺园林学院	gen	memo
2012014002	王汉成	男	05/20/94	城市规划	园艺园林学院	gen	memo
2012014003	杨丽丽	女	06/26/95	城市规划	园艺园林学院	gen	memo

图 6.29 SQL 语句执行结果

【例 6.9】 查询“Student. dbf”表中所有不同的专业信息。

操作提示:

在命令窗口中输入如下 SQL 语句:

```
select distinct 专业 from student
```

执行该命令后,运行结果如图 6.30 所示。

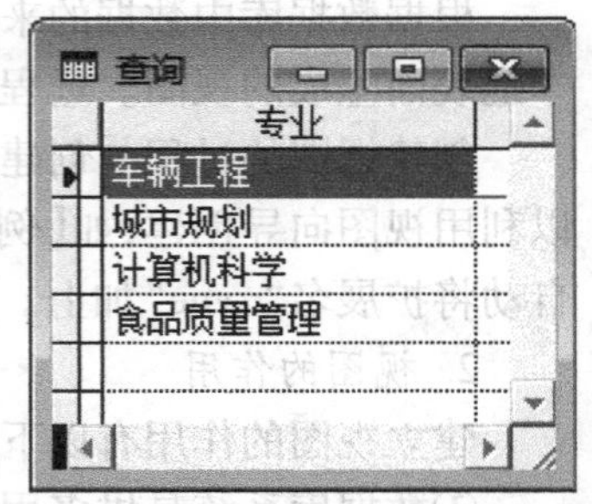

专业
车辆工程
城市规划
计算机科学
食品质量管理

图 6.30 SQL 语句执行结果

【例 6.10】 查询“Student. dbf”表中姓王的学生信息。

操作提示：

在命令窗口中输入如下 SQL 语句：

select * from student where 姓名 like '王%'

执行该命令后，运行结果如图 6.31 所示。

查询

学号	姓名	性别	出生日期	专业	学院	照片	简历
2012010002	王芳	女	09/25/95	计算机科学	计算机学院	Gen	Memo
2012014002	王汉成	男	05/20/94	城市规划	园艺园林学院	gen	memo

图 6.31 SQL 语句执行结果

【例 6.11】 查询“Student. dbf”表中出生日期在 1994 年 9 月 1 日—1995 年 9 月 1 日的学生信息。

操作提示：

在命令窗口中输入如下 SQL 语句：

select * from student where 出生日期 between {^1994-09-01} and {^1995-09-01}

执行该命令后，运行结果如图 6.32 所示。

查询

学号	姓名	性别	出生日期	专业	学院	照片	简历
2012011002	杨洋	男	11/20/94	食品质量管理	食品学院	gen	memo
2012014001	刘明	男	07/18/95	城市规划	园艺园林学院	gen	memo
2012014003	杨丽丽	女	06/26/95	城市规划	园艺园林学院	gen	memo

图 6.32 SQL 语句执行结果

【例 6.12】 查询显示“Student. dbf”表中“计算机科学”和“车辆工程”专业的学生的学号、姓名和专业信息。

操作提示：

在命令窗口中输入如下 SQL 语句：

select 学号,姓名,专业 from student where 专业 in('计算机科学','车辆工程')

执行该命令后，运行结果如图 6.33 所示。

查询

学号	姓名	专业
2012010001	张成栋	计算机科学
2012010002	王芳	计算机科学
2012010003	江珊珊	计算机科学
2012013001	龚丽丽	车辆工程
2012013002	李民明	车辆工程

图 6.33 SQL 语句执行结果

【例 6.13】 设计一表单，文件名为 Sq6-13. scx，表单中添加一表格控件，表单运行后，在表格中显示“Student. dbf”表中所有 1995 年出生的女同学的学号、姓名、出生日期、专业。

操作提示：

①表单 Form1 的 Init 事件代码如下：

```
select 学号,姓名,出生日期,专业 from student ;
    where 性别="女" and year(出生日期)=1995 into cursor stxx
thisform. grid1. recordsourcetype=1
thisform. grid1. recordsource="stxx"
```

②保存并运行表单，就可显示读者表中所有读者的编号、姓名和性别了，如图 6.34 所示。

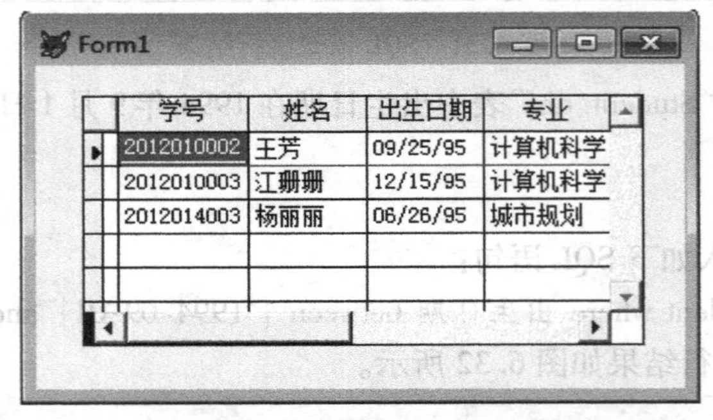

图 6.34　表单运行结果

【例 6.14】　设计一表单，文件名为 sq6-14. scx，按学号查询学生信息，运行结果如图 6.35 所示在 1 个标签中显示出来。

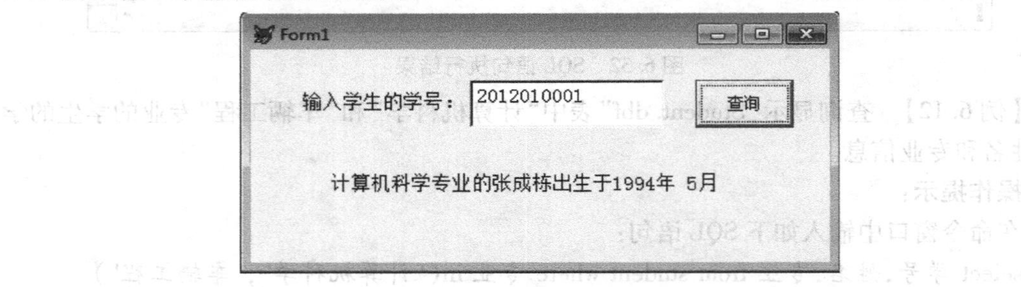

图 6.35　表单运行结果

分析：

①该例要求能根据用户输入的任意学号查找出学生信息，并将查询到的学生信息显示出来。

②由于要在标签中输出学生，因此要将输出的内容作成一个字符串。

③本例中根据 3 个字段值得到所需的字符串，即姓名、专业和出生日期。

操作提示：

①“查询”按钮的 Click 事件代码如下：

```
select 姓名,出生日期,专业 from student ;
    where 学号=alltrim(thisform. text1. value) into array x
rq=str(year(x(2)),4)+"年"+str(month(x(2)),2)+"月"
thisform. label2. caption=alltrim(x(3))+"专业的"+alltrim(x(1))+"出生于"+rq
```

②保存表单，文件名为“sq6-10. scx”，运行表单，在文本框中输入学生的学号，单击“查询”按钮，就可查找出学生的基本信息，如图 6.35 所示。

6.5.2 简单查询语句

SQL 语句最主要的功能就是查询，即把数据表中的数据按要求查找出来，以便用户浏览和使用。SQL 语句中查询表数据使用的是 SELECT 语句。SELECT 语句的基本形式分为 3 部分：查什么数据、从哪儿查数据、查的条件是什么，即 SELECT-FROM-WHERE。

1. 基本的 SELECT 语句

格式：

SELECT <字段名 1>[,<字段名 2>…]

FROM [数据库名称!]<表或视图>

功能：从指定表或视图中查询全部记录的指定字段值。

2. 唯一性查询

唯一性查询是指对于要显示的结果，若有重复出现时，则只显示重复行中的一行。这可通过在基本 SELECT 语句中加入 DISTINCT 关键字的方法实现。若不加此关键字，则显示全部行。

3. 带条件的查询

在 SELECT 语句中，可以通过 WHERE 子句为查询规定条件。

WHERE 子句的格式：

WHERE <条件表达式 1>[AND <条件表达式 2>…]

功能：查询指定表或视图中满足查询条件的记录。其中<条件表达式>可以是关系表达式，也可以是逻辑表达式，表 6.1 所示的内容是组成<条件表达式>常用的运算符。

表 6.1 查询条件中常用的运算符

运算符类别	运算符	实 例
关系运算符	=、>、<、>=、<=、≠	成绩>=80
逻辑运算符	not、and、or	成绩>=60 and 成绩<100
字符串匹配运算符	like	性别 like "男"
范围运算符	between and	成绩 between 70 and 80
空值运算符	is null	成绩 is null
集合运算符	in、not in	专业班级 in ("计算机","英语")

LIKE 子句中可以用通配符：下划线“_”，表示任何一个字符；百分号符“%”，表示一串字符。

4. 查询的输出去向

默认情况下，查询输出到一个浏览窗口，用户在 SELECT 语句中可使用[INTO<目标> | TO FILE<文件名>|TO SCREEN|TO PRINTER]子句选择查询去向：

- INTO CURSOR< 临时表名>：将查询结果保存到一个临时表中。

- INTO ARRAY 数组名:将查询结果保存到一个数组中。
- INTO DBF|TABLE <表名>:将查询结果保存到一个永久表中。
- TO FILE <文件名>[ADDITIVE]:将查询结果保存到文本文件中。如果带“ADDITIVE”关键字,查询结果以追加方式添加到<文件名>指定的文件,否则,以新建或覆盖方式添加到<文件名>指定的文件。
- TP SCREEN:将查询结果在屏幕上显示。
- TO PRINTER:将查询结果送打印机打印。

6.5.3 排序查询实例

【例 6.15】 设计一表单,文件名为 sq6-15. scx,表单中添加一表格控件,表单运行后,在表格中按出生日期先后顺序显示“Student. dbf”表中男学生的信息。

操作提示:

①新建一个表单,在表单中添加 1 个表格控件。

②表单 Form1 的 Init 事件代码如下:

```
thisform. grid1. recordsourcetype=4
thisform. grid1. recordsource="select * from student order by 出生日期 where 性别='男' into cursor temp"
```

③保存并运行表单,就可以按出生日期先后顺序显示“Student. dbf”表中男学生的信息了,如图 6.36 所示。

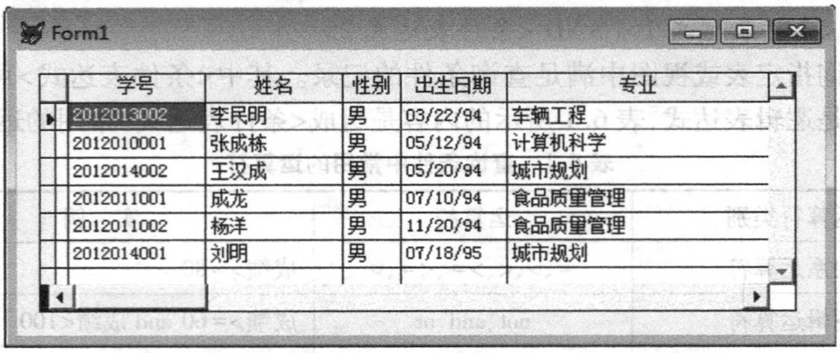

Form1

学号	姓名	性别	出生日期	专业
2012013002	李民明	男	03/22/94	车辆工程
2012010001	张成栋	男	05/12/94	计算机科学
2012014002	王汉成	男	05/20/94	城市规划
2012011001	成龙	男	07/10/94	食品质量管理
2012011002	杨洋	男	11/20/94	食品质量管理
2012014001	刘明	男	07/18/95	城市规划

图 6.36 表单运行结果

【例 6.16】 设计一表单,文件名为 sq6-16. scx,表单中添加一表格控件,表单运行后,在表格中显示“Kec. dbf”表中学分最多的 3 门课程信息。

操作提示:

①新建一个表单,在表单中添加 1 个表格控件。

②表单 Form1 的 Init 事件代码如下:

```
select top 3 * from kec ;
    order by 学分 desc into cursor temp
thisform. grid1. recordsourcetype=1
thisform. grid1. recordsource="temp"
```

③保存并运行表单,就可以显示“Kec. dbf”表中学分最多的 3 门课程信息了,如图 6.37 所示。

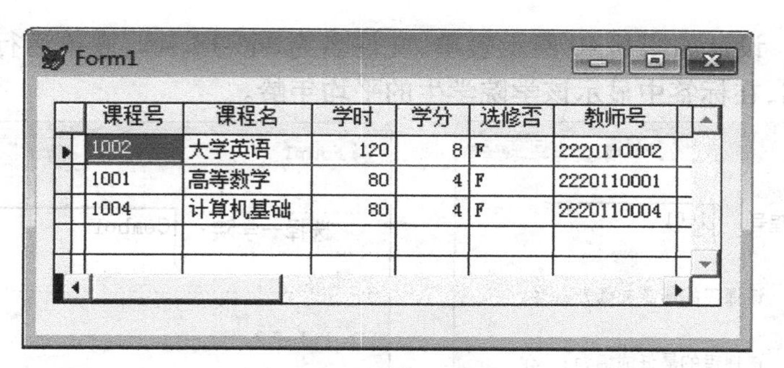

图 6.37　表单运行结果

6.5.4　排序查询

通过 ORDER BY 子句可以实现查询结果的排序输出，允许按一列或多列排序。

格式：

ORDER BY <排序选项 1>[ASC|DESC][,< 排序选项 2>[ASC|DESC]…]

其中，ASC 表示升序排序（缺省方式），DESC 表示降序排序。

使用 TOP <数值表达式> [PERCENT] 短语可以显示部分结果，并且 TOP 短语要与 ORDER BY 短语同时使用才有效。如【例 6.16】中的 TOP 3 子句只显示 3 门课程信息。

6.5.5　带计算函数的查询实例

【例 6.17】　设计如图 6.38 所示表单，文件名为 sq6-17. scx，表单运行后，在文本框中输入课程号，单击“输出”按钮，在标签中显示该课程的最高成绩和最低成绩。

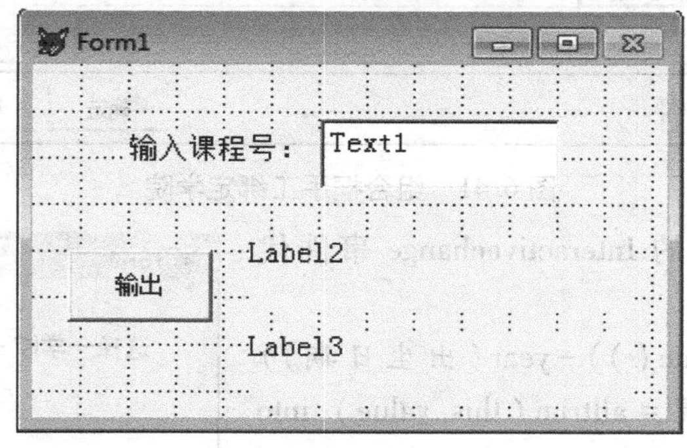

图 6.38　表单运行结果

操作提示：

①“输出”按钮的 Click 事件代码如下：

```
select max(成绩),min(成绩) from chengj where 课程号=alltrim(thisform.text1.value)
into array a
thisform.label2.caption="该课程的最高成绩为："+str(a(1),3)
thisform.label3.caption="该课程的最低成绩为："+str(a(2),3)
```

②保存并运行表单，在文本框中输入课程号，就可以显示该课程的最高成绩和最低成绩，如图 6.39 所示。

【例 6.18】 设计如图 6.40 所示表单,文件名为 sq6-18.scx,表单运行后,在组合框中选择一个学院名,在标签中显示该学院学生的平均年龄。

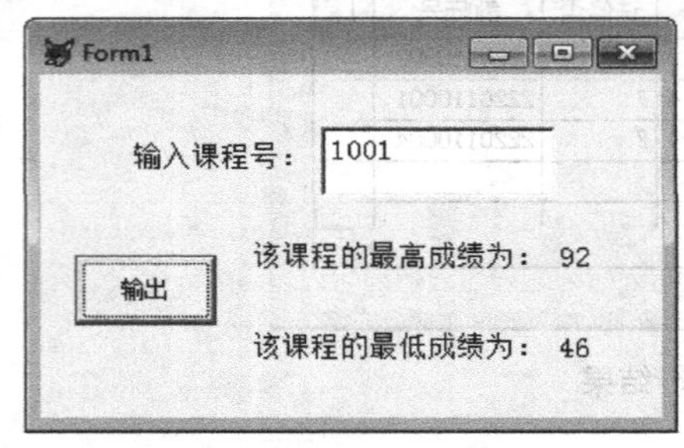

图 6.39 表单运行结果

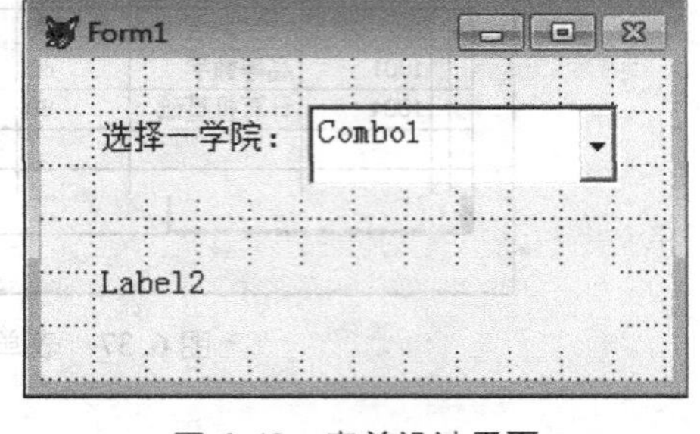

图 6.40 表单设计界面

操作提示:

①组合框手工绑定学院,如图 6.41 所示。

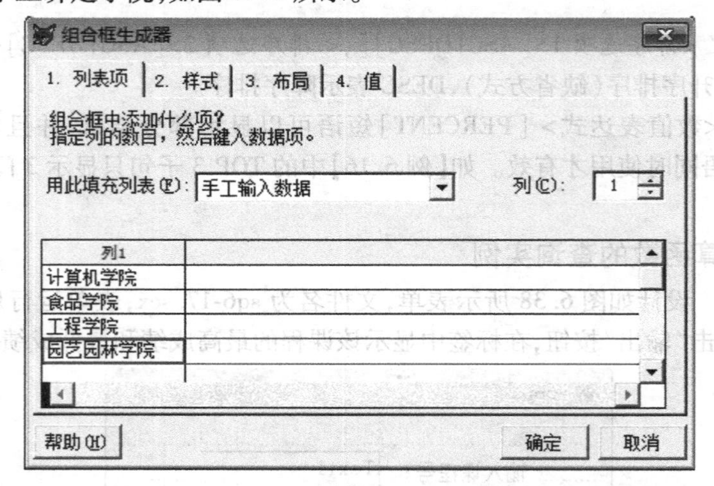

图 6.41 组合框手工绑定学院

②组合框 Combo1 的 Interactivechange 事件代码如下:

```
select avg(year(date())-year(出生日期)) from student where 学院=alltrim(this.value) into array nl
thisform.label2.caption = alltrim(this.value)+"学院的平均年龄为:"+str(nl(1),3)
```

③保存并运行表单,在组合框中选择一学院,运行结果如图 6.42 所示。

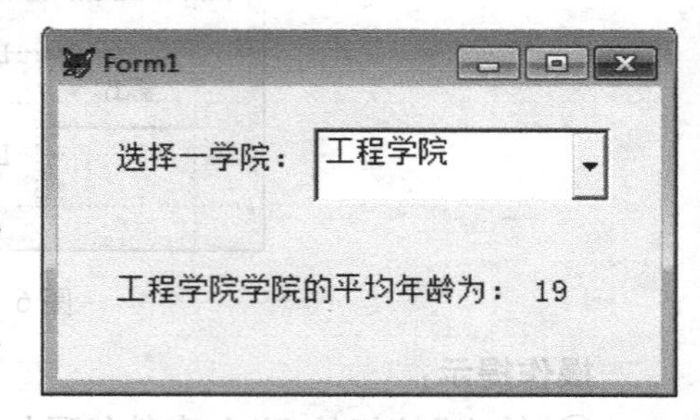

图 6.42 表单运行结果

6.5.6 带计算函数的查询

在 select 语句中,使用 SQL 语言提供的一些查询计算函数,可以增强查询功能。基本的查询计算函数的格式及功能如表 6.2 所示。

表 6.2　查询计算函数的格式及功能

函数格式	函数功能
COUNT(*)	计算记录条数
SUM(字段名)	求字段名所指定字段值的总和
AVG(字段名)	求字段名所指定字段的平均值
MAX(字段名)	求字段名所指定字段的最大值
MIN(字段名)	求字段名所指定字段的最小值

6.5.7　分组查询实例

【例 6.19】　设计一表单，文件名为 sq6-19. scx，表单中添加一表格控件，表单运行后，在表格中显示“Chengj. dbf”表中每位学生所修课程的平均分，并按平均分降序排列。

操作提示：

①表单 Form1 的 Init 事件代码如下：

```
select 学号,avg(成绩) from chengj group by 学号;
    order by 2 desc into cursor temp
thisform. grid1. recordsourcetype = 1
thisform. grid1. recordsource = "temp"
```

②保存并运行表单，就可以显示每位学生所修课程的平均分，如图 6.43 所示。**注意：当排序依据是一个函数或表达式时，只能按列数排序**，本例中 avg(成绩)是一个函数值，而列数是第 2 列，因此，采用 order by 2 desc 完成排序。

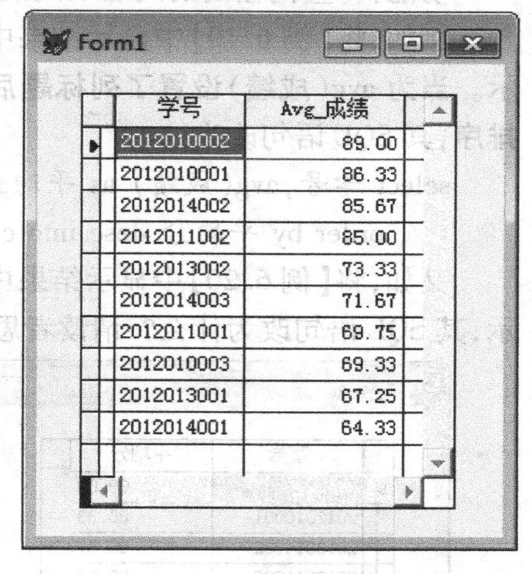

图 6.43　表单运行结果

【例 6.20】　设计一表单，文件名为 sq6-20. scx，表单中添加一表格控件。表单运行后，在表格中显示“Chengj. dbf”表中至少有 3 名学生选修的课程号及学生数。

操作提示：

Form1

课程号	Cnt
1001	8
1002	5
1003	5
1004	4
2003	3

图 6.44　表单运行结果

①表单 Form1 的 Init 事件代码如下：

```
select 课程号,count( * ) from chengj group by 课程号 ;
    having count( * )>=3 into cursor temp
thisform. grid1. recordsourcetype = 1
thisform. grid1. recordsource = "temp"
```

②保存并运行表单，就可以显示至少有 3 名学生选修的课程号及学生数，如图 6.44 所示。

6.5.8　分组查询

通过 GROUP BY 子句可以实现分组查询。

格式：

GROUP BY <分组字段名1>[,<分组字段名2>…]

[HAVING <过滤条件>]

其中,<分组字段名>可以是表的字段名、字段函数名或标识列的数值型表达式;[HAVING <过滤条件>]子句进一步限定分组的条件。

6.5.9　用别名输出列标题(字段名)

将列名用含义更明确的别名输出,便于理解,可以通过 as 关键字实现。

格式:as　<列别名>

功能:将查询输出的列名以列别名输出。其中,列别名若为常字串,则无须加定界符。

例如,将【例 6.19】中显示结果中第 2 列的列标题改为平均分,运行结果如图 6.45 所示。**当为 avg(成绩)设置了列标题后,则排序依据除了可以按列数排序,还可以按列标题排序**,其 SQL 语句改为:

```
select 学号,avg(成绩) as 平均分 from chengj group by 学号;
  order by 平均分 desc into cursor temp
```

又如,将【例 6.20】中显示结果中第 2 列的列标题改为学生数,运行结果如图 6.46 所示,其 SQL 语句改为什么? 请读者思考。

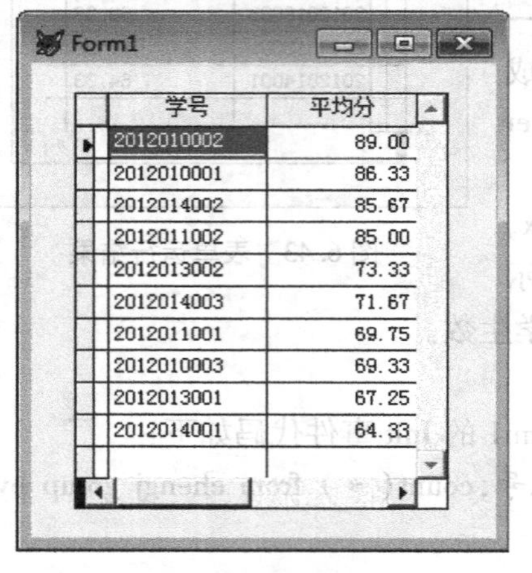

图 6.45　更改列标题

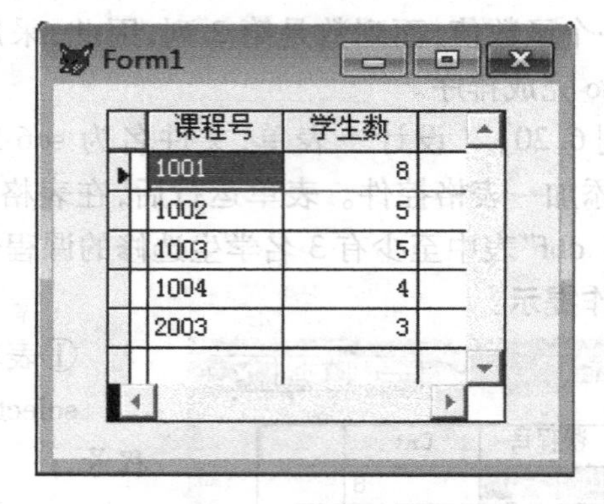

图 6.46　更改列标题

6.5.10　多表联接查询实例

【例 6.21】　设计表单,包含 1 个命令按钮、1 个列表框、1 个标签,文件名为 sq6-21.scx,表单运行后,在列表框中输出所有不及格学生的学号、姓名,并输出总人数,如图 6.47 所示。

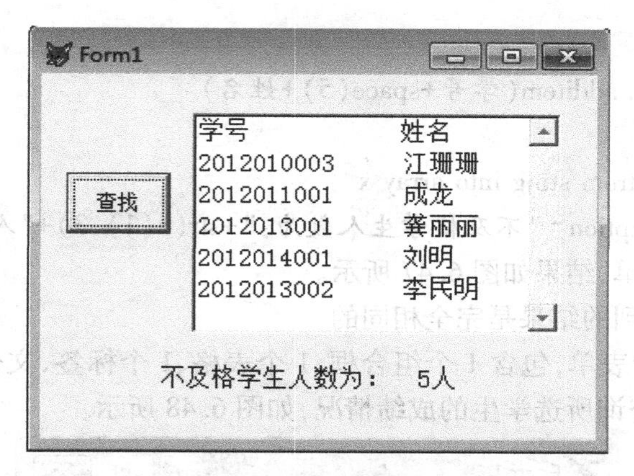

图 6.47　表单运行界面

操作提示：

方法 1：

①"查找"按钮的 Click 事件代码如下：

```
thisform. list1. additem(" 学号            姓名")
select a. 学号,姓名 from student a,chengj b ;
    where a. 学号=b. 学号 and 成绩<60 into cursor stbjg
scan
    thisform. list1. additem(学号+space(5)+姓名)
endscan
select count( * ) from stbjg into array x
thisform. label1. caption=" 不及格学生人数为:"+str(x(1),3)+"人"
```

②保存并运行表单,结果如图 6.47 所示。

方法 2：

①"查找"按钮的 Click 事件代码如下：

```
thisform. list1. additem(" 学号            姓名")
select a. 学号,姓名 from student a   inner join chengj b ;
    on a. 学号=b. 学号   where 成绩<60 into cursor stbjg
scan
    thisform. list1. additem(学号+space(5)+姓名)
endscan
select count( * ) from stbjg into array x
thisform. label1. caption=" 不及格学生人数为:"+str(x(1),3)+"人"
```

②保存并运行表单,结果如图 6.47 所示。

方法 3：

①"查找"按钮的 Click 事件代码如下：

```
thisform. list1. additem(" 学号            姓名")
select 学号,姓名 from student where 学号 in;
    (select 学号 from chengj where 成绩<60) into cursor stbjg
```

```
scan
    thisform. list1. additem(学号+space(5)+姓名)
endscan
select count(*) from stbjg into array x
thisform. label1. caption="不及格学生人数为:"+str(x(1),3)+"人"
```

②保存并运行表单,结果如图 6.47 所示。

以上 3 种方法得到的结果是完全相同的。

【例 6.22】 设计表单,包含 1 个组合框、1 个表格、1 个标签,文件名为 sq6-22. scx,在组合框中选择学号,查询所选学生的成绩情况,如图 6.48 所示。

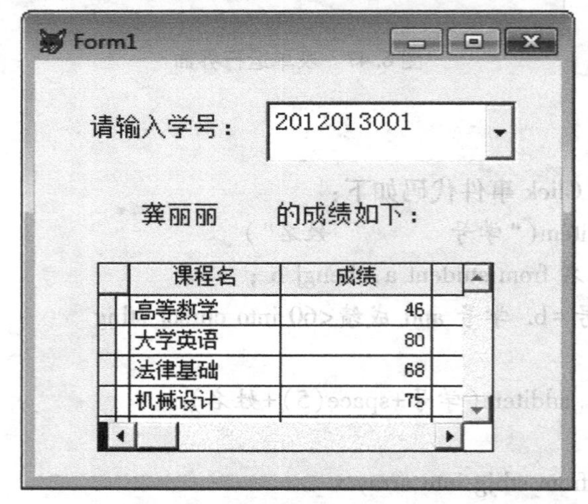

图 6.48 表单运行界面

操作提示:

①"查询"按钮的 Click 事件代码如下:

方法 1:

```
xh=alltrim(this. value)
select 姓名 from student where 学号=xh into array xm
thisform. label2. caption=xm(1)+"的成绩如下:"
thisform. grid1. recordsourcetype=4
thisform. grid1. recordsource="select 课程名,成绩 from chengj a,kec b where a. 课程号=b. 课程号 and a. 学号=xh into cursor temp"
```

方法 2:

```
xh=alltrim(this. value)
select 姓名 from student where 学号=xh into array xm
thisform. label2. caption=xm(1)+"的成绩如下:"
thisform. grid1. recordsourcetype=4
thisform. grid1. recordsource="select 课程名,成绩 from chengj a inner join kec b on a. 课程号=b. 课程号 and a. 学号=xh into cursor temp"
```

②保存并运行表单,在组合框中选择一学号,就可查询所选学生的成绩情况,如图 6.48

所示。

【例 6.23】 设计表单,包含 1 个组合框、1 个编辑框、1 个标签,其中组合框与 kec. dbf 表的课程号字数绑定,文件名为 sq6-23. scx,在组合框中选择课程号,查询该课程前 3 名学生的成绩情况,如图 6.49 所示。

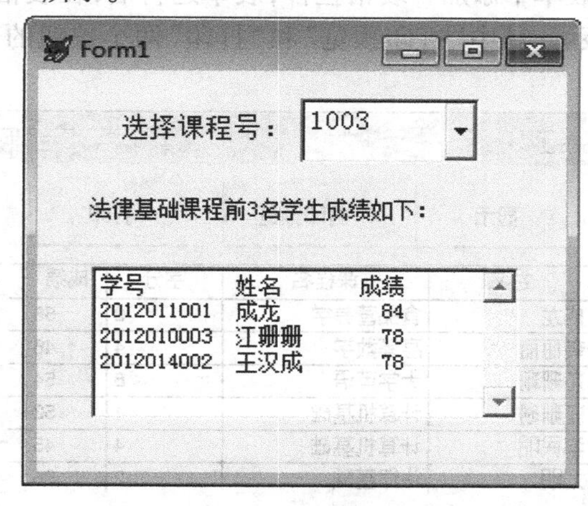

图 6.49 表单运行界面

操作提示:

①组合框 Combo1 的 InterativeChange 事件代码如下:

方法 1:

```
kch=alltrim(this.value)
select 课程名 from kec where 课程号=kch into array kcm
thisform.label2.caption=alltrim(kcm(1))+"课程前 3 名学生成绩如下:"
select top 3 a.学号,姓名,成绩 from student a, chengj b where a.学号=b.学号 and 课程号=kch order by 成绩 desc into cursor temp
thisform.edit1.value="学号          姓名          成绩"
scan
    x=学号+space(2)+姓名+str(成绩,5)
    thisform.edit1.value=thisform.edit1.value+chr(13)+x
endscan
```

方法 2:

```
kch=alltrim(this.value)
select 课程名 from kec where 课程号=kch into array kcm
thisform.label2.caption=alltrim(kcm(1))+"课程前 3 名学生成绩如下:"
select top 3 a.学号,姓名,成绩 from student a inner join chengj b on a.学号=b.学号 where 课程号=kch order by 成绩 desc into cursor temp
thisform.edit1.value="学号          姓名          成绩"
scan
    x=学号+space(2)+姓名+str(成绩,5)
    thisform.edit1.value=thisform.edit1.value+chr(13)+x
endscan
```

②保存并运行表单,在组合框中选择一课程号,就可查询所选课程前3名学生的成绩情况,如图6.49所示。

【例6.24】 利用【例6.7】中产生的视图文件vbjg. vue和kec. dbf中的数据,设计一表单,文件名为bjgcj. scx,表单中添加一表格控件,表单运行后,在表格中显示不及格的学生成绩情况,如图6.50所示。其中"打印预览"和"打印"两个按钮的Click事件代码在第7章完善。

图6.50 表单运行界面

操作提示:

①"显示"按钮的Click事件代码如下:

```
open database stdatabase   && 要使用视图必须先打开数据库
set safety off  && 确定覆盖已经存在的文件时,是否显示对话框
select 姓名,课程名,学分,成绩 from vbjg a,kec b;
    where a. 课程号=b. 课程号 order by 姓名 into table bjgcj
thisform. grid1. recordsourcetype=1
thisform. grid1. recordsource="bjgcj"
```

②保存并运行表单,在表格中显示不及格的学生成绩情况,如图6.50所示。本例中会产生bjgcj. dbf,在第7章会用到。

6.5.11 多表联接查询

SELECT语句可以实现对Visual FoxPro 6.0的4种联接类型的查询:

➢ 内部联接(Inner Join):只有2个表的字段都满足联接条件时,才将此记录选入查询结果中。

➢ 左联接(Left Outer Join):联接条件左边表中的记录都包含在查询结果中,而右边表中的记录只有满足联接条件时,才选入查询结果中。

➢ 右联接(Right Outer Join):与左联接正好相反。

➢ 完全联接(Full Join):无论两个表中的记录是否满足联接条件,都将全部记录选入查询结果中。

通常有3种方法实现多表联接查询:一是在查询命令中显示地指定联接类型;二是在

查询命令中使用 WHERE 子句;三是使用嵌套查询。

(1)指定联接类型实现多表间的联接查询

格式:SELECT…

FROM <表或视图> INNER|LEFT|RIGHT|FULL JOIN <表或视图>

ON <联接条件>

WHERE …

功能:通过指定的联接类型建立多表间的联接,如【例 6.21】、【例 6.22】、【例 6.23】中方法 2 中的 SQL 语句采用的就是这种联接方法。

注意:若 SELECT 后要查询的列名(字段名)在 2 个表中都有,则必须采用"表名.字段名",若字段名唯一,则可仅写出字段名。

(2)用 where 子句实现多表间的联接查询

用 WHERE 子句实现多表间的联接查询时,无需直接指明联接类型(隐含是内部联接),只需把联接条件直接写入 WHERE 子句即可。如【例 6.21】、【例 6.22】、【例 6.23】中方法 1 中的 SQL 语句采用的就是这种联接方法。

(3)使用嵌套查询实现多表间的联接查询

在 SQL 语言中,由 SELECT、FROM、WHERE 语句组成一个查询块。嵌套查询就是将第 2 个查询块放在第 1 个查询块的 WHERE 条件中,形成外层(第 1 个)查询包含内层(第 2 个)查询的嵌套查询。如【例 6.21】中方法 3 中的 SQL 语句采用的就是这种嵌套查询。

外层查询也称为主查询、父查询,内层查询也称为下层查询、子查询。系统对嵌套查询的处理过程是先做子查询,在子查询的基础上再做主查询。

在子查询中还可以再包含更下层的查询,从而形成层嵌套查询。

7　报表与菜单设计

7.1　报表的创建

7.1.1　建立学生信息快速报表

【例 7.1】　根据 Student. dbf 表创建快速报表：学生信息报表，文件名为 Stxx. frx。该报表要求输出每位学生的学号、姓名、性别、出生日期、专业及学院，输出格式如图 7.1 所示。

报表设计器 - stxx.frx - 页面 1

学号	姓名	性别	出生日期	专业	学院
2012010001	张成栋	男	05/12/94	计算机科学	计算机学院
2012010002	王芳	女	09/25/95	计算机科学	计算机学院
2012010003	江珊珊	女	12/15/95	计算机科学	计算机学院
2012011001	成龙	男	07/10/94	食品质量管理	食品学院
2012011002	杨洋	男	11/20/94	食品质量管理	食品学院
2012013001	龚丽丽	女	05/15/96	车辆工程	工程学院
2012013002	李民明	男	03/22/94	车辆工程	工程学院
2012014001	刘明	男	07/18/95	城市规划	园艺园林学院
2012014002	王汉成	男	05/20/94	城市规划	园艺园林学院
2012014003	杨丽丽	女	06/26/95	城市规划	园艺园林学院

图 7.1　学生信息报表预览

分析：在基于 VFP 的数据处理过程中，数据输出是一个重要的环节。报表是常见的数据输出形式。报表通常包括两部分内容：数据源和报表的布局。报表文件的扩展名为 . frx，该文件存储了报表的详细说明，其相关的备注文件的扩展名为 . frt。

操作提示：

①单击常用工具栏上的“新建”按钮，打开“新建”对话框，在“新建”对话框的文件类型中选择“报表”，然后单击“新建文件”按钮，打开报表设计器窗口。此时，主菜单栏上添加了“报表”项。

②选择“报表”→“快速报表”，弹出“打开”对话框，在其中选择 Student. dbf 后，单击“确定”按钮，弹出如图 7.2 所示的“快速报表”对话框。其中，字段布局：左侧按钮为列布局，右侧

按钮为行布局。标题:选择后字段名作为标签控件的标题置于相应字段的上面(列布局)或右边(行布局)。添加别名:选择后自动在报表设计器窗口中为所有字段添加表的别名。将表添加到数据环境中:选择后自动将刚才打开的表添加到数据环境中。"字段…"按钮:单击它弹出"字段选择器"对话框,用于选择输出字段。系统默认的是所有字段。

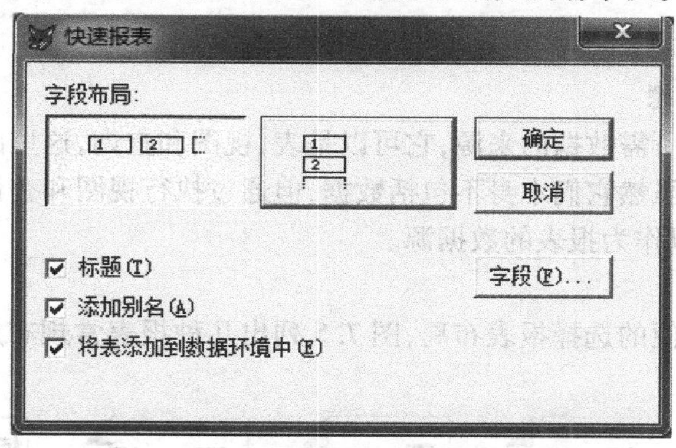

图 7.2 快速报表对话框

③在该对话框中选择字段布局为"列布局";勾选"标题""添加别名""将表添加到数据环境中"复选框;单击"字段…"按钮,弹出"字段选择器"对话框。选择报表中需要的字段:学号、姓名、性别、出生日期、专业及学院等字段,单击"添加"按钮将其添加到"选定字段"窗口中,如图 7.3 所示,然后单击"确定"按钮。

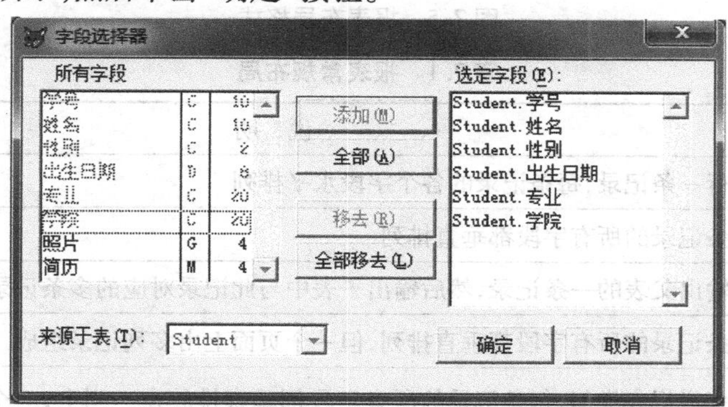

图 7.3 "字段选择器"对话框

④返回如图 7.2 所示的快速报表对话框,再单击"确定"按钮,返回报表设计器窗口,产生如图 7.4 所示的学生信息报表。

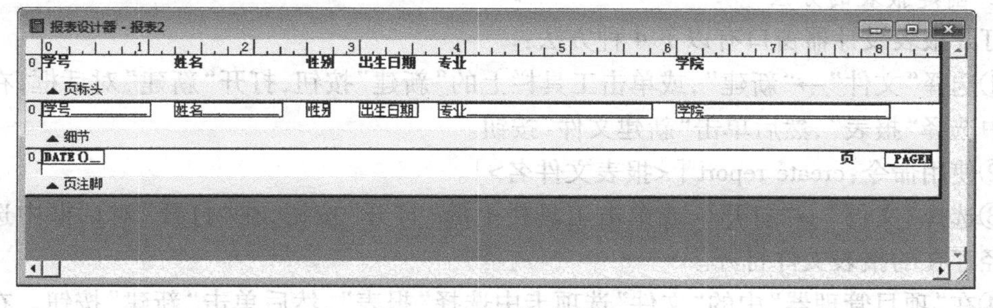

图 7.4 学生信息报表

⑤单击常用工具栏中的“保存”按钮,弹出“另存为”对话框。在“另存为”对话框中输入报表名称“stxx”后,单击“保存”按钮。

⑥单击常用工具栏中的“预览”按钮,即可显示如图7.1所示报表。

7.1.2 创建报表

1. 报表的数据来源

数据源是指报表所需数据的来源,它可以是表、视图和查询,这里的表包括自由表和数据库表。视图和查询虽然它们本身不包括数据,但通过执行视图和查询命令可以得到一个数据集合,它们也可以作为报表的数据源。

2. 报表的布局

为了让大家更方便的选择报表布局,图7.5列出几种报表常规布局格式。表7.1给出了它们的说明。

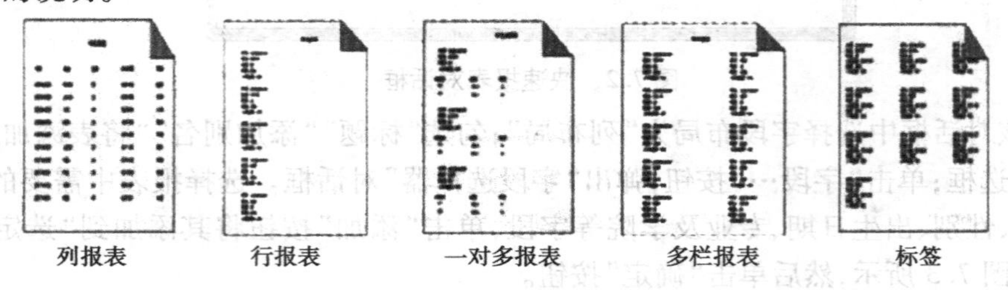

图7.5 报表布局格式

表7.1 报表常规布局

报表类型	说　明
列报表	每行一条记录,每条记录的各个字段水平排列
行报表	每条记录的所有字段都垂直排列
一对多报表	先输出父表的一条记录,然后输出子表中与此记录对应的多条记录
多栏报表	每条记录的所有字段都垂直排列,但一个页面上由多列记录组成
标签	与多栏报表类似,每条记录的所有字段都垂直排放在一列上,一个页面上有多列记录,但打印在特殊纸上

3. 创建报表的方法

打开报表设计器窗口有以下4种方法:

①选择“文件”→“新建”,或单击工具栏上的“新建”按钮,打开“新建”对话框,在文件类型中选择“报表”,然后单击“新建文件”按钮。

②使用命令:create report [<报表文件名>]。

③选择“文件”→“打开”,或单击工具栏上的“打开”按钮,在“打开”对话框中选择一个已经存在的报表文件打开。

④在“项目管理器”中的“文件”选项卡中选择“报表”,然后单击“新建”按钮。在弹出的“新建报表”对话框中单击“新建报表”按钮。

7.1.3 利用报表向导创建课程信息报表

【例 7.2】 利用报表向导根据 Kec. dbf 表创建课程信息报表，文件名为：kcxx. frx。该报表要求输出课程号、课程名、学时、学分、教师号和选修否，输出格式如图 7.6 所示。

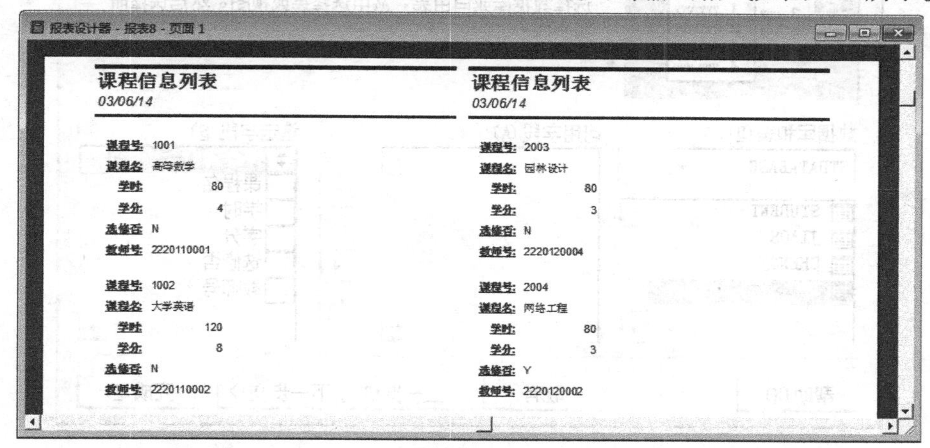

图 7.6 课程信息报表预览

操作提示：

①单击工具栏中的“新建”按钮，弹出“新建”对话框，选择文件类型为“报表”，然后单击“向导”按钮，启动报表向导，弹出如图 7.7 所示的“向导选取”对话框。

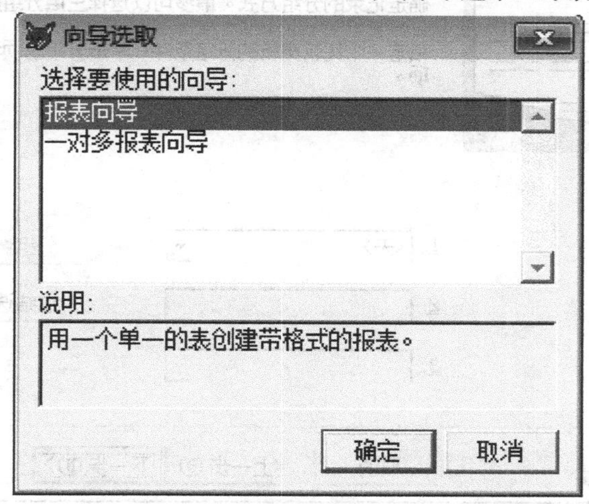

图 7.7 向导选取对话框

②在该对话框中选择“报表向导”项，然后单击“确定”按钮，弹出报表向导“步骤 1-字段选取”对话框。在该对话框中的“数据库和表”的下拉列表中选择所需的数据库，如“Stdatabase”数据库；在下面的列表框中选择数据表，如“jiaos”表；然后在“可用字段”列表框中选择所需字段添加到“选定字段”列表框中，如图 7.8 所示。

③单击“下一步”按钮，弹出如图 7.9 所示报表向导“步骤 2-分组记录”对话框。

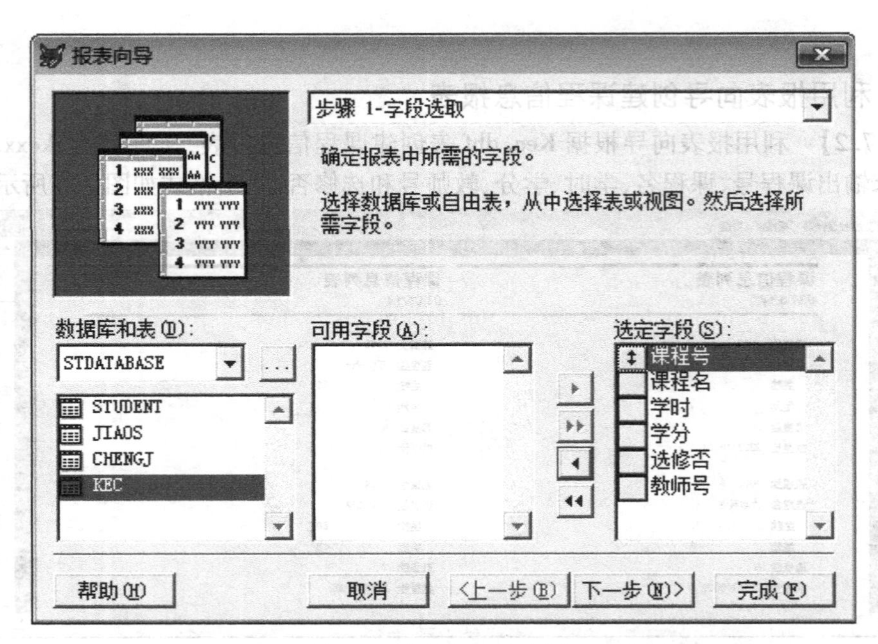

图 7.8　报表向导“步骤 1-字段选取”对话框

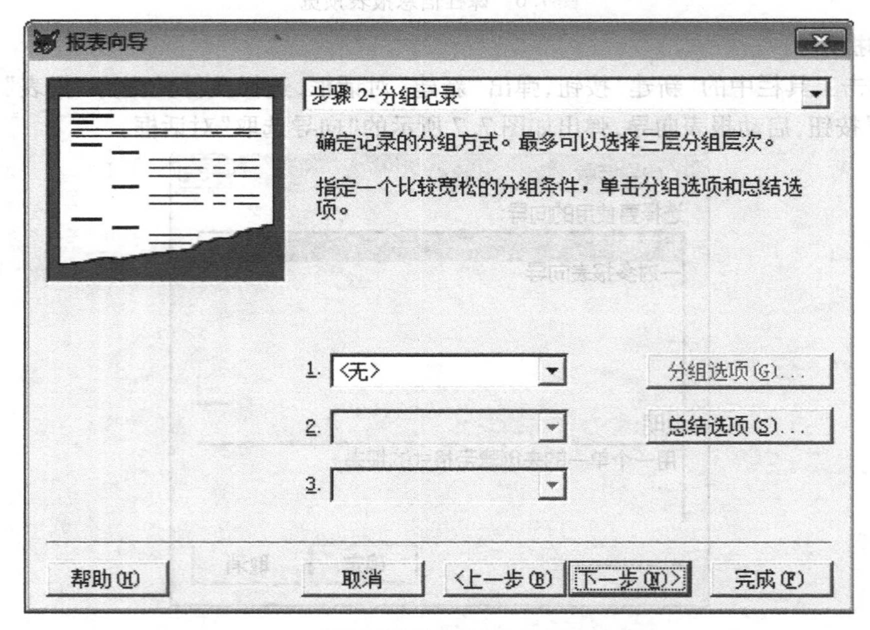

图 7.9　报表向导“步骤 2-分组记录”对话框

④在该对话框中单击“下一步”按钮，弹出如图 7.10 所示报表向导“步骤 3-选择报表样式”对话框。

⑤在该对话框中选择报表的样式，如“简报式”，然后单击“下一步”按钮，弹出报表向导“步骤 4-定义报表布局”对话框。在该对话框中，设置列数为“2”；字段布局为“行”；设置方向为“纵向”，如图 7.11 所示。

⑥单击“下一步”按钮，弹出报表向导“步骤 5-排序记录”对话框。在该对话框的“可用

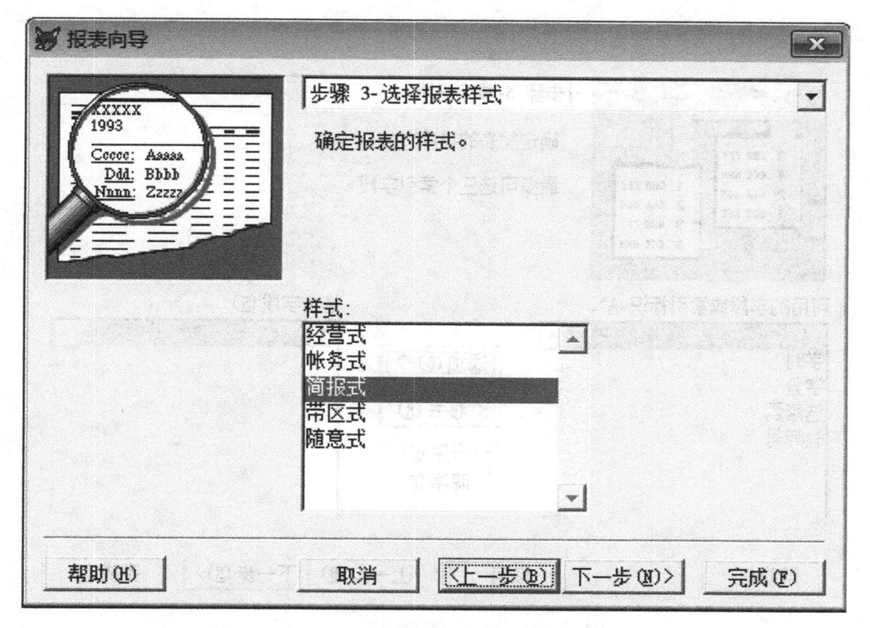

图 7.10　报表向导“步骤 3-选择报表样式”对话框

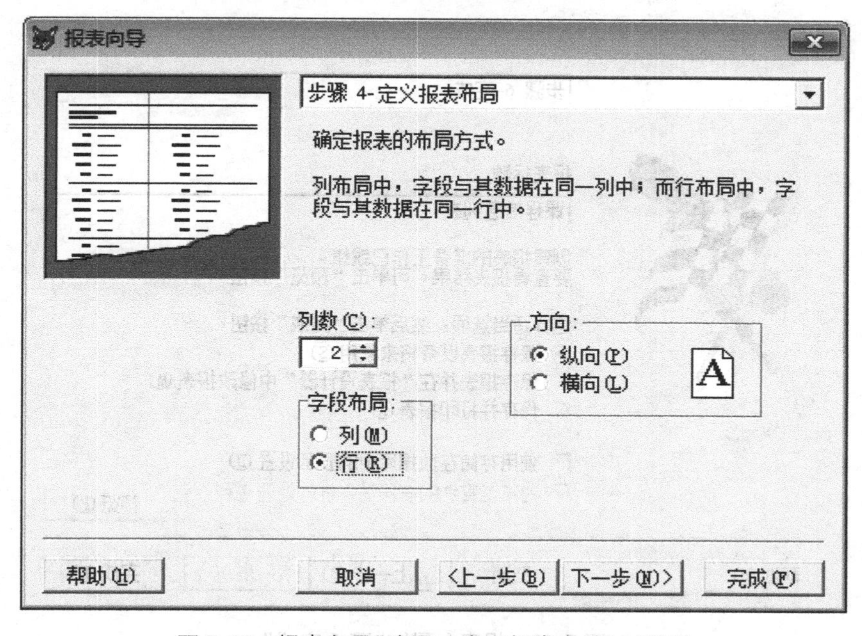

图 7.11　报表向导“步骤 4-定义报表布局”对话框

的字段或索引标识”列表框中选中“教师号”字段添加到“选定字段”列表框，选择默认的“升序”选项，如图 7.12 所示。

⑦单击“下一步”按钮，弹出报表向导“步骤 6-完成”对话框。在该对话框中修改报表标题为“课程信息列表”，选择默认的“保存报表以备将来使用”，如图 7.13 所示。

⑧单击“预览”按钮，可见如图 7.6 所示报表。单击“完成”按钮，在弹出的“另存为”对话框中，输入报表名称“kcxx”，单击“保存”按钮即可。

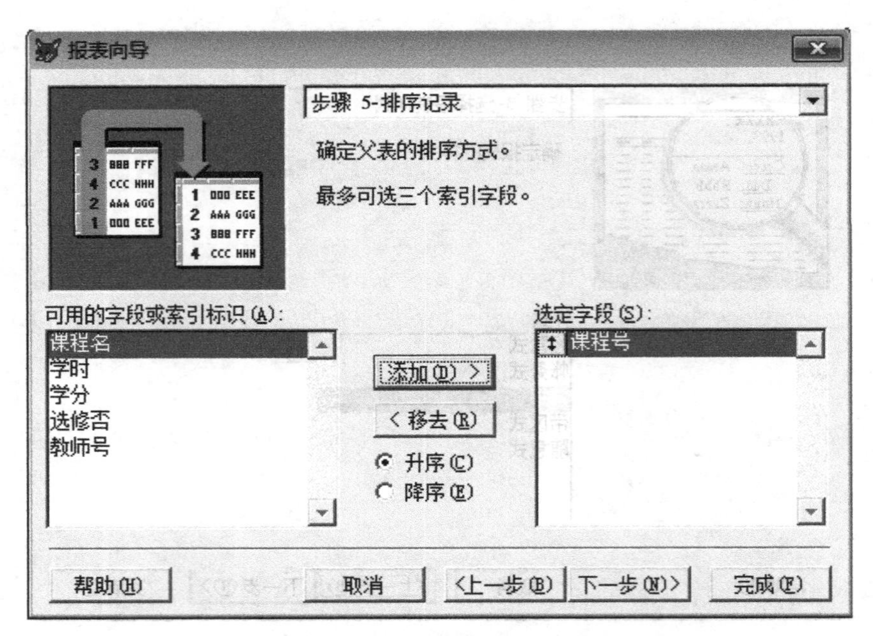

图 7.12　报表向导“步骤 5-排序记录”对话框

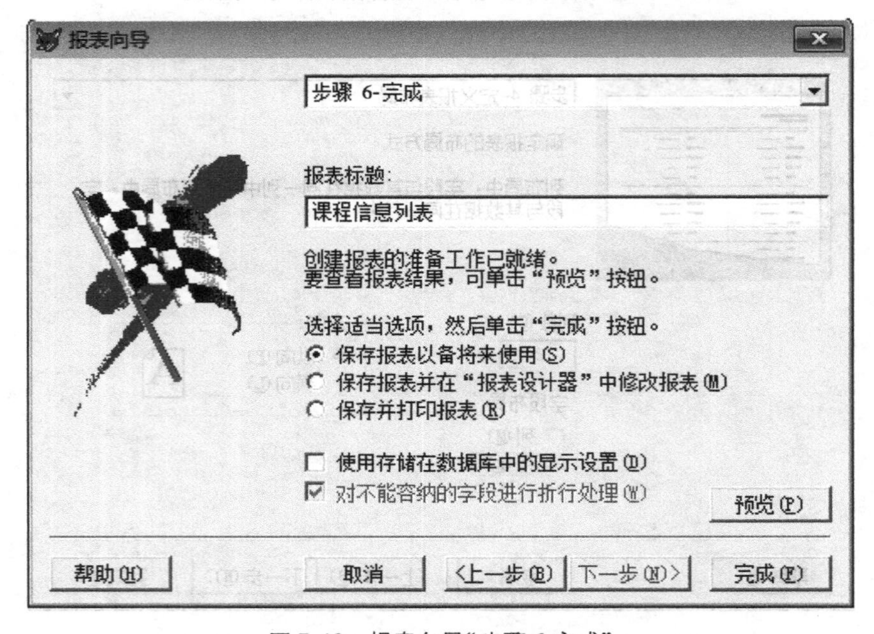

图 7.13　报表向导“步骤 6-完成”

7.1.4　利用报表向导建立报表

1. 启动报表向导的方法

启动报表向导有以下 4 种方法：

①直接单击工具栏上的“报表向导”按钮。

②选择“工具”→“向导”子菜单，然后选择“报表”项。

③选择"文件"→"新建"命令,或单击工具栏上的"新建"按钮,打开"新建"对话框,在"文件类型"中选择"报表",然后单击"向导"按钮。

④在"项目管理器"中的"文档"选项卡中选择"报表",然后单击"新建"按钮,在弹出的"新建报表"对话框中单击"向导"按钮。

2. 一对多报表向导

启动报表向导后,在弹出的"向导选取"对话框(如图 7.10 所示)中选择"一对多报表向导"项,就可以建立一对多的报表。一对多报表包含一组父表的记录信息和相关一组子表的记录信息。父表和子表之间通过关键字段建立关联,其中要求父表的关键字段中无重复值。一对多报表的创建过程与单表报表创建类似。

3. 分组和统计

在报表向导"步骤 2-分组记录",如图 7.9 所示对话框中可以设置分组。在分组依据组合框中选择分组字段,这里最多可设置 3 级分组。如果需要对分组记录做进一步的说明,可单击"分组选项"按钮,弹出"分组间隔"对话框,进行设置。

如果需要计算,可单击"总结选项"按钮,弹出"总结选项"对话框,进行设置。如果没有分组,将统计整个表的数据。

7.1.5 利用报表设计器建立学生成绩报表

【例 7.3】 利用【例 6.20】产生的数据表"bjgcj. dbf"创建不及格学生成绩报表,文件名为:bjgcj. frx,输出格式如图 7.14 所示。

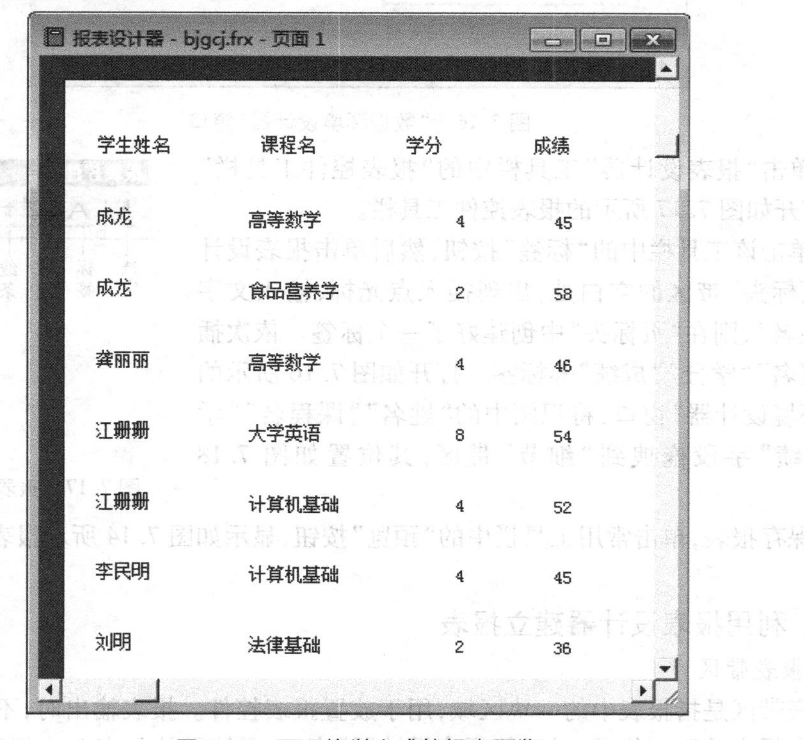

学生姓名	课程名	学分	成绩
成龙	高等数学	4	45
成龙	食品营养学	2	58
龚丽丽	高等数学	4	46
江珊珊	大学英语	8	54
江珊珊	计算机基础	4	52
李民明	计算机基础	4	45
刘明	法律基础	2	36

图 7.14 不及格学生成绩报表预览

操作提示：

①单击常用工具栏上的“新建”按钮，打开“新建”对话框，在“新建”对话框的文件类型中选择“报表”，然后单击“新建文件”按钮，打开报表设计器窗口。

②选择“显示”→“工具栏”选项，从打开的“工具栏”对话框中选中“报表设计器”，单击“确定”按钮。主窗口出现如图 7.15 所示的“报表设计器”工具栏。

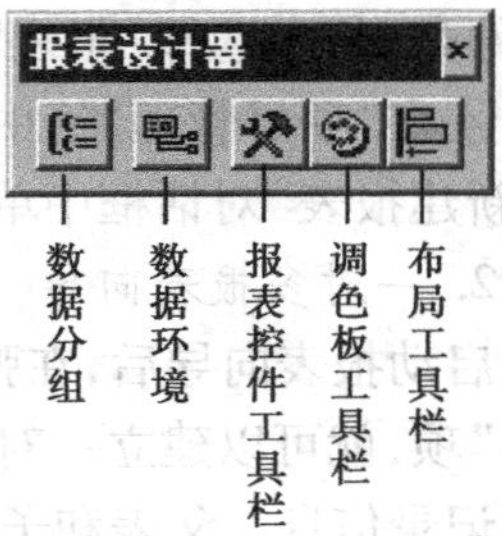

报表设计器

数据分组 数据环境 报表控件工具栏 调色板工具栏 布局工具栏

图 7.15 “报表设计器”工具栏

③单击报表设计器工具栏中的“数据环境”按钮或右键单击“报表设计器”窗口，在弹出的快捷菜单中选择“数据环境”，打开“数据环境设计器”窗口。在该窗口的空白处单击鼠标右键，在快捷菜单中选择“添加”命令，弹出“添加表或视图”对话框，选择“bjgcj”数据表，单击“添加”按钮，然后再单击“关闭”按钮。“数据环境设计器”窗口如图 7.16 所示。

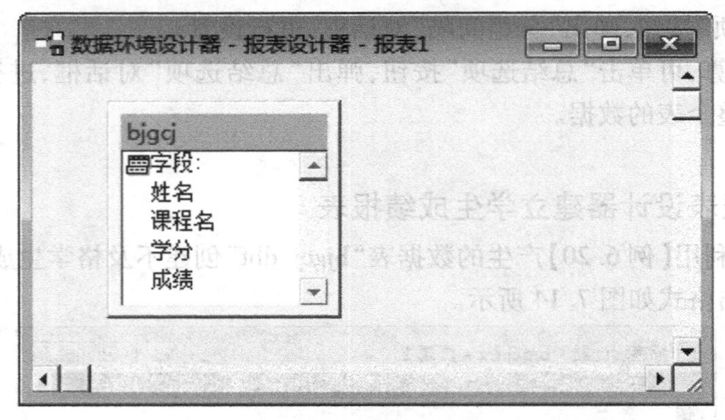

图 7.16 “数据环境设计器”窗口

④单击“报表设计器”工具栏中的“报表控件工具栏”按钮，打开如图 7.17 所示的报表控件工具栏。

⑤单击该工具栏中的“标签”按钮，然后单击报表设计器中“页标头”带区的空白处，出现插入点光标，输入文字“学生姓名”，则在“页标头”中创建好了一个标签。依次插入“课程名”“学分”“成绩”等标签。打开如图 7.16 所示的“数据环境设计器”窗口，将视图中的“姓名”“课程名”“学分”“成绩”字段拖拽到“细节”带区，其位置如图 7.18 所示。

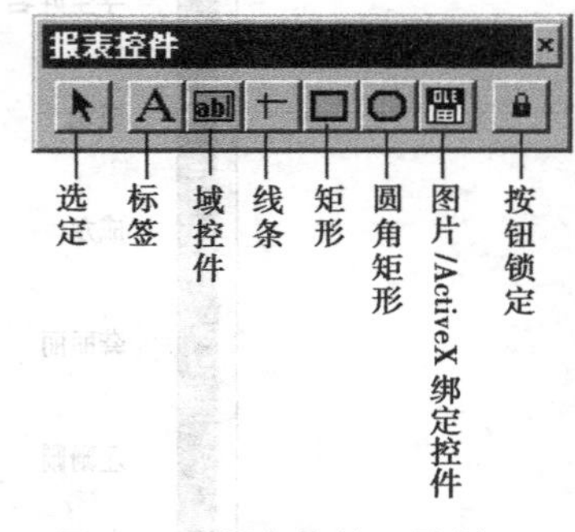

图 7.17 报表控件工具栏

⑥保存报表，单击常用工具栏中的“预览”按钮，显示如图 7.14 所示报表。

7.1.6 利用报表设计器建立报表

1. 报表带区

报表带区是指报表中的一块区域，用于放置报表控件。报表输出时，不同带区上的控件输出在报表的不同位置。打开“报表设计器”窗口，系统默认只有 3 个带区：“页标头”带区、“细节”带区和“页注脚”带区。它们也是快速报表和报表设计器默认的基本带区，用户

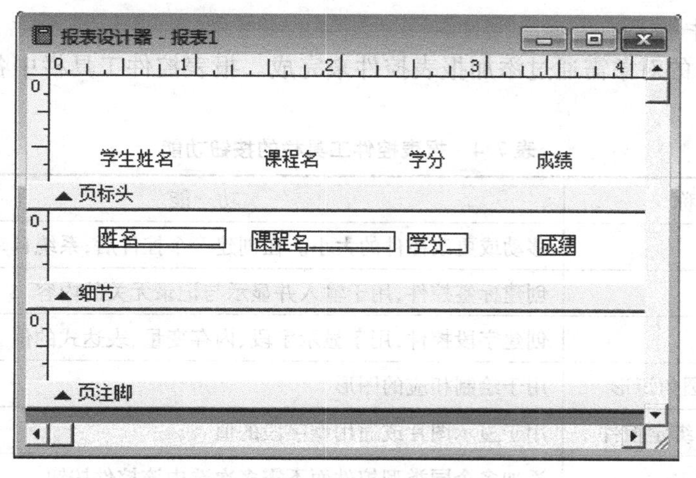

图 7.18　添加标签的报表

可以根据需要为报表添加带区,报表带区及其作用如表 7.2 所示。

表 7.2　报表带区及作用

带　区	作　用
标题	每个报表打印一次,对于任意类型报表都可添加
页标题	每个页面打印一次
细节	每个记录打印一次
页注脚	每个页面的下方打印一次
总结	每个报表的最后一页打印一次,对于任意类型报表都可添加
组标题	数据分组时每个分组打印一次,对于分组报表添加
组注脚	数据分组时每个分组打印一次,对于分组报表添加
列标题	在分栏报表中每列打印一次,对于多栏报表添加
列注脚	在分栏报表中每列打印一次,对于多栏报表添加

2. 报表设计器工具栏

利用报表设计器工具栏可以方便的设计报表,工具栏中的各按钮功能如表 7.3 所示。

表 7.3　"报表设计器"工具栏按钮功能

按钮名称	作　用
数据分组	用于创建数据分组及指定其属性
数据环境	打开报表的数据环境设计器窗口
报表控件工具栏	打开或关闭报表控件工具栏
调色板工具栏	打开或关闭调色板工具栏
布局工具栏	打开或关闭布局工具栏

3. 报表控件

报表中输出的对象需通过添加报表控件来完成。报表控件工具栏中各按钮功能如表 7.4 所示。

表 7.4 报表控件工具栏的按钮功能

名 称	功 能
选定	移动或更改控件的大小。在创建一个控件后,系统自动选定该按钮
标签	创建标签控件,用于输入并显示与记录无关的内容
域控件	创建字段控件,用于显示字段、内存变量、表达式的值
线条、矩形和圆角矩形	用于绘制相应的图形
图片/ActiveX 绑定控件	用于显示图片或通用型字段的值
按钮锁定	添加多个同类型控件而不需多次选中该控件按钮

标签控件是用于输出报表中的字符串。在"报表控件"工具栏中单击"标签"按钮,然后在需要插入标签的位置处单击,出现一个插入点,即可输入文字。在【例 7.3】中,"页标头"带区中输入的文本都是标签。

7.2 设置报表

7.2.1 利用报表设计器修改学生成绩报表

【例 7.4】 将【例 7.3】中的不及格学生成绩报表修改为如图 7.19 所示的格式,文件名为 bjgcjxg. frx。

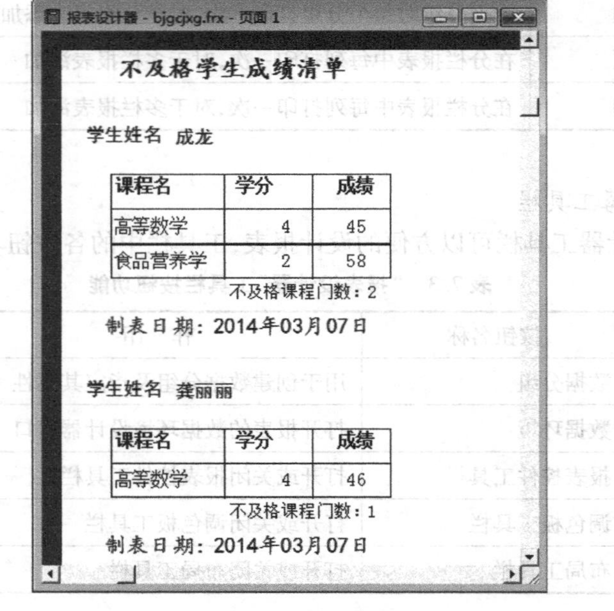

图 7.19 修改后的罚款单预览

操作提示：

①单击工具栏中的“打开”按钮，打开“bjgcj. frx”报表，另存为 bjgcjxg. frx。选择“报表”→“标题/总结”命令，弹出“标题/总结”对话框，勾选“标题带区”复选框，如图 7. 20 所示，单击“确定”按钮，为报表添加“标题”带区。

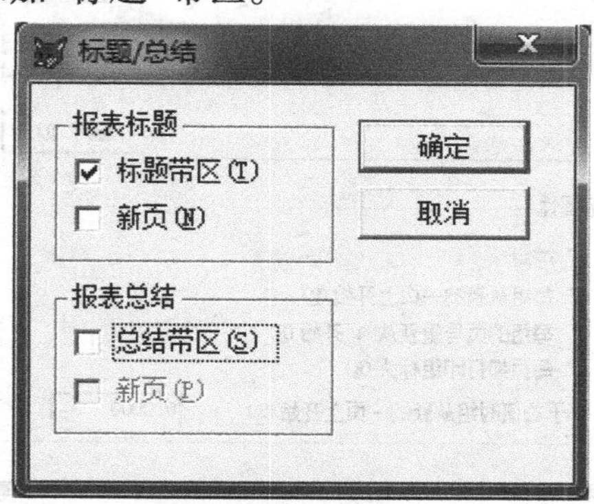

图 7. 20 “标题/总结”对话框

②单击“报表控件”工具栏中“标签”按钮，然后单击“标题”带区的空白处，在插入点处输入文字“不及格学生成绩清单”，则标题创建完成，位置如图 7. 21 所示。

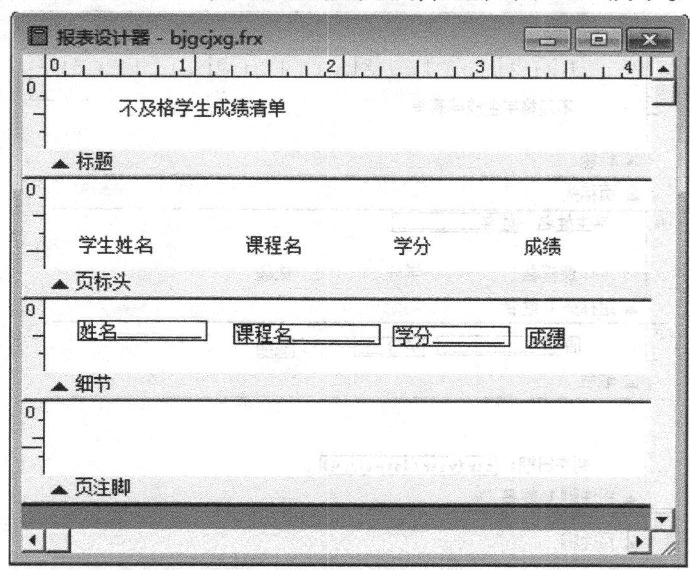

图 7. 21 添加了标题和制表日期的报表设计器窗口

③选择“报表”→“数据分组”命令，弹出如图 7. 22 所示的“数据分组”对话框。在分组表达式文本框中直接输入分组表达式“读者姓名”，单击“确定”按钮后，系统自动为报表在“细节”带区的上下分别添加“组标头 1:姓名”和“组注脚 1:姓名”带区。

④将“页标头”带区中的所有标签移到“组标题”带区中；将“细节”带区中的“姓名”域控件移到“组标头”带区中。在“组注脚 1:姓名”带区中添加一个标签，输入文字“制表日期:”，在“制表日期:”标签后添加一个域控件，输入表达式：str(year(date()),4)+' 年' +iif(month(date())<10,' 0' +str(month(date()),1), str(month(date()),2))+' 月' +iif(day

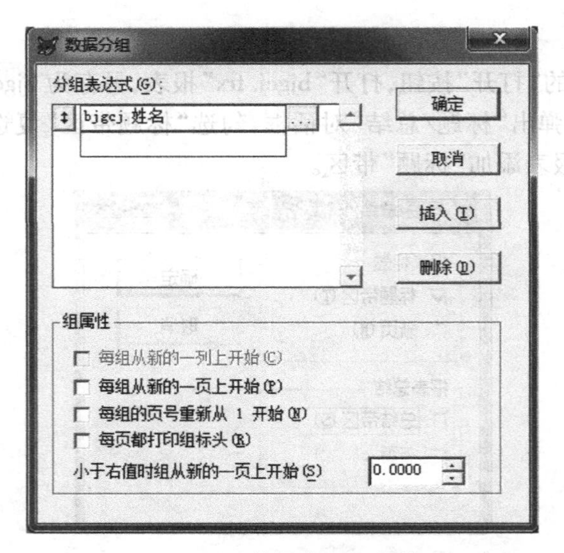

图 7.22 “数据分组”对话框

(date())<10,' 0' +str(day(date()),1), str(day(date()),2))+' 日',其位置如图 7.23 所示。

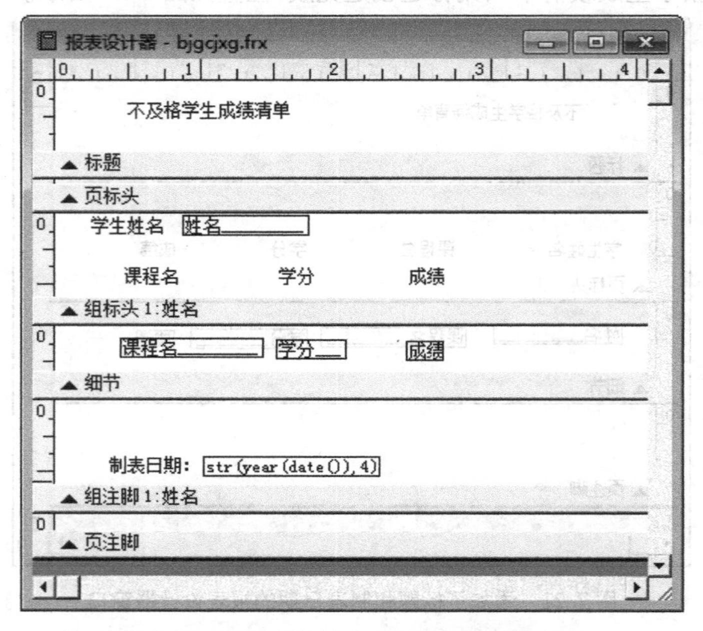

图 7.23 设置了数据分组的报表设计器窗口

⑤单击“报表”→“变量…”选项,将弹出“报表变量”对话框。在该对话框中:输入变量名“kcs”,即将不及格总课程门数保存在变量 kcs 中;在“要存储的值”文本框中输入表达式:姓名;初始值为 0;计算方式选择“计数”,如图 7.24 所示。单击“确定”按钮则设置好了变量。

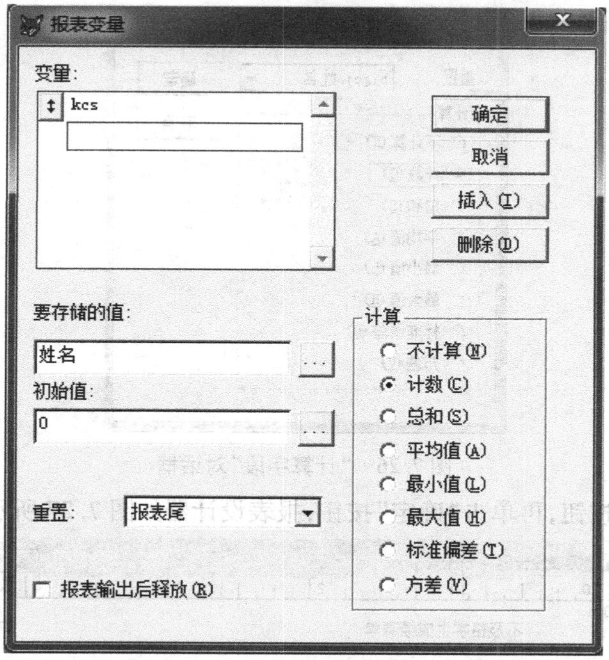

报表变量
变量:
kcs
确定
取消
插入(I)
删除(D)
要存储的值:
姓名
初始值:
0
重置:
报表尾
报表输出后释放(R)
计算
不计算(N)
计数(C)
总和(S)
平均值(A)
最小值(L)
最大值(H)
标准偏差(T)
方差(V)

图 7.24　报表变量设置

⑥在“组注脚 1:姓名”带区中添加一个标签,输入文字“不及格课程门数:”,在“制表日期:”标签后添加一个域控件,弹出“报表表达式”对话框,输入表达式为变量“kcs”,如图 7.25所示。单击“计算”按钮,在“计算字段”对话框中选中“计数”,如图 7.26 所示。

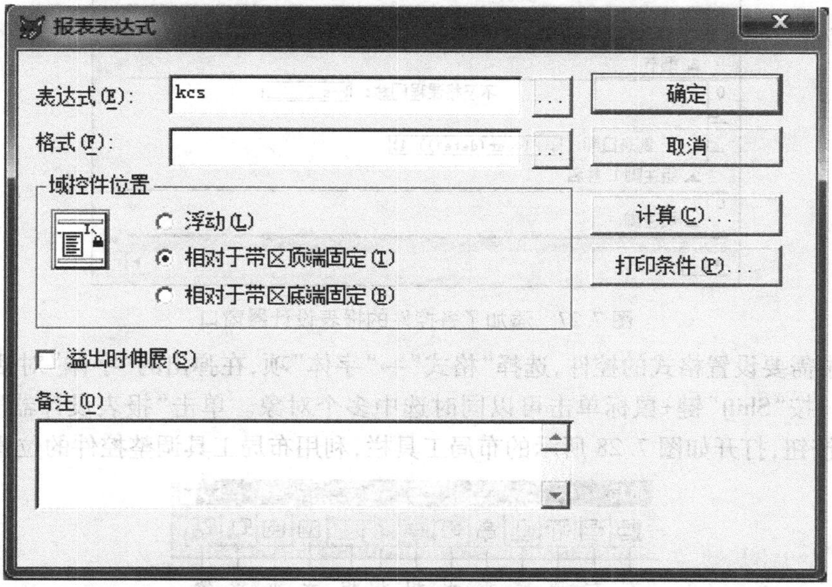

报表表达式
表达式(E):
kcs
确定
格式(F):
取消
域控件位置
浮动(L)
相对于带区顶端固定(T)
相对于带区底端固定(B)
计算(C)...
打印条件(P)...
溢出时伸展(S)
备注(O)

图 7.25　“报表表达式”对话框

图 7.26 “计算字段”对话框

⑦单击“确定”按钮，再单击“确定”按钮，报表设计器如图 7.27 所示。

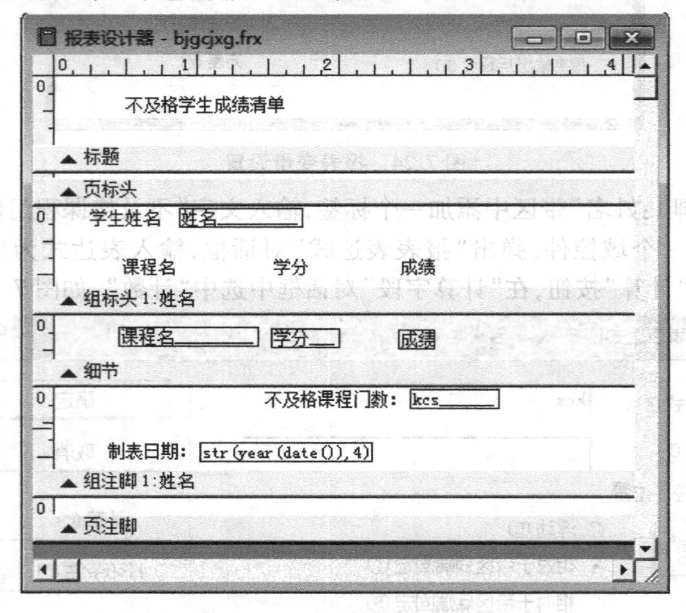

图 7.27 添加了各控件的报表设计器窗口

⑧选中需要设置格式的控件，选择“格式”→“字体”项，在弹出的“字体”对话框中设置字符格式。按“Shift”键+鼠标单击可以同时选中多个对象。单击“报表设计器”工具栏中的“布局”按钮，打开如图 7.28 所示的布局工具栏，利用布局工具调整控件的位置。

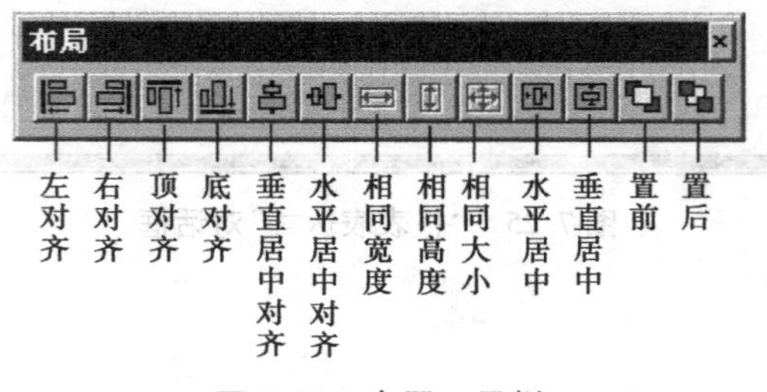

图 7.28 布局工具栏

⑨选择“格式”→“设置网格刻度”命令,在弹出的“设置网格刻度”对话框中调整单位网格足够小;并选择“显示”→“网格线”命令,设置显示网格线,这样可以方便线条准确对齐。单击报表控件工具栏中的“矩形”按钮,在“组标头”带区拖出一个矩形,将“组标头”带区的“课程名”“学分”和“成绩”标签围于其中;同样的方法在“细节”带区中也拖出一个矩形,将“细节”带区所有控件围于其中,并使两个矩形的左右边缘对齐。单击“线条”按钮,再单击“锁定”按钮,分别在“组标头”带区和“细节”带区画所有的线条,注意上下线条对齐,如图 7.29 所示。

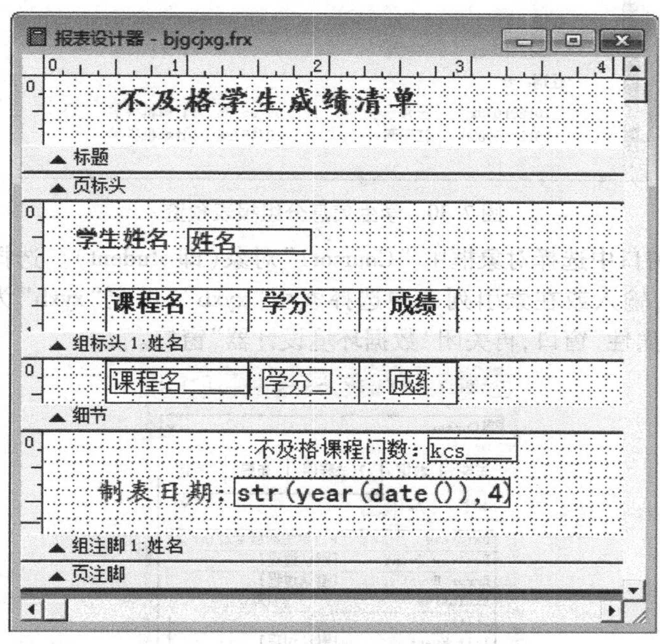

图 7.29　添加报表表格线

⑩ 将报表另存为“bjgcjxg. frx”,如图 7.19 所示。

【例 7.5】　根据 bjgcjxg. frx 报表,完善【例 6.24】的 Bjgcj. scx 表单中的“打印预览”和“打印”两个按钮的 Click 事件代码。

操作提示:

①“打印预览”按钮的 Click 事件代码如下:

```
report form  bjgcjxg  preview
```

②“打印”按钮的 Click 事件代码如下:

```
report form  bjgcjxg  to printer
```

【例 7.6】　将【例 7.1】中的学生信息报表修改为如图 7.30 所示学生信息分组报表。

操作提示:

①打开“Student. dbf”表,根据“学院”和“性别”两字段创建索引,索引表达式为:学院+性别,索引标识为:xyxb。

②打开学生信息报表“stxx. frx”另存为“stfz. frx”。单击报表设计器工具栏中的“数据环境”按钮,打开“数据环境设计器”窗口。在该窗口的空白处单击鼠标右键,在弹出的快捷菜单中选择“属性”命令,弹出的“数据环境属性”窗口。

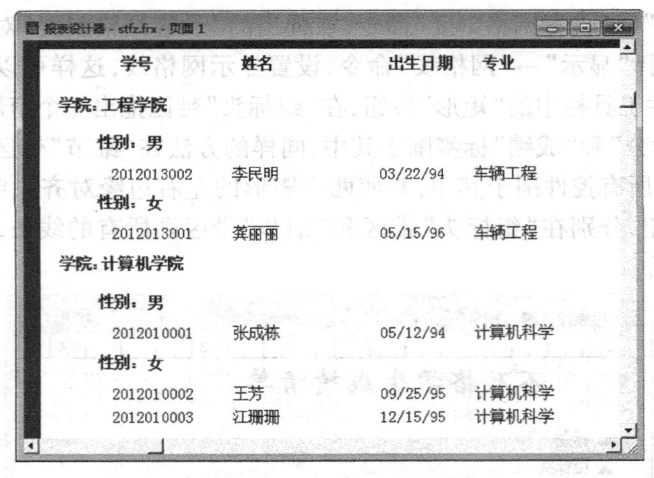

图 7.30　学生信息分组报表预览

③在"属性"窗口中选择对象框中 "Coursor1"对象(即 student)。选择"数据"选项卡,选定"Order"属性,输入或在索引列表中选择索引"xyxb",设定"xyxb"为主控索引,如图 7.31所示。关闭"属性"窗口,再关闭"数据环境设计器"窗口。

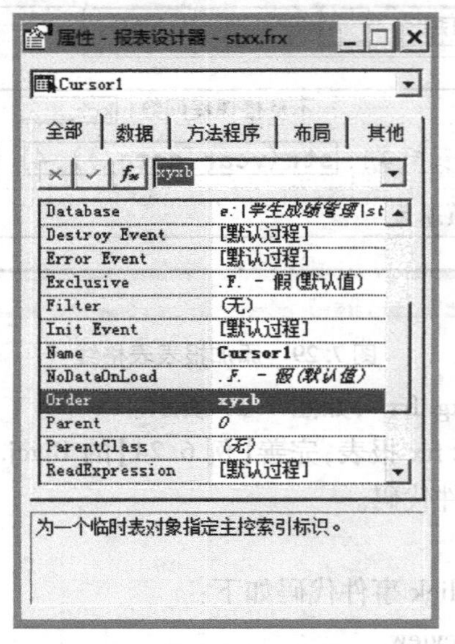

图 7.31　数据环境属性窗口

④选择"报表"→"数据分组"项,在弹出的"数据分组"对话框中,分别输入"是否会员"和"性别"两个分组表达式,如图 7.32 所示。关闭数据分组对话框,则系统自动为报表添加了两个组标头和两个组标脚。

⑤将页标头中的"学院"标签和细节中"学院"域控件移到组标头 1:学院中,同时将页标头中的"性别"标签和细节中"性别"域控件移到组标头 2:性别中。调整报表中各控件的相对位置,设置字符格式,如图 7.33 所示。

⑥保存报表并预览,如图 7.30 所示。

数据分组
分组表达式(G):
student.学院
student.性别
确定
取消
插入(I)
删除(D)
组属性
每组从新的一列上开始(C)
每组从新的一页上开始(P)
每组的页号重新从 1 开始(N)
每页都打印组标头(R)
小于右值时组从新的一页上开始(S) 0.0000

图 7.32 “数据分组”对话框

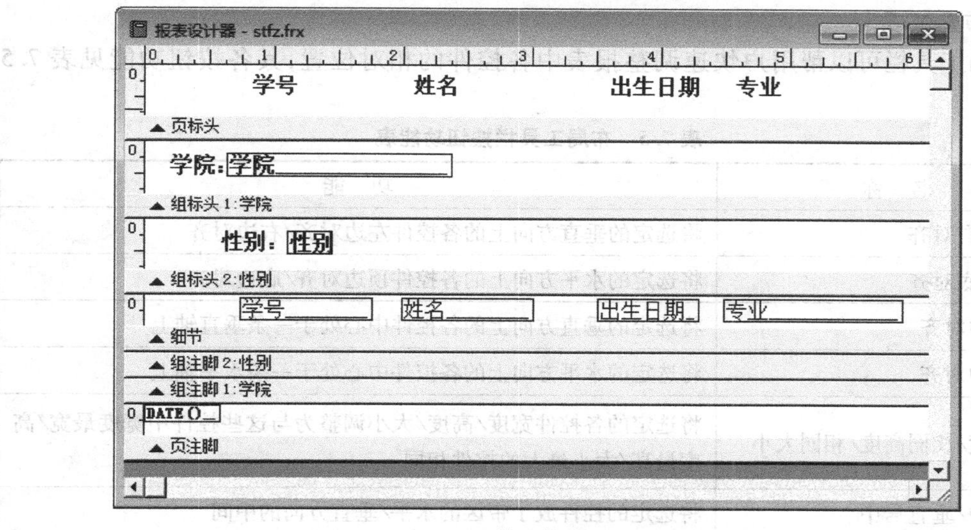

图 7.33 学生信息分组报表

7.2.2 利用报表设计器修改报表

1. 多级数据分组

为了使报表更易于阅读，设计报表的布局时，可以根据一定的条件对记录分组。报表可以添加一级或多级分组，VFP 最多可建 20 级分组，一般应用时只用到 3 级。

设置数据分组时，分组字段必须先建立索引，并且应将此索引设置主控索引。在【例 7.5】中，首先要建立学院+性别的索引，在“数据环境属性”窗口中将该索引设置为主控索引。如设置多级分组，索引表达式应由各个分组表达式组成。在数据环境设计器中可以设置表的主控索引用于分组报表或指定记录的输出顺序。

2. 报表变量

报表变量的引用可以简化报表表达式,也可以实现计数、汇总等功能。报表变量设置时,可以在“要存储的值”文本框中直接输入表达式,也可以单击“要存储的值”右边的“…”按钮,弹出“表达式生成器”对话框,生成相应的表达式。“计算”单选框中用于设置表达式的计算机方式,要注意变量的数据类型的一致性问题。如果是分组统计数据,“重置”项应选择分组字段,如【例7.4】中变量kcs的设置。

域控件是用于输出报表中的字段、变量和表达式。向报表中添加域控件有两种方法:一是从表或视图中添加,即打开“数据环境设计器”窗口,从表或视图中将需要输出的字段拖拽到相应位置;二是使用“报表控件”工具栏中的“域控件”按钮添加。单击该按钮,在报表带区的相应位置单击鼠标,系统弹出“报表表达式”对话框。在“表达式”文本框中输入表达式,或者单击表达式文本框后的右侧“…”按钮,弹出“表达式生成器”对话框在其中生成表达式。在【例7.4】中,制表日期的设置就是采用了域控件。

如需修改域控件中的表达式,只需双击该域控件,在弹出的“报表表达式”对话框中修改即可。

3. 布局工具栏

布局工具栏可以帮用户快速调整报表中各控件的相对位置,其各按钮功能见表7.5所示。

表7.5 布局工具栏按钮功能表

名 称	功 能
左对齐/右对齐	将选定的垂直方向上的各控件左边对齐/右边对齐
顶对齐/底对齐	将选定的水平方向上的各控件顶边对齐/底边对齐
垂直居中对齐	将选定的垂直方向上的各控件中心处于一条垂直轴上
水平居中对齐	将选定的水平方向上的各控件中心处于一条水平轴上
相同宽度/相同高度/相同大小	将选定的各控件宽度/高度/大小调整为与这些控件中宽度最宽/高度最高/大小最大的控件相同
水平居中/垂直居中	将选定的控件放于带区的水平/垂直方向的中间
置前/置后	将选定的控件移至其他控件的最上层/最下层

7.2.3 报表的页面设置

1. 添加和修改报表的列标签

“列标头/列注脚”带区只用于多列报表。添加方法如下:选择“文件”→“页面设置”命令,弹出如图7.34所示的“页面设置”对话框。当设置列数大于1时,报表将自动添加一组“列标头/列注脚”带区。

2. 页面设置

制作报表是为了得到一份精美的报表打印文档,因此常常需要设置报表的页面。页面设置的方法:打开报表后,打开如图7.34所示的“页面设置”对话框。用户可以设置打印的

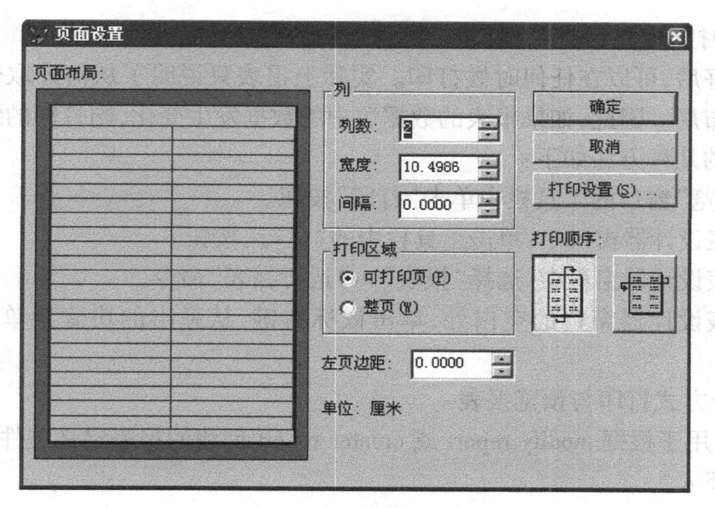

图 7.34 “页面设置”对话框

列数、每列的宽度及列间间隔、可打印区域、打印顺序以及左页边距等，以此来定义报表的外观。单击“打印设置”按钮后，会弹出如图 7.35 的“打印设置”对话框。在打印设置对话框中：选择打印机、设置打印纸张大小、设置打印方向。

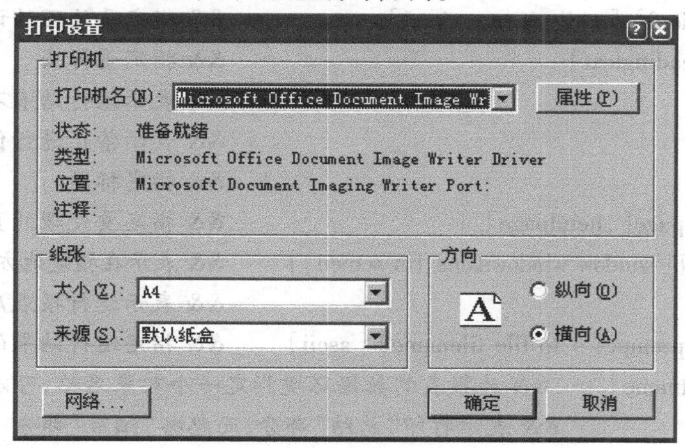

图 7.35 “打印设置”对话框

3. 报表的打印输出

报表文件的输出方式分为“预览”和“打印”两种。

(1)报表的预览

报表在打印输出前，一般都应先预览输出。预览窗口中的文档与实际打印效果完全相同，因此可以通过查看预览效果是否满意，来决定报表是否还需修改。报表预览的操作步骤如下：

①打开报表文件。

②单击工具栏中的“打印预览”按钮或在报表的空白处单击鼠标右键，在弹出的快捷菜单中选择“预览”命令。

(2)报表的打印

报表设计好后,可以在任何时候打印。实际上报表只说明了从何处取数据,以及数据输出的格式和布局。因此,如果报表的数据源中的数据发生变化,则打印的结果也不一样。

报表打印的几种方法如下:

➢ 在“预览”窗口的工具栏中单击“打印”按钮。

➢ 在报表设计器窗口中,单击工具栏中的“运行”按钮。

➢ 在报表设计器窗口中,选择“报表”→“运行报表”命令。

➢ 在报表设计器窗口的空白处,单击鼠标右键,从弹出的快捷菜单中选择“打印”命令。

(3)用命令方式打印与预览报表

report 命令用于根据 modify report 或 creater report 创建的报表定义文件,显示或打印报表。其语法如下:

运行报表的命令如下:

```
report form FileName | ?                                  && 指定要运行的报表文件名
[environment]                                             && 指定该子句和以前版本兼容
[scope]                                                   && 指定要处理的记录范围
[for lexpressionl] [while lexpression2]                   && 指定要处理的记录限制条件
[heading cheadingtext]                                    && 指定页标头
[noconsole]                                               && 表示运行结果不送往控制台
[nooptmze]                                                && 表示禁止进行优化
[plain]                                                   && 指定标题
[range nstartpage[,nendpage] ]                            && 指定要处理的页面范围
[preview[[IN] window windowname |in screen]]              && 表示在指定地方进行预览
[nowait]                                                  && 表示运行报表后直接返回
[to printer [prompt] | to file filename2 [ascii]]         && 指定运行结果的目的
[name objectname]        && 为报表的数据环境指定一个对象名称,可以访问。
[summary]                && 表示打印“总结”部分,而忽略“细节”部分
```

各参数的意义如下:

- form filename:指定报表定义文件的名称。
- ?:显示“打开”对话框,从中可选择报表文件。
- scope:指定要包含在报表中的记录范围。只有在指定范围内的记录才包含在报表中。范围子句有:all,next n Records,record nRecordsNumber 和 rest。report 的默认范围是所有记录(all)。
- for lexpressionl:只有使表达式 lexpressionl 的计算值为“真”(.T.)的记录,才打印其中的数据。包括 for 可以筛选出不想打印的记录。如果 lexpressionl 是一个可优化表达式,rushmore 将优化 report for 命令。为获得最佳运行性能,应在 FOR 表达式中使用可优化表达式。
- while lexpression2:指定一个逻辑表达式 lexpression2 条件计算为“真”(.T.),就打印记录中的数据,直到遇到使表达式不为“真”(.T.)的记录为止。

• heading cheadingtext:指定放在报表每页上的附加标题文本。如果既包括 heading 又包括 phain,应把 plain 子句放在前面。

• noeject:仅用于 FoxPro for ms-dos。打印报表之前,不向打印机输出换页符。

• noconsole:当打印报表或将报表传输到一个文件时,不在主窗口或用户自定义窗口中显示有关信息。

• noomize:若要关闭对 report 命令进行的 rushmore 优化,应包括 nooptimize 子句。

• plain:指定只在报表开始位置出现页标题。

• preview[nowait],以页面预览模式显示报表,而不把报表送到打印机中。要打印报表,必须发出带 to printer 子句的 report 命令。应注意,当命令中包括 preview 子句时忽略系统内存变量。

• to print[prompt],把报表输送到打印机打印。命令中可以包括可选项 prompt 子句,在打印开始前显示设置打印机的对话框。prompt 子句应紧跟在 to printer 子句之后。

• to file File Name2 [ASCII],指定报表要送往的文本文件。将报表送往文本文件时,使用当前打印机驱动程序。包含 to file 子句创建的文件默认扩展名为 . TXT。

• name ObjectName,给报表的数据环境指定一个对象变量名。数据环境和数据环境中的对象都有一些属性和方法,例如 AddObject,这些属性和方法可在运行时设置或调用。对象变量则提供了存取这些属性和方法的途径。若不指定 name 子句,则使用报表文件的名称作为默认对象变量名,此默认名也可以在事件代码中引用。

• summary 不打印细节行,只打印总计和分类总计信息。

如果不想在系统默认的窗口中来预览报表,而想在一个用户自定义窗口中来预览报表,要实现此操作,就必须使用侧 windowname 参数指明此用户自定义窗口名称,用户自定义的窗口是指利用 define window 命令所建立的窗口。

注意:

①当在表单的一个命令按钮中执行运行报表命令,并送往打印机时,如果没有指定 noconsole子句,报表的运行结果除了送往打印机外,还将显示到当前活动表单中,而破坏表单的本来面目,有可能导致表单不能正常运行。为了避免这个问题,当要打印一个报表时,命令行中最好加上 noconsole 子句。

②若报表定义文件不在默认目录中,文件名中必须包括文件的路径。

另外,从报表运行速度方面考虑,最好不要在运行报表的命令中指定条件或者范围,因为这会影响到报表运行的速度。如果确实要筛选出相应的记录,一般可以使用 select 命令将满足条件的记录先送到一个专门的表文件(在设计阶段已经设计好,每一次运行 select 命令就将旧的文件覆盖掉)中,同时针对该表文件设计相应的报表。需要打印时直接运行报表命令即可。如【例 7.5】中打印与预览不及格学生成绩情况。

7.3 创建下拉菜单系统

7.3.1 创建学生成绩管理系统菜单

【例 7.7】 根据图 4.1 所示的学生成绩管理系统的功能模块,为该系统创建一个名为

“sysmain”的菜单文件，其主菜单包含 6 个菜单项(“学生信息管理”“学生成绩管理”“课程管理”“教师管理”“系统维护管理”和“退出系统”)。

分析：在 VFP 中，为一个应用系统创建一个主菜单，即创建一个菜单文件，扩展名是 .MNX，可以使用菜单设计器来创建。

操作提示：

①选择“文件”→“新建”命令或者单击常用工具栏上的“新建”按钮，在“新建”窗口的“文件类型”列表中选择“菜单”选项，然后单击“新建文件”按钮，出现如图 7.36 所示的“新建菜单”对话框，然后单击“菜单”按钮，进入如图 7.37 所示的“菜单设计器”对话框。

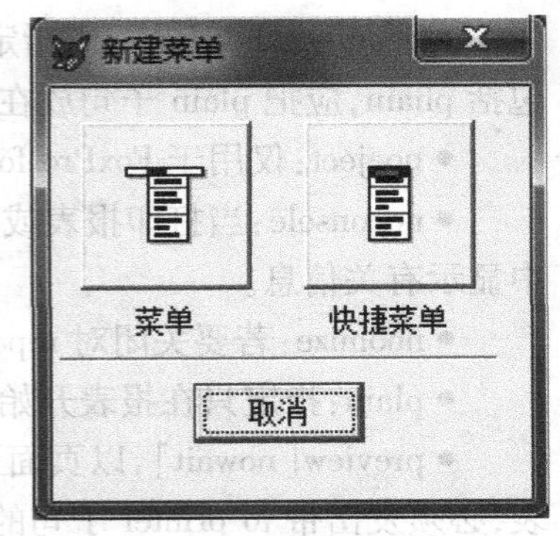

图 7.36 “新建菜单”对话框

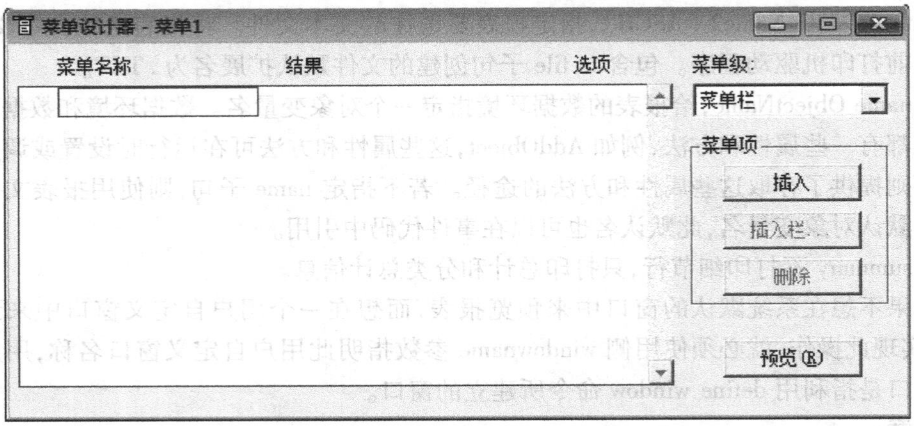

图 7.37 菜单设计器

②在“菜单设计器”对话框的“菜单名称”中定义主菜单的各个菜单项名称，在“结果”列中按如图 7.38 所示进行选择。

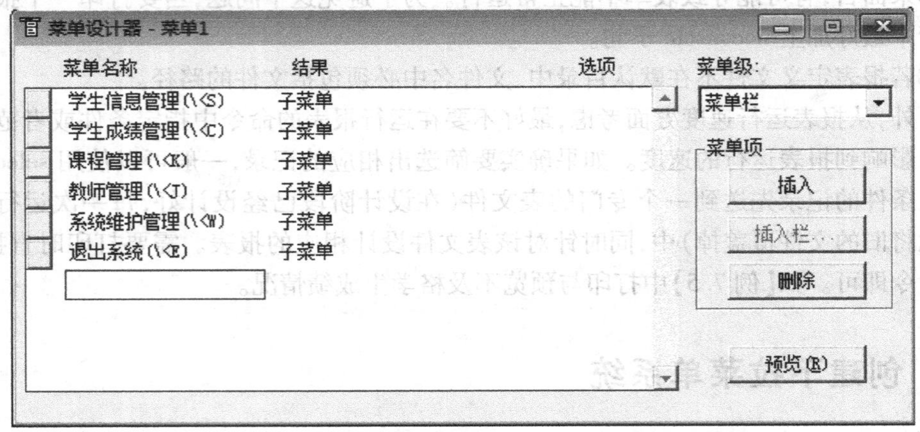

图 7.38 设置主菜单项

③选择“文件”→“保存”命令，弹出“另存为”对话框，在“保存菜单为”文本框中输入

文件名 sysmain，单击“保存”按钮，返回“菜单设计器”对话框。单击窗口右上角的“关闭”按钮，结束主菜单的创建。

【例 7.8】 给“学生成绩管理系统”的主菜单中的“学生信息管理”选项创建如图 7.39 所示子菜单。

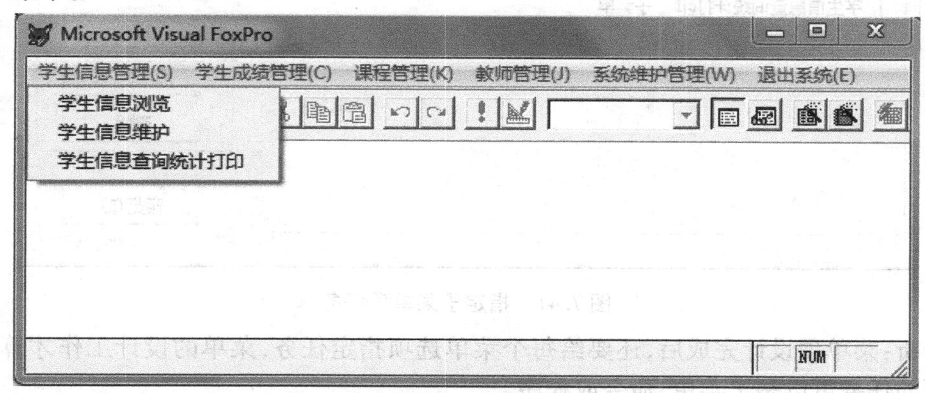

图 7.39 “基本数据维护”选项的子菜单

分析：给主菜单项创建子菜单，同样也要在“菜单设计器”中完成。

操作提示：

①打开菜单文件“sysmain. mnx”，进入“菜单设计器”窗口。

②单击主菜单项“学生信息管理”，右边出现“创建”按钮，单击该按钮进入“菜单设计器”子菜单操作窗口。

③在“菜单名称”中输入各子菜单项的名字，如图 7.40 所示。

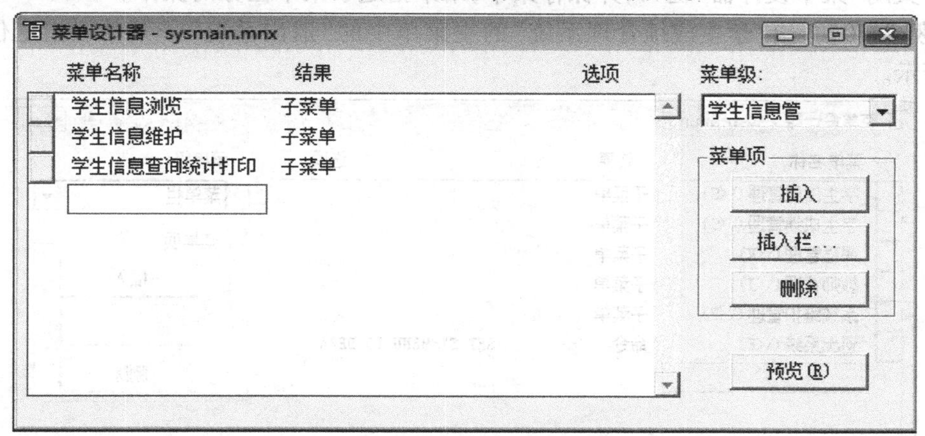

图 7.40 “基本数据维护”的子菜单

④在“菜单级：”下拉列表中选择“菜单栏”，回到“菜单设计器”主菜单窗口。单击“关闭”按钮并保存菜单。

【例 7.9】 给“学生成绩管理系统”的主菜单中的“学生信息管理”选项的各子菜单项指定任务如图 7.41 所示，具体内容是：

“学生信息浏览”菜单项执行命令“do form stbrowse. scx”；

创建“学生信息维护”和“学生信息查询统计打印”子菜单。

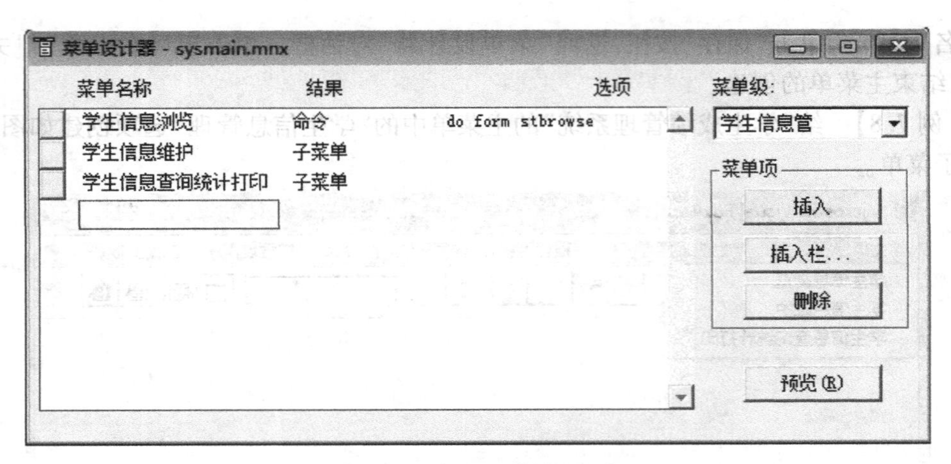

图 7.41　指定子菜单项任务

分析:菜单项设计完成后,还要给每个菜单选项指定任务,菜单的设计工作才算完成。菜单项的任务可以是子菜单、命令或程序。

操作提示:

①打开菜单文件“sysmain. mnx”,进入“菜单设计器”窗口。

②在“菜单设计器”窗口,选择主菜单项“学生信息管理”,然后选择“编辑”,进入“菜单设计器” 子菜单操作窗口。

③在“学生信息浏览”子菜单项的“结果”中选择“命令”,“选项”列中写入要执行的命令:do form stbrowse,如图 7. 41 所示。

④关闭“菜单设计器”窗口,并保存菜单,结束指定子菜单任务的操作。

【例 7. 10】 给“学生成绩管理系统”的主菜单中的“退出系统”子菜单项指定任务图 7. 42所示。

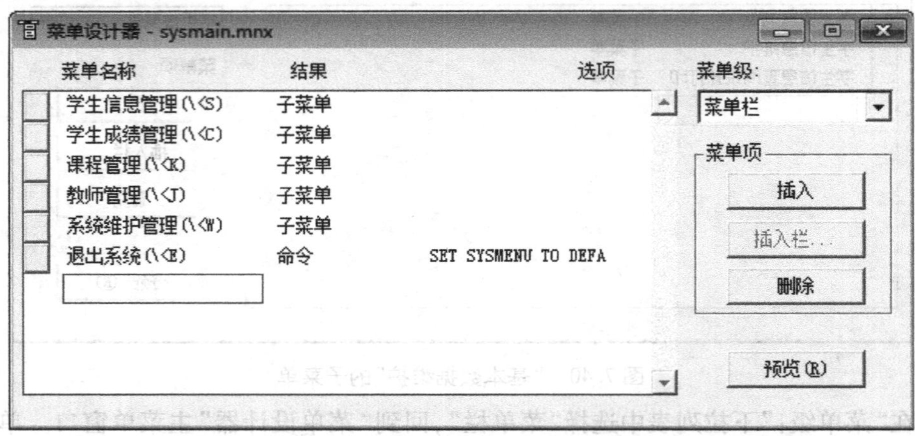

图 7.42　为“退出系统”菜单指定任务

分析:用有效的 VFP 命令为菜单项指定一个命令。

操作提示:

①打开菜单文件“图书管理系统 . mnx”,进入“菜单设计器”对话框。

②在“菜单设计器”对话框,在“菜单名称”栏中选择 “退出”菜单项。

③在“结果”下拉列表中选择“命令”。

④在“结果”下拉列表右侧的文本框中输入命令：

```
set sysmenu to default        && 恢复使用系统的默认菜单，即 VFP 系统菜单
```

⑤单击“预览”按钮预览整个菜单系统。

⑥单击 VFP 主菜单中的“菜单”项，选择“生成”选项，进入“生成菜单”窗口，输入菜单文件名“sysmain”（扩展名为 . mpr），创建一个菜单程序文件，关闭“菜单设计器”窗口。

【例 7.11】 打开系统主菜单，将其设置为顶层菜单。创建主表单，文件名为 Stmain. scx，系统主表单界面包括系统功能菜单，系统主界面表单如图 7.43 所示。

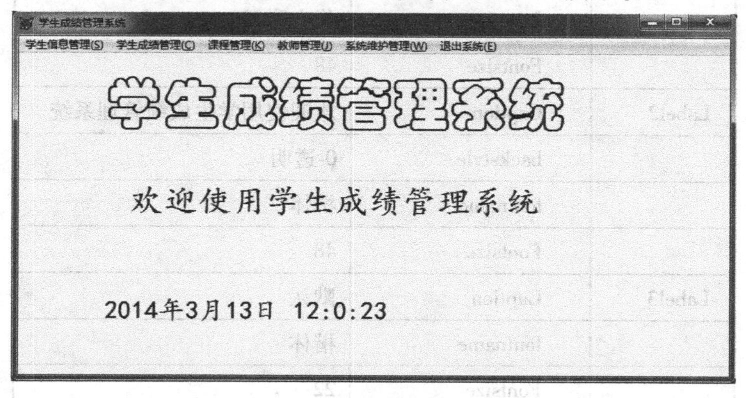

图 7.43 系统主界面

分析：要在顶层表单（设置表单的 showwindow 属性为 2-作为顶层表单）中使用菜单，必须将菜单设置为顶层菜单。

操作提示：

①打开系统主菜单，选择“显示”→“常规选项”，弹出“常规选项”对话框，如图 7.44 所示进行设置。再选择 VFP 主菜单的“菜单”→“生成”项，生成菜单程序。

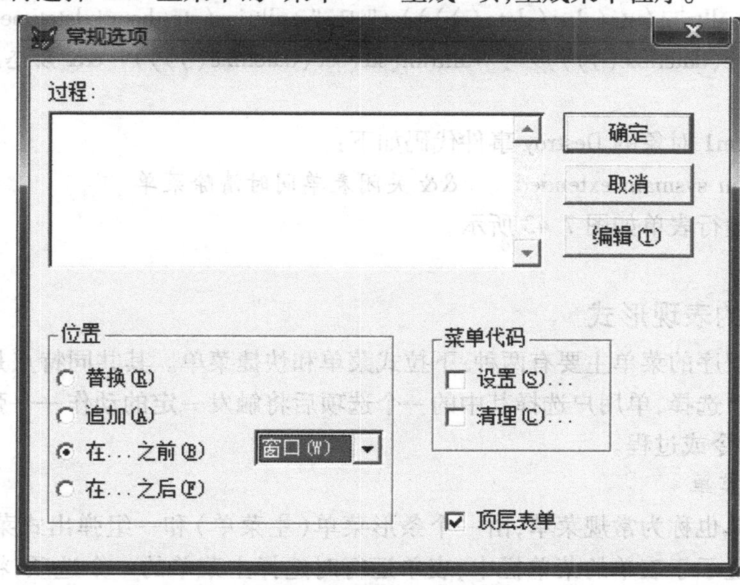

图 7.44 “常规选项”对话框

②建立表单的方法与前面类似,首先通过表单控件工具栏在表单上添加3个标签对象,然后如表7.6所示分别设置每个对象的主要属性。

表7.6 主表单各对象的主要属性设置

对象名称	属性名称	属性值
Form1	showwindow	2-作为顶层表单
Label1	Caption	学生成绩管理系统
	backstyle	0-透明
	fontname	华文彩云
	Fontsize	48
Label2	Caption	欢迎使用学生成绩管理系统
	backstyle	0-透明
	fontname	楷体
	Fontsize	48
Label3	Caption	默认
	fontname	楷体
	Fontsize	22
	backstyle	0-透明

③表单Form1的Init事件代码如下:

```
Do sysmain.mpr with this,.t.    && 调用主菜单 sysmain.mpr
thisform.label3.caption = alltrim(str(year(date()))) +"年"+alltrim(str(month(date()))) +"月"+alltrim(str(day(date()))) +"日 "+alltrim(str(hour(datetime()))) +":"+alltrim(str(minute(datetime())))+":"+alltrim(str(sec(datetime())))    && 动态显示系统日期和时间
```

④表单Form1对象的Destroy事件代码如下:

```
release menu sysmain extended    && 关闭表单同时清除菜单
```

⑤保存并运行表单如图7.43所示。

7.3.2 菜单的表现形式

一个应用程序的菜单主要有两种:下拉式菜单和快捷菜单。其共同特点是能提供一组菜单选项供用户选择,单用户选择其中的一个选项后将触发一定的动作——弹出下一级菜单、执行一条命令或过程。

1. 下拉式菜单

下拉式菜单也称为常规菜单,由一个条形菜单(主菜单)和一组弹出式菜单(子菜单)组成。主菜单显示于表单的菜单栏中,表单运行时选择主菜单的一个选项,将弹出相应的子菜单。

VFP 的系统菜单就是一个典型的下拉式菜单,如图 7.45 所示。几乎所有的 Windows 应用程序都有下拉式菜单,通过它们可以完成系统提供的所有功能。

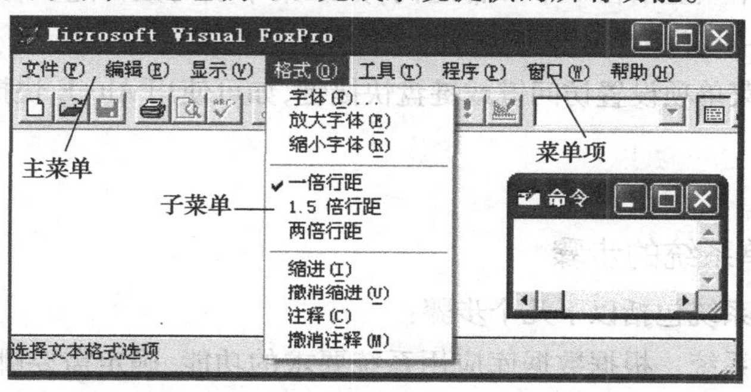

图 7.45　下拉式菜单

2. 快捷菜单

快捷菜单一般由一个或一组上下级的弹出菜单组成。在 VFP 的表单中右击时所弹出的菜单即是快捷菜单,如图 7.46 所示。快捷菜单通常附于某个对象,不同对象的快捷菜单有不同的选项,但都是附着对象最常用的操作或动作。

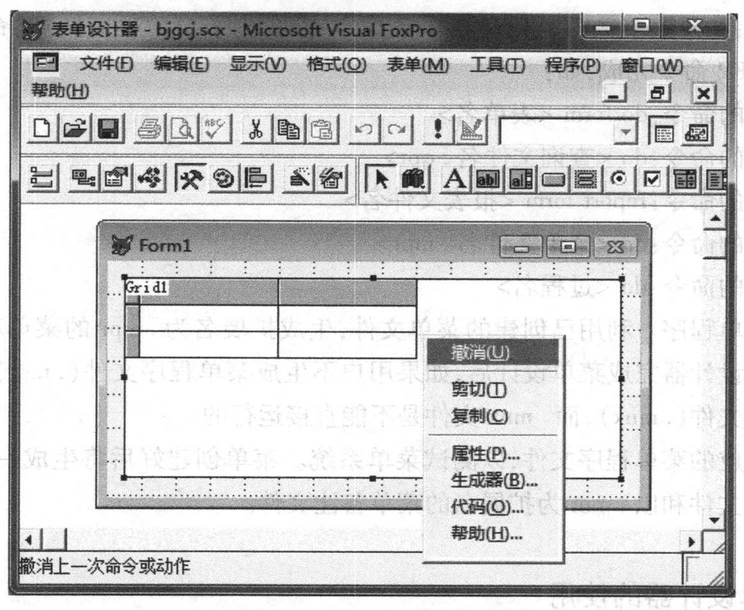

图 7.46　快捷菜单

7.3.3　规划菜单系统

应用程序的使用性能在一定程度上取决于菜单系统的质量,精心规划菜单系统有助于提高应用程序的可用性。在设计菜单系统时,应遵循以下准则:

- 按照用户所要执行的任务组织系统。
- 给每个菜单一个有意义的、对菜单任务能够做简单明了说明的菜单标题。
- 参照估计的菜单项使用频率、逻辑顺序或字母顺序合理组织菜单项。

➢ 在菜单项的逻辑组之间放置分割线。

➢ 将全部菜单项显示在一个屏幕之内,如果菜单项的数目过多,无法在一屏之内显示,则应为其中的一些菜单项创建子菜单。

➢ 为菜单和菜单项设置访问键或键盘快捷键,如可使用 Alt+E 快捷键作为“编辑”菜单项的访问键。

7.3.4 创建菜单系统的步骤

创建一个菜单系统包括以下几个步骤:

①规划与设计系统。根据数据库应用系统要求的功能,确定需要哪些菜单、出现在界面的何处以及哪几个菜单要有子菜单等。

②创建主菜单和子菜单。使用菜单设计器定义主菜单和子菜单。

③按实际要求为菜单系统指定任务。指定菜单所要执行的任务,如显示表单或对话框或一个程序等。指定子菜单任务时,如果菜单选项的任务由多条命令完成的,则子菜单项必须选择“过程”; 如果菜单选项还包括子菜单,则应选择“子菜单”,且需要再通过相应的选择指定任务;如果菜单选项的任务由单条命令完成,则子菜单项应选择“命令”,可以由单条有效的 VFP 命令完成,如:

调用表单的命令:do form <表单名>

调用查询的命令:do <查询文件名 . qpr>

调用报表的命令:report form <报表文件名>

调用菜单的命令:do <菜单文件名 . mpr>

调用过程的命令:do <过程名>

④生成菜单程序。利用已创建的菜单文件,生成扩展名为 . mpr 的菜单程序文件。当用户通过菜单设计器完成菜单设计后,如果用户不生成菜单程序文件(. mpr),那么系统将只能生成菜单文件(. mnx),而 . mnx 文件是不能直接运行的。

⑤运行生成的菜单程序文件,以测试菜单系统。菜单创建好后将生成一个以 . mnx 为扩展名的菜单文件和以 . mnt 为扩展名的菜单备注文件。

7.3.5 菜单设计器的使用

基于 Windows 操作系统的大多数应用程序的一个主要特点就是使用了菜单。菜单是用户经常使用、必不可少的交互式操作界面之一,它们为用户提供了一个结构化的、可以更加方便地访问应用程序中各种功能的途径。一个好的菜单,将使应用程序的主要功能得以体现,为用户使用应用程序带来很多方便。使用菜单设计器来可分别创建下拉菜单和快捷菜单。

1. 菜单设计器的启动

创建菜单或修改菜单已有菜单,都需要启动菜单设计器,启动菜单设计器的方法有以下几种:

➢ 利用菜单方式，选择"文件"→"新建"，在"新建"对话框中选择"菜单"项，单击"新建文件"按钮，在"新建菜单"对话框中单击"菜单"按钮。

➢ 使用命令，其格式为：modify memu <文件名>，其中的<文件名>指菜单文件，扩展名是 . mnx，允许缺省。

➢ 单击常用工具栏上的"打开"按钮或选择"文件"→"打开"命令，在"打开"窗口中指定文件类型为"菜单"，选定已存在的菜单文件后单击"确定"按钮。

以上几种方法都可进入如图 7.37 所示的菜单设计器。同时在 VFP 的系统主菜单上会增加一个名为"菜单"的菜单项，并在"显示"菜单中增加"菜单选项"和"常规选项"两个菜单项。

2. 为菜单项定义热键

VFP 允许用户在指定菜单项名称时，为该菜单项定义热键。定义热键的方法是在要作为热键的字符之前加上"\<"两个字符。如图 7.38 中，菜单项名称"学生信息管理(\<S)"表示字母 S 为该菜单项的热键。当菜单激活时，可以按菜单项的热键快速选择该菜单项。

3. 为菜单添加水平分隔线

可以根据各菜单项功能的相似性或相近性，将弹出式菜单的菜单项分组。方法是在相应行的"菜单名称"栏中键入"\-"两个字符，便可以在两菜单项之间插入一条水平分隔线。

4. 菜单设计器的组成及功能

菜单设计器是 VFP 提供的一个可视化编程工具，用它可以建立应用程序的菜单系统，其中菜单设计器的组成及功能如下：

(1)"菜单名称"列

在"菜单名称"文本框中输入的文本将作为菜单标题或菜单项的提示字符串显示。

在每个"菜单名称"文本框的左边有一个小方块按钮，它是移动控制命令按钮。当把鼠标移到它上面时指针形状会变成上下双箭头，用鼠标拖动它可上下改变当前菜单项在菜单列表中的位置。

(2)"结果"列

指定在选择菜单标题或菜单项时发生的动作。其中有 4 个选项：

• 子菜单：这是系统默认的选项。它用来构造下级子菜单，新建子菜单时，右侧出现"创建"按钮，单击该按钮，设计器显示新的窗口用以创建下拉菜单。其创建方法与创建主菜单相同。若是修改已经创建的子菜单，则右侧按钮变成"编辑"。

• 命令：如果当前菜单项的功能是执行某种动作，并且该动作只需一条命令完成的话应选择该项。选中该项后，在其右侧出现一文本框，在这个文本框中输入要执行的命令。此选项仅对应于执行一条命令或调用其他程序的情况。如果要执行的动作需要多条命令来完成，而又无相应的程序可用，可在这里选择"过程"选项。

• 过程：如果当前菜单项的功能是执行一组命令，则应选择此项。如果选择了此项，在其右侧将出现"创建"按钮，单击此按钮将调出文本编辑窗口，可以在其中输入过程代码。

若要修改过程代码,则右侧按钮将变成“编辑”。

●填充名称/菜单项:在建立主菜单时是“填充名称”,在建立子菜单时是“菜单项”,其功能是为主菜单项指定一个 VFP 的内部名称,或为子菜单项指定一个内部编号,以便在程序中引用。

(3)“选项”按钮

单击此按钮将出现如图 7.47 所示的“提示选项”对话框。在该对话框中用户可以设置自定义菜单系统中各菜单项的特定选项,如可以定义键盘快捷键、确定启用或废止菜单及菜单项的条件。当选定菜单或菜单项时,在状态栏中还可以设置显示的说明信息。

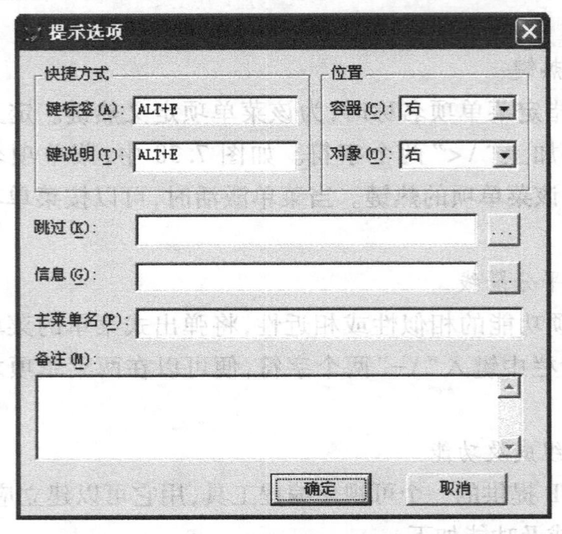

图 7.47 “提示选项”对话框

●“快捷方式”选项:用于指定菜单或菜单项的可选快捷键。VFP 菜单项的键盘快捷键是 Ctrl 键和其他键的组合,其中“键标签”文本框显示键组合。“键说明”文本框显示需要出现在菜单项右侧的组合键的提示信息。

●“位置”选项:包括“容器”和“对象”两个选项,可以指定当用户在应用程序中编辑一个 OLE 对象时,菜单标题的位置。

●“跳过”文本框:该设置属于选择逻辑设计。单击该文本框右边的“…”按钮将显示“表达式生成器”对话框。在表达式生成器的“跳过<expL>”文本框中,键入表达式来确定菜单或菜单项是否可用。在菜单执行时,如果表达式为 .T.,菜单或菜单项不可用(呈灰色显示)。

●“信息”文本框:单击该文本框右边的“…”按钮将显示“表达式生成器”对话框。表达式生成器的“信息<expr>”文本框用于设计菜单或菜单项的说明信息,该说明信息将出现在 VFP 状态栏中。注意,输入的信息必须加引号。

●“主菜单名/菜单项”文本框:当修改主菜单栏时,显示“主菜单名”;当修改子菜单时,显示“菜单项”。其功能是为当前主菜单栏指定一个 VFP 的内部名称,或为子菜单项指定一个内部编号,以便在程序中引用。

●“备注”框:为菜单编写一些说明信息,主要用于检查和修改时使用。在任何情况下备注都不影响所生成的代码,运行菜单程序时 VFP 将忽略备注信息。

(4)“菜单级”组合框

显示当前所处的菜单级别。当菜单的层次较多时利用此项可知道当前的位置,并可方便地在主菜单和各级子菜单之间进行切换。

(5)“预览”命令按钮

单击此按钮可以查看所设计的菜单。在所显示的菜单中可以进行选择、检查菜单的层次关系与提示是否正确等。只是这种选择不会执行各菜单的相应动作。

(6)操作菜单项的命令按钮

①“插入”命令按钮:在当前选择的菜单项前面插入新的一行。

②“插入栏”命令按钮:将显示“插入系统菜单栏”对话框,如图 7.48 所示。在其中可以插入标准的 VFP 菜单项。

③“删除”命令按钮:删除当前菜单项。

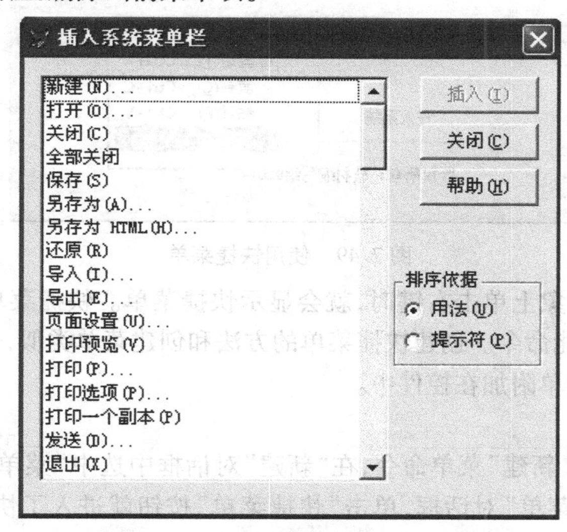

图 7.48 “插入系统菜单栏”对话框

7.3.6 在顶层表单中使用菜单

要在顶层表单中使用菜单,步骤如下:

①在表单设计器中打开制作好的菜单,选择“显示”→“常规选项”,在“常规选项”对话框中勾选“顶层表单”复选框,表示该菜单是结合表单的顶层菜单,然后重新生成菜单程序。

②打开要添加顶层菜单的表单,将表单的 ShowWindow 属性设为“2-作为顶层表单”。

③为表单的 Init 事件添加代码:do 菜单名 . mpr with this . t.

④为表单的 Destory 事件添加清除菜单的命令,使得在关闭表单时能同时清除菜单,释放其所占有的内存空间。命令格式为“RELEASE menu 菜单名 [extended]”。Extended 表示在清除菜单时一起清除其下属的所有子菜单。

⑤运行表单，则该菜单被加载到表单中。如【例 7.9】中的表单运行结果如图 7.43 所示即是加载了顶层菜单的表单。

7.4 创建快捷菜单

7.4.1 创建快捷菜单实例

【例 7.12】 设计一快捷菜单"kjmenu. mnx"，包括"剪切""复制""粘贴"和"清除"等选项，可以在系统登录表单中输入密码的文本框中使用，如图 7.49 所示。

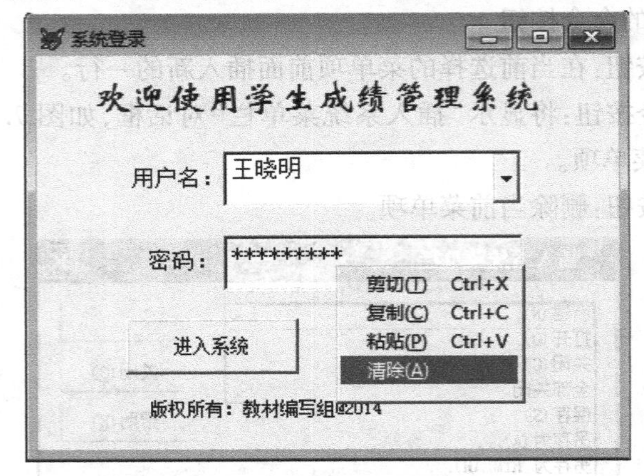

图 7.49 使用快捷菜单

分析：在控件或对象上单击右键时，就会显示快捷菜单。快捷菜单通常列出与处理当前对象有关的一些功能命令。创建快捷菜单的方法和创建菜单类似，也可以使用菜单设计器来创建，并将这些菜单附加在控件中。

操作提示：

①选择"文件"→"新建"菜单命令，在"新建"对话框中选中"菜单"单选钮，单击"新建文件"按钮进入"新建菜单"对话框，单击"快捷菜单"按钮就进入了快捷菜单设计器，如图 7.50 所示。

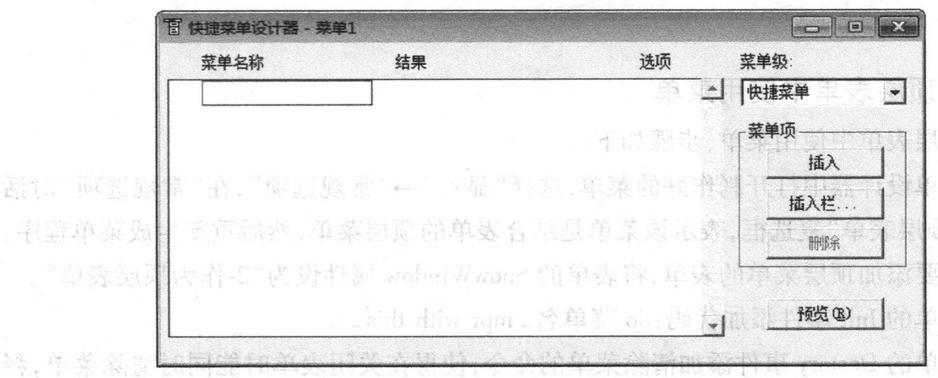

图 7.50 快捷菜单设计器窗口

②在快捷菜单生成器中，单击“插入栏”按钮进入“插入系统菜单条”对话框，如图 7.48 所示。

③从“插入系统菜单栏”对话框中选择“剪切”“复制”“粘贴”和“清除”菜单项，如图 7.51所示。

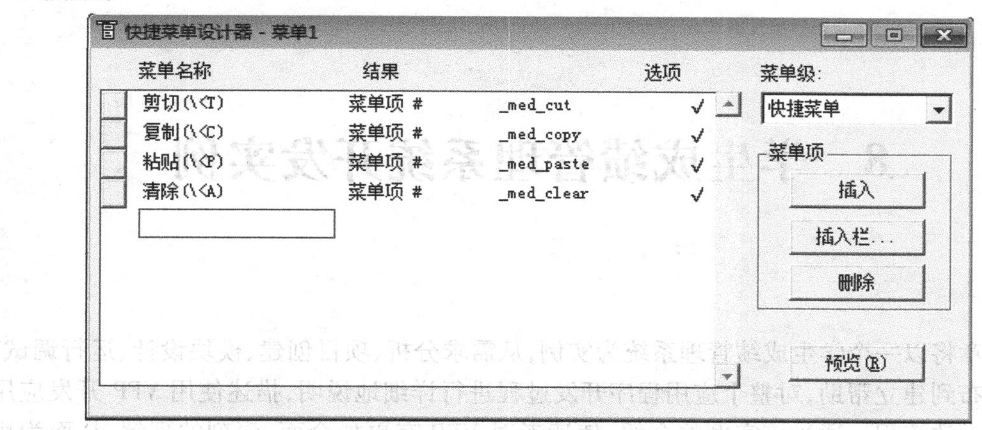

图 7.51　设计快捷菜单

④保存该菜单文件 kjmenu. mnx，并生成菜单程序 kjmenu. mpr。

⑤打开表单设计器，设计系统登录界面的表单，设置“输入密码”的文本框的 RightClick 事件代码：do　kjmenu. mpr。保存并运行这个表单，右击表单中“输入密码”的文本框控件即可弹出快捷菜单，如图 7.49 所示。

7.4.2　创建并使用快捷菜单

在 VFP 中随处可见快捷菜单（Shortcut Menu），只要右击屏幕的某个区域或某个对象即可弹出快捷菜单，弹出的快捷菜单列出了与特定屏幕区域或选定内容相关的命令。这些命令一般是标准菜单中的菜单选项或工具栏中工具按钮的一部分。调出快捷菜单时，必须使用 . mpr 作为扩展名。

可以在 VFP 中创建快捷菜单并将其附着在控件中。操作过程如下：

①创建快捷菜单。在“新建菜单”对话框中单击“快捷菜单”按钮，弹出“快捷菜单设计器”。在该设计器中创建快捷菜单，设计好后保存并生成菜单程序。

②将快捷菜单附加到对象中。选择需要附加快捷菜单的对象（该对象处于设计状态），编写该对象的 RightClick 事件代码输入：do <快捷菜单>. mpr，注意要输入该菜单的绝对路径，并以 . mpr 为扩展名，保存并运行该对象。

8 学生成绩管理系统开发实例

本章将以一个学生成绩管理系统为实例，从需求分析、项目创建、模块设计、运行调试、保存发布到建立帮助，对整个应用程序开发过程进行详细地说明，描述使用 VFP 开发应用系统的大致流程。通过该实例的介绍，使读者对 VFP 有更加全面、深刻的理解，从而为用户的实际工作带来参考价值。

8.1 系统开发实例分析

8.1.1 系统需求分析

学生成绩管理系统是学校教务管理的一个重要组成部分，也是学校管理的组成部分，传统的管理方法不仅浪费人力、物力、财力，而且由于管理不规范容易导致各种错误的发生。因此实现一个智能化、系统化、信息化的学生成绩管理系统是十分必要和不可缺少的，它将大大减轻学生管理的劳动强度，提高现代化学生管理的水平。该系统涉及了学生基本信息管理、学生成绩信息管理、课程信息管理。

本章为成绩管理系统的设计、实现、测试等提供了重要依据，可供用户、项目管理人员、系统分析人员、程序设计人员以及系统测试人员阅读和参考。

根据用户需求，学生成绩管理系统分为学生信息管理、学生成绩管理、课程管理、教师管理和用户管理 5 个功能模块，该系统可以实现如下功能：

1. 学生信息管理模块

学生信息管理模块主要是对学生信息（如学号、姓名、性别、专业等）进行管理。本模块又分为 3 个子模块：浏览学生信息；维护学生信息；查询统计打印学生信息。

2. 学生成绩管理模块

学生成绩管理模块主要是对学生成绩进行管理。本模块又分为 3 个子模块：录入学生成绩；修改/删除学生成绩；查询统计学生成绩。

3. 课程管理模块

课程管理模块主要对学生所学课程信息进行如下管理。本模块又分为 2 个子模块：添加学生选修课程信息；对已有的课程信息进行修改/删除。

本模块只有管理员才能使用,普通用户不能进入。

4. 教师管理模块

教师管理模块包括添加教师信息;修改、删除教师信息。

5. 系统维护管理模块

本模块只有管理员才能使用,普通用户不能进入。主要对使用本系统的用户进行如下管理:添加新用户;删除用户;密码修改。

学生成绩管理系统各功能构架参见表 8.1。

表 8.1 成绩管理系统各功能模块构架

<table>
<tr><th>功能名称</th><th>内容简介</th><th>主要功能</th></tr>
<tr><td rowspan="4">学生信息管理</td><td>录入信息</td><td rowspan="4">实现对学生基本信息的管理</td></tr>
<tr><td>查询信息</td></tr>
<tr><td>修改信息</td></tr>
<tr><td>删除信息</td></tr>
<tr><td rowspan="4">学生成绩管理</td><td>录入成绩</td><td rowspan="4">实现对学生成绩的管理</td></tr>
<tr><td>查询成绩</td></tr>
<tr><td>修改成绩</td></tr>
<tr><td>删除成绩</td></tr>
<tr><td rowspan="3">课程管理</td><td>录入课程</td><td rowspan="3">实现对课程信息的管理</td></tr>
<tr><td>修改课程</td></tr>
<tr><td>删除课程</td></tr>
<tr><td rowspan="2">教师管理</td><td>录入教师信息</td><td rowspan="2">实现对教师信息的管理</td></tr>
<tr><td>修改教师信息</td></tr>
<tr><td>系统维护管理</td><td>用户注册(管理员、教师)</td><td>管理员对系统所有功能模块进行管理与维护,教师只能在某个模块进行管理</td></tr>
</table>

根据系统功能分析,学生成绩管理系统的总体功能层次结构图如图 4.1 所示。

8.1.2 数据库设计

1. 数据流程图

数据流程图(Data Flow Diagram,DFD)是新系统逻辑模型的主要组成部分,它可以反映出新系统的主要功能、系统与外部环境间的输入输出、系统内部的处理、数据传送、数据存储等情况。它的绘制依据是现行系统流程图,数据流程图是管理信息系统的总体设计图,数据流程图的基本符号如图 8.1 所示。

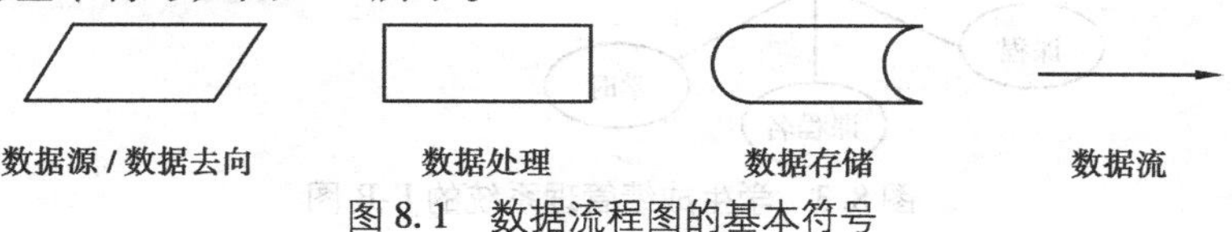

图 8.1 数据流程图的基本符号

本学生成绩管理系统的数据流程图如图 8.2 所示。

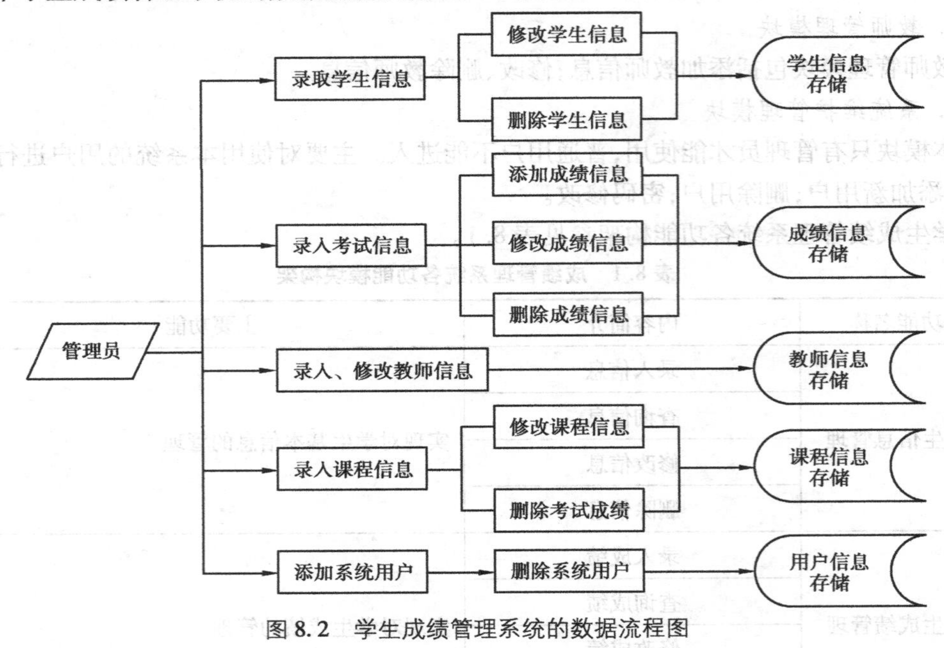

图 8.2　学生成绩管理系统的数据流程图

2. 数据库概念结构设计

得到上面的数据项和数据结构后，就可以设计出能够满足用户需求的各种实体，以及它们之间的关系，为以后的逻辑结构设计打下基础。这些实体包括各种具体信息，通过各种相互之间的作用形成数据的流动。

本系统中根据上面的设计规划出的实体有：学生实体、课程实体、教师实体，用户实体。

实体-关系模型(Entity-Relationship Module，E-R 模型)是数据库结构设计常用的方法。E-R 图中的矩形表示实体，菱形表示实体间的联系，联系的类型可用 1∶1，1∶m 或M∶N表示，圆角表示实体的有关属性，如图 8.3 所示的是本管理系统的 E-R 图。

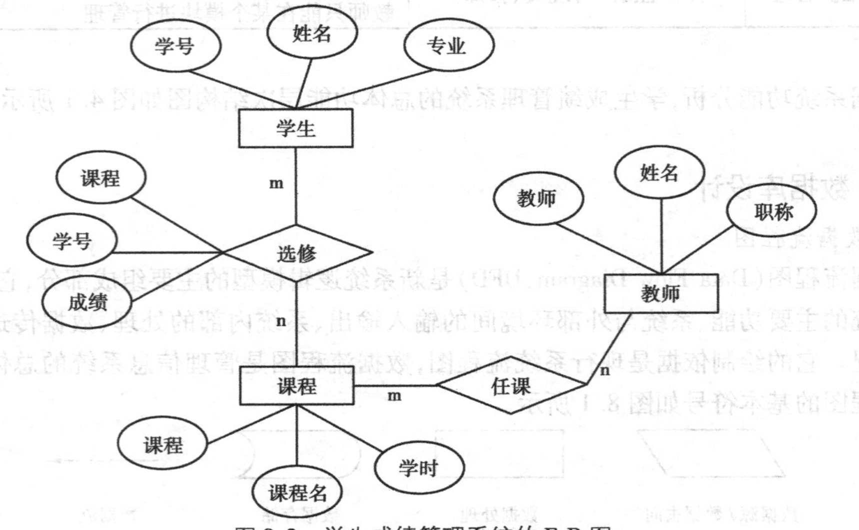

图 8.3　学生成绩管理系统的 E-R 图

3. 数据库逻辑结构设计

现在需要将上面的数据库概念结构转化为数据系统所支持的实际数据模型,也就是数据库的逻辑结构。在上面的实体以及实体之间关系的基础上,形成数据库的表格以及各个表格之间的关系。根据对 E-R 图进行分析建立如下关系模型:

➢ 学生关系(学号,姓名,性别,出生日期,专业,照片,简历)
➢ 课程关系(课程号,课程名,学时,学分,教师号)
➢ 成绩关系(学号,课程号,成绩)
➢ 教师关系(教师号,教师姓名,职称,院系)

根据关系模型设计以下几个数据表来存放系统所需数据的信息,见表 4. 1—表 4. 5。

4. 数据库的物理设计

数据库物理设计的任务就是具体确定表的结构,包括字段名、字段类型及宽度、需要的索引等。根据分析,本例学生成绩管理系统中要设置的表结构及部分实例如图 4. 2—图 4. 6。

学生成绩管理系统的数据库、数据库表、索引及其表间关联如图 4. 27 所示。

8. 2 系统详细设计

学生成绩管理系统的详细设计,是在系统总体设计的指导下,对系统各组成部分进行细致、具体的设计,使系统总体设计阶段的各种决定具体化。

8. 2. 1 创建项目

在 VFP 应用系统开发中,一般利用 VFP 的项目管理器来集成管理和集成开发应用系统。VFP 项目管理器是一个功能强大的系统工具,利用它开发者不仅可以用简便的、可视化的方法来组织和处理表、数据库、表单、查询和其他文件,实现对文件的创建、修改、删除等操作;还可以在项目管理器中将一个项目有关的所有文件集合成一个在 VFP 环境下运行的应用程序,或者编译(连编)生成一个在 Windows 中可以直接运行的 . exe 文件。在开发一个数据库应用系统时,可以通过两种方法来使用项目管理器:一种方法是先创建一个项目文件,再使用项目管理器的界面来创建应用系统所需的各类文件;另一种方法是先独立创建应用系统所需的各类文件,再把它们一一添加到一个新建的项目文件中。对于这两种方法的选择完全取决于开发者的个人习惯。

1. 项目管理器的组成与功能

项目管理器为数据提供了一个组织良好的分层结构视图,是 VFP 开发人员的工作平台,若要处理项目中某一特定类型的文件或对象,可选择相应的选项卡,若要进行相应的操作,可选择对应的命令按钮。项目管理器主要由文件选项卡、分层结构视图、命令按钮三大部分组成。下面分别介绍这三大部分,最后谈谈在项目管理器中的文件共享。

(1)选项卡

项目管理器有 6 个文件选项卡,如图 8. 4 所示,其中“数据”“文档”“代码”和“其他”5 个选项卡用于分别显示各种文件选项,“全部”选项卡用于集中显示文件选项卡中的所有文件。

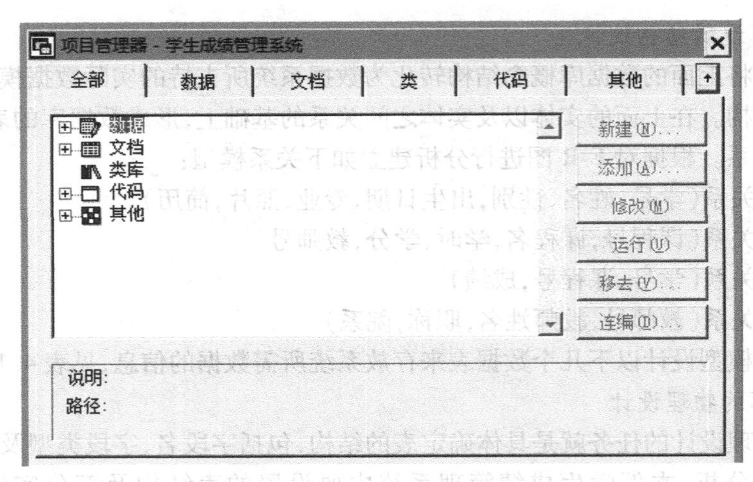

图 8.4　项目管理器

①“数据” 选项卡:包括一个项目中的所有数据——数据库、自由表、查询和视图。

● 数据库:由数据表组成,表间通常由公共的字段建立相互关系。为了支持这些表和关系,用户也可以在数据库中建立相应的视图、连接、存储过程、规则和触发器。

● 自由表:不是数据库的一部分,如果需要可以将自由表加入到数据库中,使其成为数据库的一个表;也可以从数据库中移出来,成为自由表。

● 查询:用来实现对表中的特定数据的查找。通过查询设计器,用户可以按照一定的查询规则从表中得到数据。

● 视图:执行特定的查询,从本地或远程数据源中获取数据,并允许用户对所返回的数据进行修改。视图依赖数据库而存在,并不是独立的文件。

②“文档”选项卡:包含了处理数据时所用的三类文件,输入和查看数据所用的表单、打印表和查询结果所用的报表及标签。

③“类”选项卡:使用 VFP 的基类就可以创建一个可靠的面向对象的事件驱动程序。如果自己创建了实现特殊功能的类,可以在项目管理器中修改。只需选择要修改的类,然后单击“修改”按钮,将打开“类设计器”。

④“代码”选项卡:包括三大类:程序、API(Application Programming Interface 应用编程接口)库和应用程序。

⑤“其他”选项卡:包括文本文件、菜单文件和其他文件,如位图文件 .bmp、图标文件 .ico 等。

⑥全部选项卡:卡显示项目管理器里的所有文件。

(2)命令按钮

项目管理器的右侧有 6 个按钮:新建、添加、修改、运行、移去和连编。

● “新建”按钮: 在项目管理器中选定要新建的文件类型后,单击“新建”按钮,即可打开相应的设计器创建一个新的文件。注意:在项目管理器中新建的文件自动包含在该项目文件中,而利用“文件”菜单中的“新建”命令创建的文件不属于任何项目文件。

● “添加”按钮:利用项目管理器可以把一个已经存在的文件添加到项目文件中。

选择要添加的文件类型。例如,要添加一个数据库到项目文件中,则应在项目管理器的“数据”选项卡中选择“数据库”选项。单击“添加”按钮或选择“项目”→“添加文件”命令,系统弹出“打开”对话框。在“打开”对话框中选择要添加的文件,单击“确定”按钮,系统便将选择的文件添加到项目文件中。

在VFP中,新建或添加一个文件到项目中并不意味着该文件已成为项目的一部分。事实上,每一个文件都以独立文件的形式存在。我们说某个项目包含某个文件只是表示该文件与项目建立了一种关联。这样做有两大优点,一是一个文件可以包含在多个项目中,项目仅仅需要知道所包含的文件在哪里,而不需关心所包含文件的其他信息;二是如果一个文件同时被多个项目所包含,那么在修改该文件时,修改的结果将同时在相应的项目中得以体现,从而避免了在多个项目中分别修改文件有可能导致修改不一致的后果。

- “修改”按钮:利用项目管理器可以随时修改项目文件中的指定文件。
- “移去”按钮:如果某个文件不需要了,可以先选定该文件,然后单击“移去”按钮,在随后出现的提示框中进行选择。

注意:这里的“移去”仅仅是去掉与项目的关联,而不是将该文件删除,若选择“删除”,不但从项目中移去,还将该文件从磁盘中删除,文件将不复存在。

- “连编”按钮:用户可以利用项目管理器进行整个系统的编译、连编,生成一个在Windows中可以直接运行的.EXE文件或.APP文件。

(3)定制项目管理器

用户可以改变项目管理器窗口的外观。例如,可以调整项目管理器窗口的大小,移动项目管理器窗口的显示位置;也可以折叠或拆分项目管理器窗口以及使项目管理器中的选项卡始终浮在其他窗口之上。

①移动和缩放

项目管理器窗口和其他Windows窗口一样,可以随时改变窗口的大小以及移动窗口的显示位置。

②折叠

项目管理器右上角的按钮用于折叠或展开项目管理器窗口。该按钮正常时显示为,单击后项目管理器窗口折叠为仅显示选项卡标签,同时按钮变为,如图8.5所示。再单击一次窗口即还原。

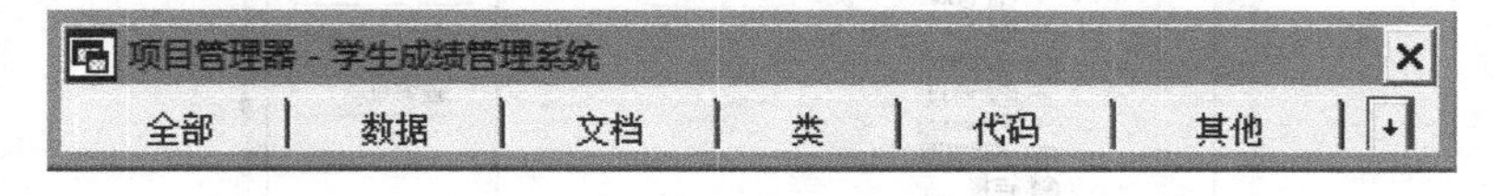

图8.5　折叠后的项目管理

③拆分

折叠项目管理器窗口以后,可以进一步拆分项目管理器窗口,使其中的选项卡成为独立浮动的窗口,可以根据需要重新安排它们的位置,如图8.6所示。

④停放

将项目管理器拖到VFP主窗口的顶部就可以使它像工具栏一样显示在主窗口的顶部。

2. 创建项目文件

VFP推荐在项目管理器中开发应用程序,因为项目管理器会为开发工作带来很多方

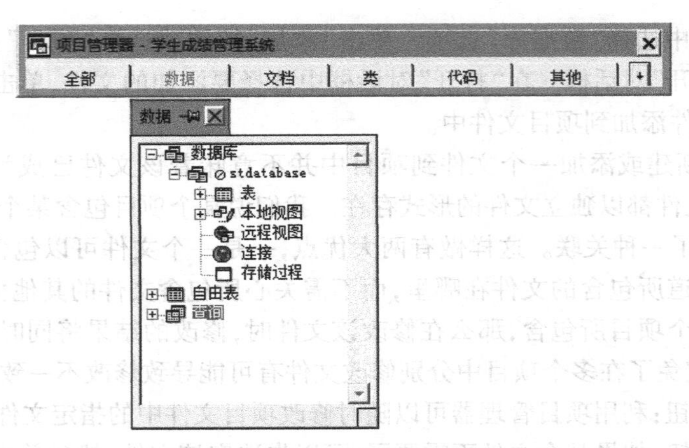

图 8.6　拆分后的项目管理器

便。在项目管理器中创建一个项目后，应用程序就具备了一个开发框架，然后在这个框架中，再利用项目管理器所提供的强大功能，按照需求来实现应用程序的设计。

打开项目管理器窗口的方法有：

➢　执行主窗口"文件"→"新建"命令，在"新建"对话框中选择"文件类型"中的"项目"，执行"向导" 则可使用应用程序生成器生成一个项目和一个 VFP 应用程序框架。

➢　在命令窗口中执行"create project"命令。

➢　用户可以启动 VFP，选择"文件"→"新建"命令，在打开的对话框中选择"项目"单选按钮，然后单击"新建文件"按钮，接着在"创建"对话框中，输入项目文件名并确定项目路径，然后单击"保存"按钮，即可启动项目管理器。

➢　将前面创建的与本系统相关的文件，包括数据库、数据表、视图、查询、表单、报表、菜单、图片文件等添加到项目管理器中，如图 8.7 所示。

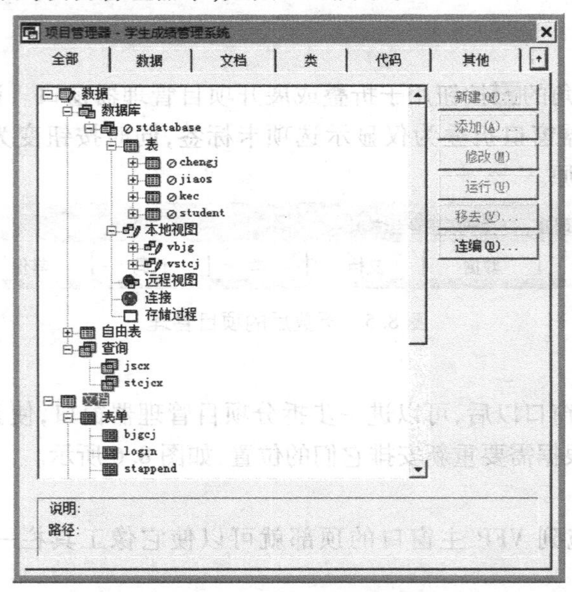

图 8.7　学生成绩管理系统项目文件

8.2.2 数据库、数据表及表间关系

VFP 推荐在项目管理器中开发应用系统。在项目管理器中创建一个项目后，应用系统就具备了一个开发框架。在此框架中，利用项目管理器所提供的强大功能，按照需求来实现应用程序的设计。根据数据库物理设计，创建数据库、数据表，当整个数据库、数据库表、索引及其永久关系建立后，可看到如图 4.27 所示的数据库设计器窗口。创建数据库的具体方法见第 4 章【例 4.1】，创建数据表的具体方法见第 4 章【例 4.2】，创建表间的永久关系的具体方法见第 4 章【例 4.9】。

8.2.3 界面设计

界面设计一般包括系统名称、系统登录验证以及版权。应用系统通常都有一个系统启动的界面，主要完成身份验证，是一个人机对话界面，它实际上就是一个表单。界面设计的原则是界面美观、操作简单、使用方便、布局合理等。

1. 创建启动界面表单

学生成绩管理系统运行主要由一个启动表单来实现，系统运行界面效果如图 8.8 所示。

图 8.8 系统启动界面

在项目管理器中，打开“文档”选项卡，选择“表单”选项，单击“新建”按钮，在打开的对话框中单击“新建表单”按钮，这时，将弹出一个表单设计器和表单 Form1。单击表单设计器工具栏中的标签和命令按钮，分别在表单中添加一个标签控件（采用系统默认名称 Label1）和两个命令按钮控件（采用系统默认名称 Command1 和 Command2）。表单中各控件对象的属性设置如表 8.2 所示。

表 8.2 启动表单对象属性

对象名称	属性名称	属性值
Form1	Picture	E:\学生成绩管理\1027.jpg
	Caption	欢迎使用学生成绩管理系统
	BorderSytle	2-固定对话框
Label1	Caption	学生成绩管理系统
	Backstyle	0-透明
	Autosize	.t.
	Fontname	华文彩云
	Fontsize	48
Command1	Caption	登录
Command2	Caption	退出

为 Command1 对象的 Click 事件编写如下事件代码：

```
thisform.release      && 释放本表单
do form  login      && 打开“系统登录”表单,表单文件名 login.scx
```

为 Command2 对象的 Click 事件编写如下代码：

```
thisform.release      && 释放本表单
clear event      && 清除事务处理
```

完成后，保存该表单，文件名为：stwelcome.scx。

2. 创建系统登录表单

学生成绩管理系统的登录界面的设计如图 5.1 所示。具体设计步骤见第 5 章【例 5.1】。

3. 创建学生成绩管理系统主界面表单

当用户输入用户名和密码通过验证正确以后，系统将启动主表单 stmain.scx，系统主表单界面包括系统功能菜单，系统主界面表单如图 7.43 所示。具体设计步骤见第 7 章【例 7.11】。

8.2.4 主菜单设计

一个应用程序的功能是通过选择不同的菜单来实现的，也就是菜单提供了一组选项供用户选择。当用户选择其中的一个选项后，将触发一定的动作——弹出下一级菜单、执行一条命令或过程。

学生成绩管理系统的主菜单包括“学生信息管理”“学生成绩管理”“课程管理”“教师管理”“系统维护管理”和“退出系统”6 个一级菜单项，一级菜单又包含“学生信息浏览”等 16 个下级菜单项。具体设计过程见第 7 章。

8.2.5 表单设计

为了实现如图 4.1 所示"图书管理系统"应用程序的对应功能,需要进一步通过设计表单来实现相应的功能,如:"浏览学生信息""录入学生信息""密码修改"等,这些功能的实现需要通过表单的设计来实现。表单制作过程参见第 5 章和第 6 章。

8.2.6 报表设计

在学生成绩管理系统中,数据的输出是一个重要的需求,报表是最常见的输出形式。VFP 的报表有两个组成要素:一是数据来源;二是格式定义。数据可来源与数据库中的表,也可以来源于视图或查询结果。格式定义就是定义报表的总体布局和具体的样式。

设计一个报表一般有 4 个步骤:①决定需建立何种形式的报表;②建立报表文件;③编辑报表文件使之符合实际的需要;④预览。主菜单设计中报表打印模块的详细设计过程见第 7 章。

8.3 用项目管理器连编成应用程序

在对应用程序各个模块分别进行设计和调试后,需要对整个项目进行编译,生成 .EXE 可执行程序,在 VFP 中称为连编项目。

8.3.1 设置文件的"排除"与"包含"

在添加的数据库文件左侧有一个排除符号 ø,表示此项从项目中排除,如图 8.9 所示。在 VFP 中,假设表在应用程序中可以被修改,所以默认表为"排除"。

1. 文件的"排除"与"包含"

"排除"与"包含"相对。将一个项目编译成一个应用程序时,所有项目包含的文件将组合为一个单一的应用程序文件。在项目连编之后,那些在项目中标记为"包含"的文件将变为只读文件。如果应用程序包含需要用户修改的文件,必须将该文件标记为"排除"。排除文件仍然是应用程序的一部分,因此 VFP 仍可跟踪,并将它们看成项目的一部分。但是这些文件没有在应用程序的文件中编译,所以用户可以更新它们。

作为通用的准则,可执行程序,例如表单、报表、查询、菜单和程序文件应该在应用程序文件中为"包含",而数据文件则为"排除"。但是,可以根据应用程序的需要包含或排除文件。通常将所有不需要用户更新的文件设为包含。但应用程序文件(.app)不能设为包含,对于类库文件(.ocx、.fll 和 .dll)可以有选择地设为排除。

2. 将标记为"排除"的文件设置成"包含"的操作

在项目管理器中设置:要将标记为"排除"的文件设置成"包含",只要在选定文件之后,右击鼠标,从弹出的快捷菜单上选择"包含"即可,如图 8.9 所示。

在主菜单上的"项目"菜单中也可以进行同样的操作。反之,选定没有排除符号的文件,快捷菜单将出现"排除"。

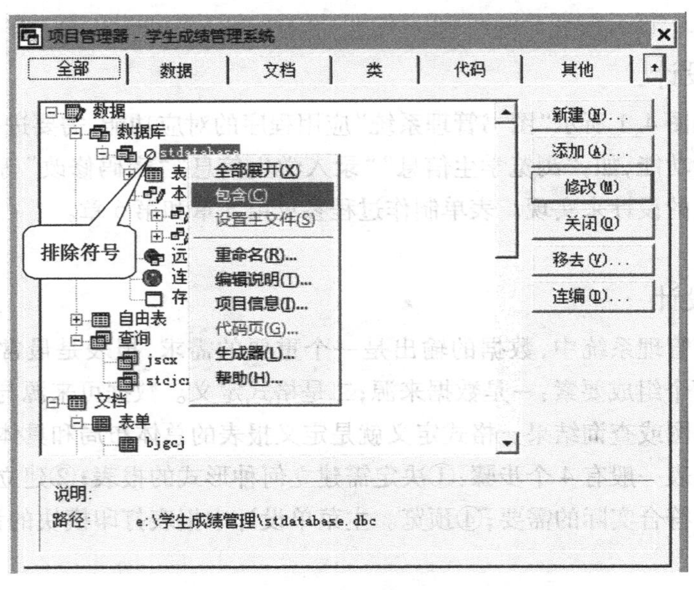

图 8.9　将排除文件设置为包含

选择快捷菜单中的“项目信息”,在如图 8.10 所示“项目信息”对话框的“文件”选项卡中,单击选定文件“包含”栏的标记,带×的表示包含,空的表示排除。

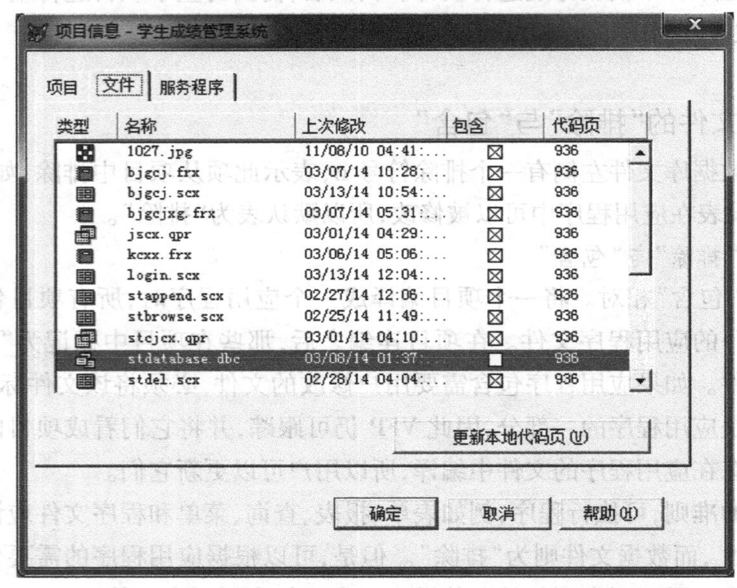

图 8.10　项目信息对话框

8.3.2　设置主程序

主程序是整个应用程序的入口点,主程序的任务是设置应用程序的起始点、初始化环境、显示初始的用户界面、控制事件循环。当退出应用程序时,恢复原始的开发环境。当用户运行应用程序时,将首先启动主程序文件,然后主文件再依次调用所需要的应用程序及其他组件。所有应用程序必须包含一个主程序文件。

设置主程序有两种方法：

①在项目管理器中选中要设置的主程序文件，从“项目”菜单或快捷菜单中选择“设置主文件”选项。项目管理器将应用程序的主文件自动设置为“包含”，在编译完应用程序之后，该文件作为只读文件处理。

②在“项目信息”的“文件”选项卡中选中要设置的主程序文件后右击鼠标，在弹出的快捷菜单中选择“设置主文件”。在这种情况下，只有把文件设置为“包含”之后才激活“设置主文件”选项。

由于一个应用系统只有一个起始点，系统的主文件是唯一的，当重新设置主文件时，原来的设置便自动解除。标记为主文件的文件不能排除。

创建本系统的主文件，将其保存为“main. prg”。在图书管理系统项目管理器的代码选项卡中选择程序，单击“新建”按钮，出现程序编辑窗口，输入如图 8. 11 所示主程序代码。

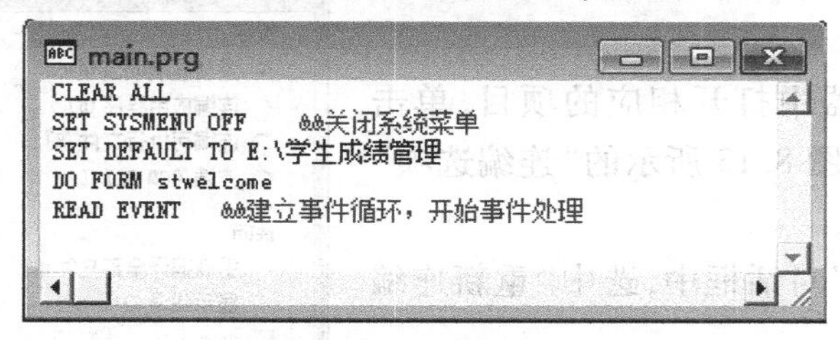

图 8. 11　主程序代码

单击右键，在弹出的快捷菜单中选择“设置主文件”，如图 8. 12 所示。

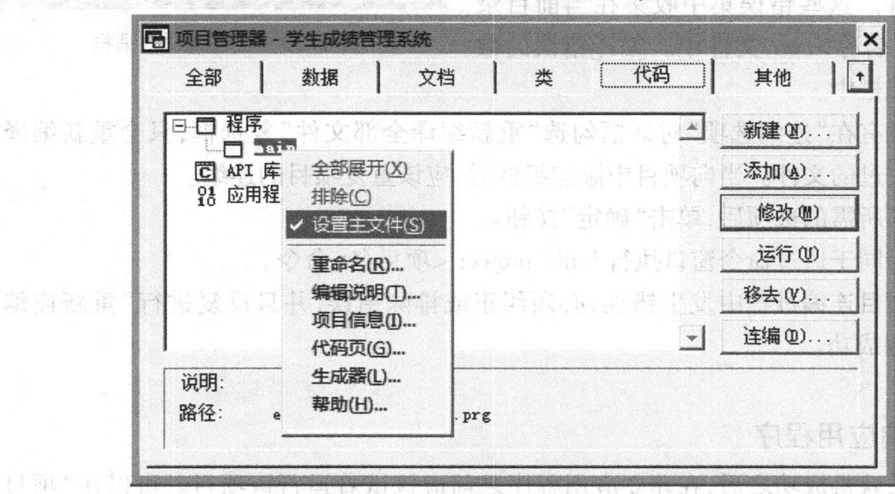

图 8. 12　设置主文件

8. 3. 3　连编项目

对项目进行测试的目的是为了对程序中的引用进行校验，同时检查所有的程序组件是否可用。通过重新连编项目 VFP 会分析文件的引用，然后重新编译过期的文件。

连编项目首先是让 VFP 系统对项目的整体性进行测试的方法，此过程的最终结果是将所有在项目中引用的文件,除了那些标记为排除的文件以外,合成为一个应用程序文件。最后需要将应用程序的软件、数据文件以及其他排除的项目文件一起交给最终用户使用。

连编项目有以下作用和注意事项:

➢ 当连编项目时,VFP将分析对所有文件的引用,并自动把所有的隐式文件包含在项目中。如果通过用户自定义的代码引用任何一个其他文件,项目连编也会分析所有包含及引用的文件。在下一次查看该项目时,引用的文件会出现在项目管理器中。

➢“项目管理器”解决不了对图(.bmp或.msk)文件的引用,因为它取决于在代码中如何使用图片文件。需要将这些文件手工添加到项目中。

➢ 连编项目也不能自动包含那些用“宏替换”进行引用的文件,因为在应用程序运行之前,不知道该文件的名字。如果应用程序要引用“宏替换”的文件,就手工添加并包含这些引用文件。

在项目管理器中进行项目连编的具体步骤如下:

①在项目管理器中打开相应的项目,单击“连编”按钮,弹出如图8.13所示的“连编选项”对话框。

②在“连编选项”对话框中,选中“重新连编项目”单选钮。

③如果勾选了“显示错误”复选框,可以立刻查看错误文件。这些错误集中收集在当前目录的一个<项目名称>.err文件中。编译错误的数量显示在状态栏中。

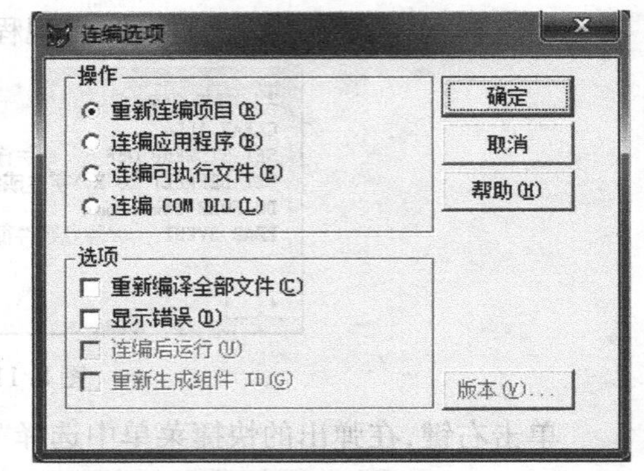

图8.13 连编选项对话框

④如果没有在“连编选项”对话框勾选“重新编译全部文件”复选框,只会重新编译上次连编后修改过的文件。当向项目中添加组件后,应该重复项目的连编。

⑤选择了所需的选项后,单击“确定”按钮。

该操作等同于通过命令窗口执行build project <项目名>命令。

如果在项目连编过程中发生错误,必须纠正或排除错误,并且反复进行“重新连编项目”,直至连编成功。

8.3.4 连编应用程序

连编项目获得成功之后,在建立应用程序之前应该试着运行该项目。可以在“项目管理器”中选中主程序,然后选择“运行”命令,或者在“命令”窗口中,执行带有主程序名字的一个do命令,如do main.prg。如果程序运行正确,就可以最终连编成一个应用程序文件。应用程序文件包括项目中所有“包含”文件,应用程序连编结果有两种文件形式:一是应用程序文件(.app):需要在VFP中运行;二是可执行文件(.exe):可以在Windows下运行。

可执行文件需要和两个VFP动态链接库(vfp6r.dll和vfp6enu.dll)链接,这两个库和应用程序一起构成了VFP所需的完整运行环境,只有在VFP的专业版才可使用。还可以使用“安装向导”为可执行文件创建安装盘，使得该盘中带有所有应用程序所需的文件，例如数据库等必要的“排除”文件。

连编应用程序的操作步骤如下：

①在“项目管理器”中，单击“连编”按钮。

②如果在“连编选项”对话框中，勾选“连编应用程序”复选框，则生成一个 . app 文件；若勾选“连编可执行文件”复选框，则生成一个 . exe 文件。

③选择所需的其他选项并单击“确定”按钮。

连编应用程序的命令是 build app 或 build exe。

例如，要从项目“图书管理系统 . pjx”连编得到一个应用程序“图书管理系统 . app”，在命令窗口键入：build app 图书管理系统 FROM 图书管理系统 或 BUILD EXE 图书管理系统 FROM 图书管理系统。

8.3.5 连编其他选项

- 连编 com dll：在“连编选项”对话框中，“连编 com dll”是使用项目文件中的类信息创建一个具有 . dll 文件扩展名的动态链接库。
- “版本”按钮：当选择“连编可执行文件”或“连编 com dll”时，激活“版本”按钮。单击此按钮显示如图 8. 14 所示的“EXE 版本”对话框，允许指定版本号以及版本类型。

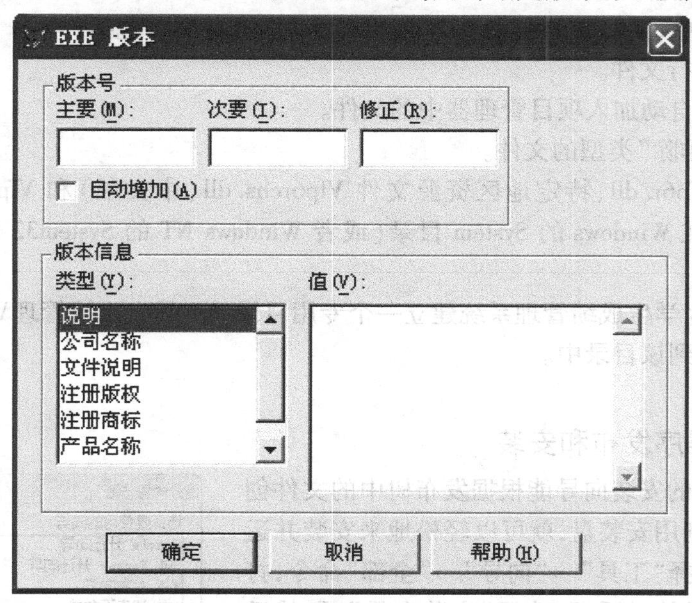

图 8. 14 EXE 版本对话框

- 重新生成组件 ID：只有当选定“连编可执行文件”或“连编 com dll”，并已经连编包含 OLEPublic 关键字的程序时该选项才可用。“重新生成组件 ID”安装并注册包含在项目中的自动服务程序（Automation Server）。选定时，该选项指定在连编程序时生成新的 GUID（全局唯一标识）。只能创建和注册“类”菜单“类信息”对话框中标识为“OLE Public”的类。

8.3.6 运行应用程序

当为项目建立了一个最终的应用程序文件之后,就可运行它了。

(1) 运行 . app 应用程序

运行 . app 文件需要首先启动 VFP,然后单击“程序”→“运行”,选择要执行的应用程序;或者在“命令”窗口中,键入 do <应用程序文件名>。

(2) 运行可执行 . exe 文件

生成的 . exe 应用程序文件既可以像上面一样在 VFP 中运行,也可以在 Windows 中双击 . exe 文件的图标运行。

8.4 应用程序的发布

所谓应用程序的发布是指为所开发的应用程序制作一套应用程序安装盘,使之能够比较方便地安装到其他计算机上使用。

8.4.1 发布树

在发布应用程序之前,需要将所有应用程序和支持文件复制到一个事先准备好的目录下面,这个目录就称之为“发布树”。也就是说,将用户运行应用程序所需要的全部文件放在一个专用目录中,该目录应该在 VFP 目录外另建。这些文件包括:

①. exe 可执行文件。

②连编时未自动加入项目管理器中的文件。

③设置为“排除”类型的文件。

④支持库 Vfp6r. dll、特定地区资源文件 Vfp6rchs. dll(中文版)和 Vfp6renu. dll(英文版)。这些文件在 Windows 的 System 目录(或者 Windows NT 的 System32 目录)中都可以找到。

例如,可以为学生成绩管理系统建立一个专用目录 E:\学生成绩管理\setup,然后将上述文件全部复制到该目录中。

8.4.2 应用程序发布和安装

VFP 中提供的安装向导能根据发布树中的文件创建安装盘,然后利用安装盘,就可以轻松地来安装并运行应用程序。选择“工具”→“向导”→“全部”命令,打开如图 8.15 所示的对话框,选择“安装向导”项,然后单击“确定”按钮,VFP 将发布目录设置为 C:\PROGRAM FILES\MICROSOFT VISUAL STUDIO\VFP98\DISTRIB。如果该目录不存在,则弹出的对话框中,可以选择创建还是更改目录,单击“创建目录”按钮,打开“定位文件”对话框。

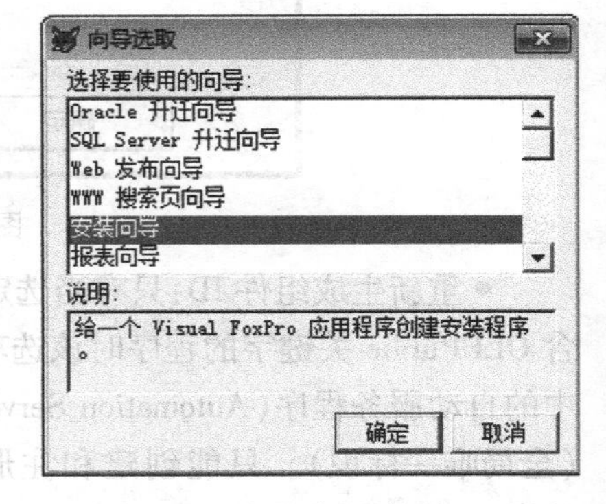

图 8.15 向导选取对话框

1. 定位文件

指定要建立的应用程序的所有源文件及其工作环境文件。这些文件一般都放在相同的目录下,如图 8.16 所示。用户可以在“发布树目录”文本框中为发布树指定一个目录,或者单击其后的 按钮,在打开的对话框中,选择发布树目录。如果指定了该目录,安装向导将把此目录树作为要压缩到磁盘映像子目录中的文件源。另外安装向导还会记录对每个发布树选项的设置,作为下一次对该发布树建立安装时的默认值。

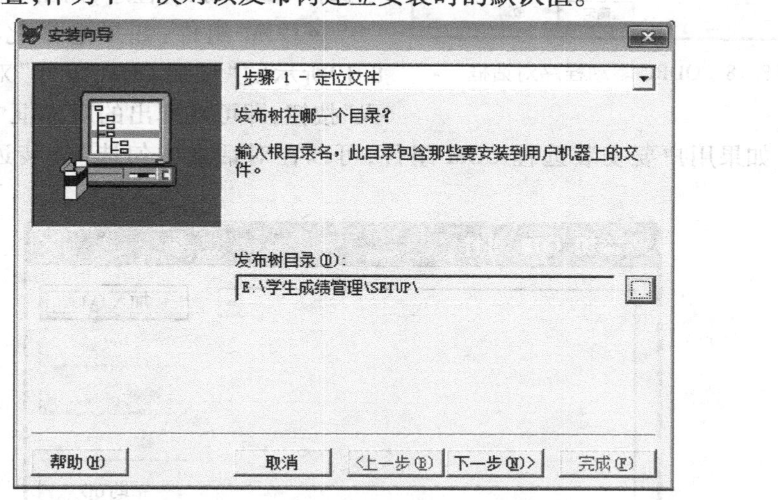

图 8.16　安装向导文件定位对话框

2. 指定组件

单击“下一步”按钮,打开如图 8.17 所示的对话框,为应用程序选择组件,可选的组件共有下列 6 种。

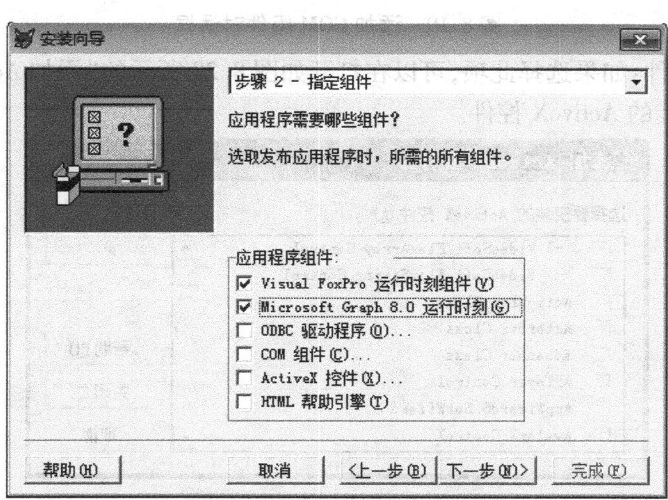

图 8.17　安装向导指定组件对话框

● Visual FoxPro 运行时刻组件:需要运行 VFP 运行库并将库文件自动包含在应用程序文件中,才可以在用户的计算机上正确安装。

• Microsoft Graph 8.0 运行时刻：可以在应用程序中包含使用 Microsoft Graph 8.0 控件的表单。

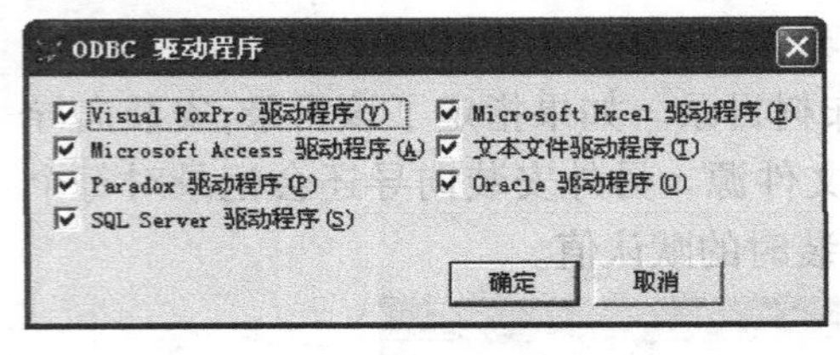

图 8.18　ODBC 驱动程序对话框

• ODBC 驱动程序：此项的功能是让应用程序同不是 VFP 的 DBF 表进行通信。如果选择此项，则会显示“ODBC 驱动程序”对话框，可以从中选择 ODBC 驱动程序，如图 8.18 所示。

• COM 组件：如果选择此项，会弹出如图 8.19所示的“添加 COM 组件”对话框，单击“加入”按钮，即可在弹出的对话框中选择需要添加的组件。如果用户要安装远程 COM 组件，可以在对话框中勾选“安装远程 COM 组件”复选框。

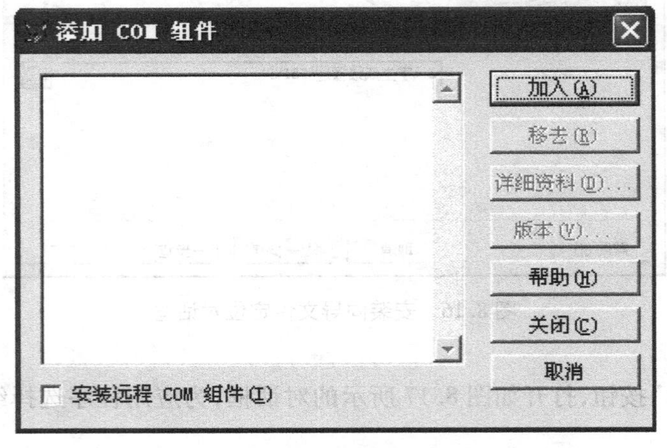

图 8.19　添加 COM 组件对话框

• ActiveX 控件：如果选择此项，可以在打开如图 8.20 所示的“添加 ActiveX 控件”对话框中选择需要安装的 ActiveX 控件。

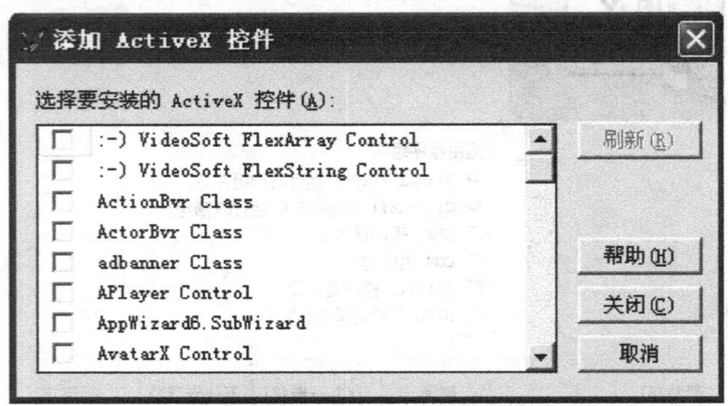

图 8.20　添加 ActiveX 控件对话框

• HTML 帮助引擎：如果选择此项，可以将超文本标识语言帮助引擎安装到应用程序组件中。

3. 磁盘映像

单击“下一步”按钮，打开如图 8.21 所示的对话框，为应用程序建立磁盘映像，并为磁盘映像选择类型。向导建立一个发布子目录,其中包含每种指定类型磁盘的映像。在运行向导之前可以建立磁盘映像子目录。如果想让向导来建立,可以在磁盘映像目录文本框中键入新的名称。此外,向导把前一次放置的位置作为默认值。

磁盘映像包含以下 3 种类型:

①勾选"1.44 MB 3.5 英寸"复选框,则按照此尺寸建立映像磁盘。

②勾选"Web 安装"复选框,向导将进行压缩 Web 安装。

③勾选"网络安装"复选框,向导将建立唯一的子目录,包含所有的文件,进行非压缩安装。

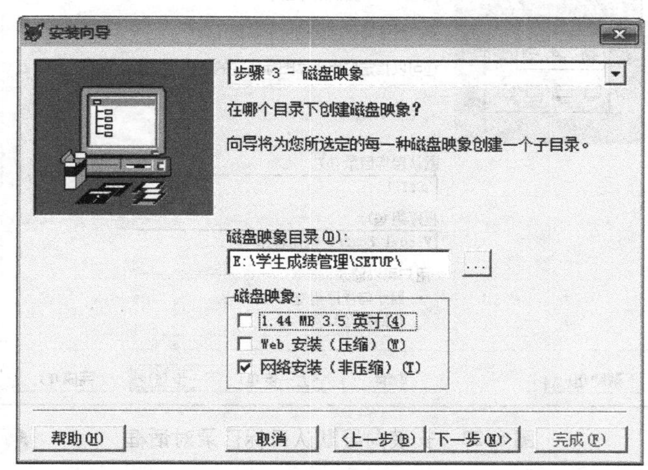

图 8.21 安装向导磁盘映像对话框

4. 安装选项

单击"下一步"按钮,打开如图 8.22 所示的对话框,为应用程序指定标题。在"安装对话框标题"文本框中,输入安装标题;在"版权信息"文本框中为应用程序设置版权信息。可以通过选择"帮助"→"关于"命令来访问应用程序的版权信息;"执行程序"文本框内的输入项是可选的,如果为此项选择了执行程序,在安装完毕后,会立刻执行此程序。

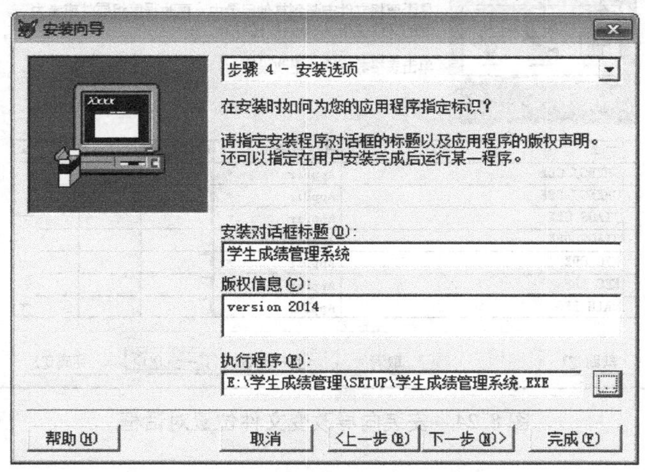

图 8.22 安装向导安装选项对话框

5. 默认目标目录

单击“下一步”按钮，打开如图 8.23 所示的对话框，设置默认目标目录。安装程序将把应用程序放置在“默认目标目录”文本框中指定的目录中，在指定目录时，不要选择已经使用过的目录名称。如果在“程序组”文本框中指定了一个名称，当用户安装应用程序时，安装程序会为应用程序创建一个程序组，并使这个应用程序出现在用户的开始菜单中。选择“用户可以修改”选项，在安装过程中可以更该默认目录的名称和程序组。

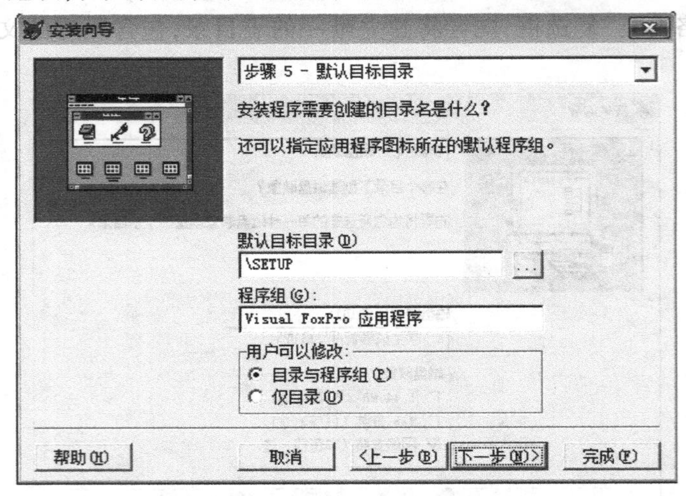

图 8.23　安装向导默认目标目录对话框

6. 改变文件设置

单击“下一步”按钮，将打开如图 8.24 所示的对话框，用于将一些文件安装到别的目录中，或者更改程序组属性，以及为用户的文件注册 ActiveX 控件。安装向导以表格的形式列出了所有的文件，可以通过单击要改变的选项来改变文件的设置。

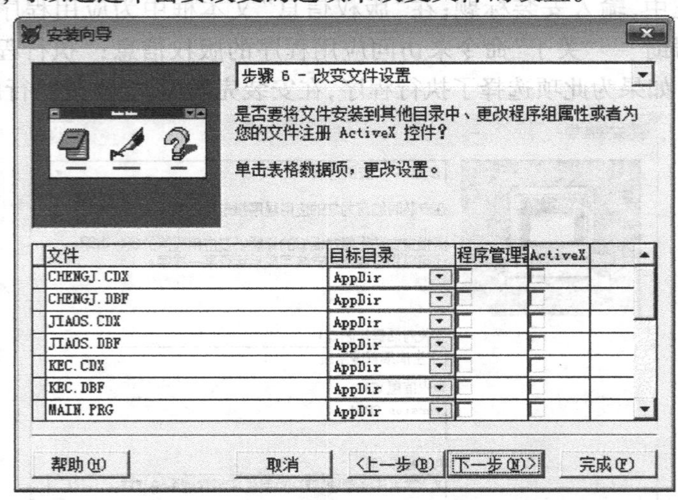

图 8.24　安装向导改变文件位置对话框

7. 完成安装

安装向导的最后一步如图 8.25 所示。当单击“完成”按钮时，安装向导将记录下可以在下次从发布树中创建发布磁盘时使用的配置值,然后开始创建应用程序磁盘映像。

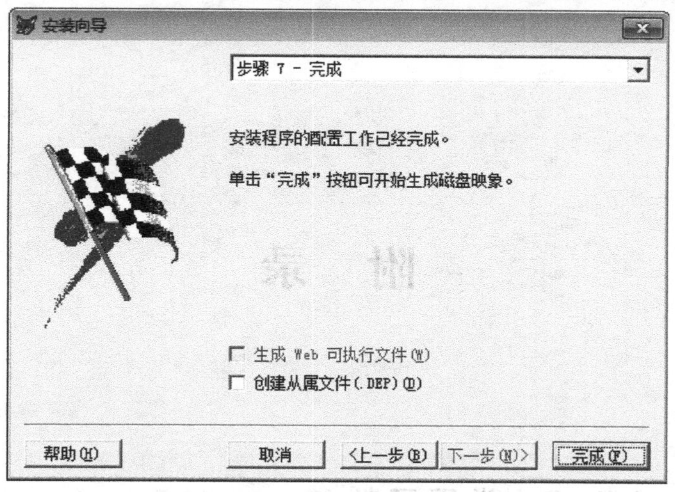

图 8.25 安装向导完成对话框

安装向导的进展如图 8.26 所示。用户通过执行发布盘中的 setup.exe 文件,并通过安装程序的提示信息,可以方便地安装应用程序。

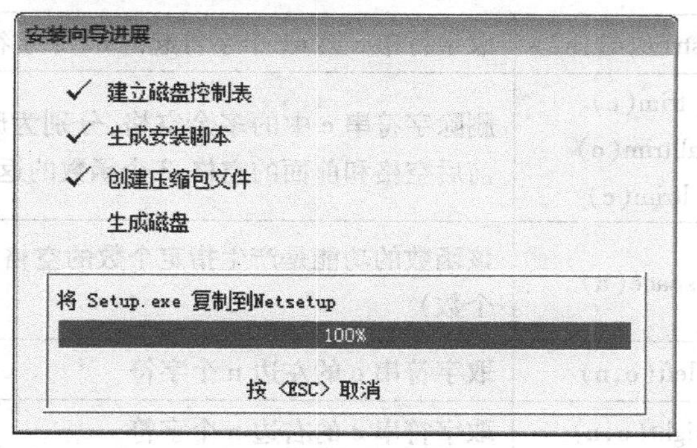

图 8.26 安装向导的进展

附 录

附录 1 Visual FoxPro 常用函数

函数名称	格 式	功能与说明
1.字符及字符串处理函数		
取子串函数	substr(c,n1,n2)	取字符串 c 第 n1 个字符起的 n2 个字符。返回值类型是字符型
删除空格函数	trim(c) alltrim(c) ltrim(c)	删除字符串 c 中的多余空格,分别为删除字符串的尾部空格、前后空格和前面的空格,3 个函数的返回值均为字符型
空格函数	space(n)	该函数的功能是产生指定个数的空格字符串(n 用于指定空格个数)
取左子串函数	left(c,n)	取字符串 c 的左边 n 个字符
取右子串函数	right(c,n)	取字符串 c 的右边 n 个字符
求子串位置函数	at(c1,c2)	返回字符串 c1 在字符串 c2 的位置
大小写转换函数	lower(c) upper(c)	lower()将字符串中的字母一律变小写;upper()将字符串中的字母一律变大写
求字符串长度函数	len(c)	求指定字符串 c 的长度
2.数学运算函数		
取整函数	int(n)	取指定数值 n 的整数部分
	ceiling(n)	取大于或等于指定表达式值的最小整数
四舍五入函数	round(n,m)	根据给出的四舍五入小数位数 m,对数值表达式 n 的计算结果做四舍五入处理
求平方根函数	sqrt(n)	求指定数值 n 的算术平方根
随机函数	rand()	随机输出 0~1 的数

续表

函数名称	格　式	功能与说明
绝对值函数	ABS(n)	求 n 的绝对值
求最大值、最小值函数	max(n1,n2) min(n1,n2)	返回两个数值表达式 n1 和 n2 中的最大值和最小值
求余数函数	mod(n1,n2)	求表达式 n1 对表达式 n2 的余数
3. 转换函数		
数值转字符串函数	str(n,n1,n2)	将数值 n 转换为字符串,n1 为总长度,n2 为小数位
字符转数值函数	val(s)	将数字字符串 s 转换为数值
字符转日期函数	ctod(c)	将日期字符串 c 转换为日期
日期转字符函数	dtoc(d)	将日期 d 转化为字符串
时间转字符函数	ttoc(t)	将时间 t 转为字符串
字符转时间函数	ctot(c)	将时间字符串 c 转化为时间
字符转 ASCII 码函数	asc(c)	把字符表达式 c 左边第一个字符转成相应的 ASCII 码值
ASCII 码值转字符函数	chr(n)	把数值表达式 n 转成相应的 ASCII 码字符,返回字符型
4.日期函数		
系统日期函数	date()	返回系统的当前日期,返回值是日期型数据
年、月、日函数	year(n) month(n) day(n)	从日期表达式 n 中返回一个由 4 位数字表示的年份、月份与日数
系统时间函数	time()	返回当前时间字符串
系统日期时间函数	datetime()	返回当前日期时间
5. 测试函数		
测试文件尾函数	eof([n])	用于测试指定工作区中的表的记录指针是否指向文件尾,是则返回真值;否则返回假值(n 指定被测工作区号,其范围为 1~32 767 若省略则指当前工作区)
测试文件头函数	bof([n])	用于测试指定工作区中的表的记录指针是否指向文件头,是则返回真值;否则返回假值(n 指定被测工作区号,其范围为 1~32 767 若省略则指当前工作区)
测试当前记录号函数	recno([n])	返回指定工作区中的表的当前记录号(n 指定被测工作区号,其范围为 1~32 767 若省略则指当前工作区)

续表

函数名称	格　式	功能与说明
测试查找记录是否成功函数	found()	测试 find、seek 和 locate 命令查找记录是否成功，如成功则返回真值，否则为假值
文件测试函数	file(n)	测试字符表达式 n 指定的文件是否存在
数据类型测试函数	vartype(n)	测试表达式 n 的数据类型，返回大写字母 N(数值)、C(字符)、L(逻辑)、D(日期)、M(备注)、U(未定义)
测试工作区函数	select()	返回当前工作区的区号
	6.其他函数	
宏替换函数	& 字符型内存变量	宏替换函数没有括号，返回指定字符型内存变量中所存放的字符串
条件函数	iif(n,n1,n2)	若表达式 n 值为真，则返回表达式 n1 的值；否则返回表达式 n2 的值，函数返回值类型与表达式 n1 或表达式 n2 类型一致
消息框函数	messagebox(提示文本[,对话框类型[,对话框标题文本]])	显示提示对话框

附录 2　Visual FoxPro 常用类与对象

类与对象	中文名称	说　明
CheckBox Control	复选框控件	复选框用来在两个状态，如“真”(T)与“假”(F)，或“是”与“否”之间切换
Column Object	列对象	表格中的列可包括表中的字段数据或表达式的值
ComboBox Control	组合框控件	当被选中时，组合框打开，并显示项的列表，从中可选择一项。组合框控制结合了文本框控制的列表框控制的特性。可在文本框部分输入信息或从列表框部分选择一项
CommandButton Control	命令按钮控件	命令按钮通常用来启动一个事件
CommandGroup Control	命令组控件	可创建一组命令按钮，并且可以单个或作为一组操作其中的按钮
Container Object	容器对象	容器对象可包含其他对象，并且允许访问被包含对象
Control Object	控件对象	控件对象能包含其他对象，但是不能像容器对象那样允许访问被包含的对象

续表

类与对象	中文名称	说 明
Cursor Object	临时表对象	把表或视图添加到表单、表单集或报表的数据环境时创建该对象。在运行表单、表单集或报表时可借助临时表对象指定或确定表或视图的属性
DataEnvironment Object	数据环境对象	当创建表单、表单集或报表时,创建该对象。数据环境对象是临时表对象或关系对象的容器对象,而这些临时表对象或关系对象与表单、表单集或报表相关联
EditBox Control	编辑框控件	可用来编辑字符类型的内存变量、数组元素、字段或备注字段
Form Object	表单对象	使用 Form 对象可以创建能向其中添加控制的表单,也可以使用表单设计器创建表单
FormSet Object	表单集对象	表单集是一个容器对象,可包含一组表单
Grid Control	表格控件	表格是按行和列显示数据的容器对象,其外观与浏览容器相似。表格是包含列对象的容器对象
Header Object	标头对象	表格中的列包含有标头。标头在列的最上面显示列标题,并且可以响应事件
Image Control	图像控件	是一种图形控制,可以显示 . bmp 图片,但不能直接修改图片
Label Control	标签控件	是用以显示文本的图形控制,其中文本不能直接更改
ListBox Control	列表框控件	列表框显示一系列数据项,从中可选择一项或多项
OLE 绑定型控件	OLE 绑定型控件	在表单或报表中,一个 OLE 绑定型控件允许在表中的通用字段上显示一个 OLE 对象的内容
OptionBotton Control	选项按钮控件	只能在选项按钮组中添加单个选项按钮
Relation Object	关系对象	当在数据环境设计器中为表单、表单集或报表建立关系时创建
TextBox Control	文本框控件	创建一个文本框,从中可以编辑内存变量、数组元素或字段的内容
THIS	对象引用	允许在一个类定义中引用属性或对象
THISFORM	对象引用	提供了在方法中对对象所在表单或表单属性的引用
THISFORMSET	对象引用	提供了在方法中对对象所在表单集或表单集属性的引用。
Timer Control	计时器控件	创建以一定时间间隔执行代码的计时器
ToolBar Object	工具栏对象	使用工具栏对象可以为应用程序创建工具栏

附录 3 Visual FoxPro 常用方法

方 法	说 明
ActivateCell	激活表格控件中的一个单元
AddColumn	向表格控件中添加列对象
AddItem	在组合框或列表框中添加一个新数据项，并且可以指定数据项索引
AddListItem	在组合框或列表框控件中添加新的数据项，并且可以指定数据项的 ID 值
AddObject	运行时，在容器对象中添加对象
Clear	清除组合框或列表框控件的内容
CloseTables	关闭与数据环境相关的表和视图
Cls	清除表单中的图形与文本
DeleteColumn	从一个表格控件中删除一个列对象
Help	打开帮助窗口
Hide	通过把 Visible 属性设置为“假”(F)，隐藏表单、表单集
Move	移动一个对象
Quit	结束 Visual FoxPro
Refresh	重画表单或控件，并刷新所有值
Release	从内存中释放表单集或表单
RemoveItem	从组合框或列表框中移去一项
RemoveListItem	从组合框或列表框中移去一项
RemoveObject	运行时从容器对象中删除一个指定的对象
Requery	重新查询列表框或组合框控件中所基于行源(RowSource)
Reset	重置计时器控件，让它从 0 开始
SetFocus	为一个控件指定焦点
Show	显示一个表单，并且确定是模式表单还是无模式表单

附录 4 Visual FoxPro 常用事件

事 件	说 明
Activate	当激活表单、表单集或页对象，或者显示工具栏对象时，将发生 activate 事件
Click	当在程序中包含触发此事件的代码，或者将鼠标指针放在一个控制上按下并释放鼠标左键，或者更改特定控制的值，或在表单空白区单击时，此事件发生
Dblclick	当连续两次快速按下鼠标左按钮(主按钮)并释放时，此事件发生

续表

事　件	说　明
Destroy	当释放一个对象的实例时发生
GotFocus	当通过用户操作或执行程序代码使对象接收到焦点时，此事件发生
Init	在创建对象时发生
InteractiveChange	在使用键盘或鼠标更改控件的值时，此事件发生
Load	在创建对象前发生
LostFocus	当某个对象失去焦点时发生
MouseDown	当用户按下一个鼠标键时发生
MouseMove	当用户在一个对象上移动鼠标时发生
MouseUp	当用户释放一个鼠标键时发生
RightClick	当用户在控制上按下并释放鼠标右键(鼠标辅键)时此事件发生
Timer	当经过 Interval 属性中指定的毫秒数时，此事件发生
Unload	在对象被释放时发生
UpClick	在用户单击控件的向上滚动箭头时发生
Valid	在控件失去焦点之前发生

附录 5　Visual FoxPro 常用属性

属　性	功　能
Alignment	指定与控件相关的文本的对齐方式
AutoCenter	指定表单对象第一次显示于 VisualFoxPro 主窗口时，是否自动居中放置
AutoSize	指定控件是否依据其内容自动调节大小
BackColor 与 ForeColor	指定显示对象中文本和图形的背景色或前景色
BackStyle	指定一个对象的背景是否透明
BorderColor	指定对象的边框颜色
BoundColumn	对一个多列的列表框或组合框，确定哪个列与该控件的 Value 属性绑定
ButtonCount	指定命令组或选项组中的按钮数
Buttons	访问一个控件组中每个按钮的数组
Caption	指定在对象标题中显示的文本
Century	指定在文本框中是否显示一个日期的世纪部分
ColumnCount	指定表格、组合框或列表框控件中列对象的数目
Columns	通过列编号访问表格控件中单个列对象的数目

续表

属　性	功　能
ColumnWidths	指定组合框或列表框控件的列宽
ControlCount	指定容器对象中控件的数目
ControlSource	指定与对象绑定的数据源
DataEnvironment	引用对象的数据环境
DateFormat	指定在文本框中显示的 Date 和 Datetime 值的格式
DateMark	指定在文本框中显示的 Date 和 Datetime 值的定界符
DownPicture	指定选择控件时显示的图标
Enabled	指定对象能否响应用户引发的事件
Exclusive	指定当根据一个项目连遍一个应用程序(.app)、动态链接库(.dll)或可执行文件(.exe)时,是否在其中排除一个文件
FontName	指定显示文本的字体名
FontBold	指定文本具有粗体效果
FontItalic	指定文本具有斜体效果
FontStrikeThru	指定文本具有删除线效果
FontUnderline	指定文本具有下划线效果
FontSize	指定对象文本的字体大小
Height	指定对象在屏幕上的高度
InputMask	指定控件中数据的输入格式和显示方式
Interval	指定计数器控件的 Timer 事件之间的时间间隔毫秒数
Left	对于控件,指定对象的左边界(相对于其父对象)。对于表单对象,确定表单的左边界与 VisualFoxPro 主窗口左边界之间的距离
ListCount	确定 ComboBox 或 ListBox 控件的列表部分的项数
ListIndex	确定 ComboBox 或 ListBox 控件中所选中项的索引号
ListItem	是字符串数组,通过项标识号来存取 ComboBox 或 ListBox 控件中的项
ListItemID	为 ComboBox 或 ListBox 控件中所选择的项指定唯一的标识号
Name	指定在代码中引用对象时所用的名称
PasswordChar	确定是否在 TextBox 控件显示用户键入的字符或占位符(placeholder character),并确定所用字符为占位符
Picture	确定显示在控件中的位图文件(.bmp)或图标文件(.ico)或通用字段
ReadOnly	确定用户能否编辑控件,或者指定与 Cursor 对象有关的表或视图能否更改
RecordSource	指定与表格控件相绑定的数据源

续表

属 性	功 能
RecordSourceType	指定如何打开填充表格控制的数据源
RowSource	指定组合框或列表框控件中值的来源
RowSourceType	确定控件中数据源的类型
ScrollBars	指定编辑框、表单或表格所具有的滚动条类型
SelectedID	确定组合框或列表框中的某一项是否被选择
Style	指定控件的样式
ToolTipText	为控件的工具提示(ToolTips)指定文本内容
Top	确定对象上边界与其容器对象上边界之间的距离
Value	指定控件的当前状态
Visible	确定对象是可见的还是隐藏的
Width	确定对象的宽度